国家电网公司

邵先锋 刘流 王晨海 石雪梅 编著
李卫国 朱克亮 主审

超(特)高压
工程电气专业知识应用

CHAO TE GAOYA
GONGCHENG DIANQI ZHUANYE ZHISHI YINGYONG

合肥工业大学出版社

内 容 提 要

《电力发展"十三五"规划（2016—2020 年）》指出，国家将进一步调整完善区域电网主网架，探索大电网之间的柔性互联，加强区域内省间电网互济能力；全国新增 500 千伏及以上交流线路 9.2 万公里，变电容量 9.2 亿千伏安。电力的快速发展促进了社会经济发展的同时也带来了繁重的建设任务，对专业人才提出了更高的要求。为满足电力建设管理人员所需的专业知识，启动了《超（特）高压工程电气专业知识应用》的撰写工作。

全书共四章，主要内容包括电力系统专业基础理论应用、电网设备与材料的应用、电网试验专业知识应用、变电站调试专业知识应用等内容。本书站在当前电网建设的前沿，将专业理论知识与当前超高压、特高压工程建设实际应用紧密结合，用通俗的语言、经典实际案例和大量的实体图片，使专业知识简单化、具体化，使电网建设管理者能够快速熟悉电网建设工程中电气专业的相关知识和业务，达到快速入门并适应电力建设高速发展的需要。

图书在版编目(CIP)数据

超(特)高压工程电气专业知识应用/邵先锋等编著 . —合肥:合肥工业大学出版社，2018.12

ISBN 978 - 7 - 5650 - 4275 - 1

Ⅰ.①超… Ⅱ.①邵… Ⅲ.①电网—电力工程 Ⅳ.①TM727

中国版本图书馆 CIP 数据核字(2018)第 271335 号

超(特)高压工程电气专业知识应用

邵先锋 刘 流 王震海 石雪梅 编著 　　　责任编辑 张择瑞

出　版	合肥工业大学出版社	版　次	2018 年 12 月第 1 版
地　址	合肥市屯溪路 193 号	印　次	2019 年 1 月第 1 次印刷
邮　编	230009	开　本	787 毫米×1092 毫米　1/16
电　话	理工编辑部:0551 - 62903204	印　张	15.5
	市场营销部:0551 - 62903198	字　数	340 千字
网　址	www.hfutpress.com.cn	印　刷	安徽联众印刷有限公司
E-mail	hfutpress@163.com	发　行	全国新华书店

ISBN 978 - 7 - 5650 - 4275 - 1　　　　　　　　　　　定价：98.00 元

| 序 |

国家发展改革委、国家能源局《电力发展"十三五"规划（2016—2020年)》预测 2020 年全社会用电量将达到 6.8 万亿～7.2 万亿千瓦时，年均增长 3.6%～4.8%，同时规划明确要筹划外送通道，合理布局能源富集地区外送，建设特高压输电和常规输电技术的"西电东送"输电通道，增强资源配置能力，进一步优化电网主网架，加强省间联络线，探索大电网之间的柔性互联，加强区域内省间电网的互济能力；重点实施大气污染防治行动 12 条输电通道及酒泉至湖南、准东至安徽、金中至广西输电通道；建成东北（扎鲁特）送电华北（山东）特高压直流输电通道，解决东北电力冗余问题；适时推进陕北（神府、延安）电力外送通道建设等。宏伟蓝图已绘就，"十三五"期间将新增"西电东送"输电能力 1.3 亿千瓦，2020 年将达到 2.7 亿千瓦，全国新增 500 千伏及以上交流线路 9.2 万公里，变电容量 9.2 亿千伏安，电力建设将迎来高速发展的新时代。

面对电力需求的快速增长，能源开发重心不断西移，特高压、大容量、远距离、新技术、新装备、大规模的电网建设任务悄然而至。良好的电力发展机遇背后是繁重的建设工作和急待提升的专业技术、智能化设备、施工装备、管理能力和人员技能，挑战无处不在。《超（特）高压工程电气专业知识应用》站在交、直流电网建设的角度，总结提炼了国内超、特高压工程的建设和技术应用情况，将电网建设的电气专业理论与实际应用密切联系，系统地剖析了当前电网建设中电气专业的理论知识和应用水平，语言通俗易懂、图表明晰、案例经典，反映了当前电网建设的最新高度和要求。

此书内容丰富、涵盖面广，从交、直流系统基础理论到设备和材料的应用、到电气试验、到阶段调试，深入浅出地介绍了当前电网建设的最新技术和装备水平，每章内容均具有很强的针对性和适用性，有较高的学习参考价值。

相信《超（特）高压工程电气专业知识应用》的出版，必将为电网建设人员专业技术水平的快速提升和持续提高发挥积极作用。

2018 年 10 月 10 日

| 前　言 |

2015 年 9 月 26 日，习近平主席在联合国发展峰会上倡议"探讨构建全球能源互联网，推动以清洁和绿色方式满足全球电力需求"。《电力发展"十三五"规划（2016—2020 年）》指出，国家将进一步加大电力设施建设，合理布局能源富集地区外送，建设特高压输电和常规输电技术的"西电东送"输电通道，新增规模 1.3 亿千瓦，2020 年达到 2.7 亿千瓦左右；电网主网架进一步优化，省间联络线进一步加强；进一步调整完善区域电网主网架，探索大电网之间的柔性互联，加强区域内省间电网互济能力；全国新增 500 千伏及以上交流线路 9.2 万公里，变电容量 9.2 亿千伏安。电力事业迎来了发展的春天。电网建设尤其是特高压骨干网架建设将在今后一段时间内持续快速发展。

电力发展离不开大电网输送电能，以满足日益增长的用电负荷。电网分为交流电网和直流电网，它是电力行业中除发电厂以外的变电站、开关站、换流站和输电线路工程的统称。交直流电网建设工程包括发电厂外至用户端的各电压等级变、配电及线路工程的建设，是电力工程建设的关键组成部分，是构建坚强智能电网、保证电力安全稳定运行和可靠供电的重要环节。

良好的电力发展机遇背后是繁重的建设任务。面对人力资源紧张、建设岗位人才专业素质参差不齐、涉及专业知识领域众多、建设管理手续繁、管理流程长等诸多困难，给繁重的建设任务提出了挑战。本书从交直流电网建设的角度逐一介绍了电网建设电气专业的知识应用，站在当前电网建设的前沿，结合国内超高压、特高压工程的建设情况，重点突出知识应用，将专业理论与实际应用紧密结合，用通俗的语言、经典的案例和大量的实体图片，使专业知识条理化、具体化，使建设管理者能够快速熟悉相关专业知识和业务，适应电力建设高速发展的需要。

全书共四章，主要内容包括电力系统专业基础理论应用、电网设备与材料的应用、电网试验专业知识应用、变电站调试专业知识应用等内容。其中第一章介绍了电力系统概述、电力发电厂、变电站和换流站、通信与自动化系统、输电线路和电网发展概况；第二章介绍了交流电气设备应用、直流电气设备应用、通信设备应用、输电线路材料应用；第三章介绍了电气试验概述、变电站电气试验应用、输电线路电气试验应用；第四章介绍了变电站调试专业概述、变电站分系统调试、变电站系统调试、变电站启动调试等内容。

全书将具体应用融入专业知识，检验实践、提炼真知、学用结合，可作为电力行业建设管理人员的专业书籍，高等院校的工程项目管理、电气工程及自动化、工程监理、工程造价等专业参考书目，也可作为电力行业基建人员的岗前培训教材，供工程设计、施工、调试、试验、运行、质量监督、物资管理、造价管理、咨询等相关技术人员学习参考。

全书在撰写过程中参阅了近年来有关电网建设方面的专业书籍，吸收了其最新内容和研究成果，谨向这些著作的编者致以诚挚的谢意。同时，本书还凝结了国网安徽省电力有限公司及建设分公司各级领导和诸多人员的关心和帮助，对本书的出版提出了极具建设性的意见，在此一并致谢。最后，向百忙中担任本书主审的李卫国正高级工程师和朱克亮高级工程师表示诚挚的谢意。

由于学术水平有限，时间仓促，书中难免存在错误和疏漏之处，恳请广大读者批评指正。

2018 年 5 月

C目录
ontents

电力系统专业基础理论应用

电能以其清洁、高效、便捷的优势成为现代工农业应用最为广泛的二次能源，是生产过程不可或缺的生产动力，是现代经济发展和社会进步的重要基础和保障，因此电能生产、输送、变换和利用等就显得尤为关键。伴随着国民经济的快速发展，电力需求不断增加，对电网供电的可靠性提出了更高要求。而当前严峻的土地资源形势、大气污染治理形势以及城市空间发展趋势等情况，导致供电需求越来越多，电网建设任务越来越重，而电力发展可利用的资源越来越少。为了保护基本农田、节约城市空间、保护生态环境，电网建设出现了城市全地下户内变电站、装配式变电站、城市输电管廊、超高电压电缆、GIS组合电器、输电线路窄基钢管塔、1000kV交流特高压和±1100kV直流特高压输电技术等一大批新技术、新材料、新装备、新工艺，给工程项目管理带来了新的挑战，必须掌握最新的前沿技术和项目管理方法，更好地保证工程建设体系安全、优质、高效运转，实现工程建设目标。

第一节 电力系统概述

世界上第一盏电灯是由美国科学家爱迪生在1879年10月21日发明的。1882年7月26日，我国上海首次试燃15盏电灯，上海进入了全世界第一批使用电灯的城市行列。从此，中国大地亮起了电灯，中国电力工业也正式扬帆起航。

电力工业发展初期，电能是直接在用户附近的发电厂中生产的，各发电厂孤立运行。随着经济建设和城市的发展，负荷需求激增，而煤炭、水能和风能等资源丰富的地区又往往远离用电比较集中的城市和工厂。为了解决这个矛盾，就需要在能源丰富的地区建立大型发电站，然后将电能远距离输送给电力用户，这个过程称为输电。同时，为了提高供电可靠性和资源利用的经济性，又把许多分散的各种类型的发电厂，通过输电线路和变电站联系起来。这种由发电、变电、输电、配电、用电设备及相应的辅助系统（用于监视、测量、控制和保护变电设备的二次部分）组成的整体就称为电力系统，如图1-1-1所示。

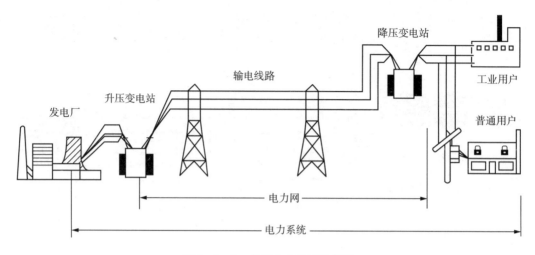

图 1-1-1　交流电力系统示意图

在电力系统中根据设计需要来选择交流或直流系统。交流电电压和电流的方向、大小是做周期性变化，又称交变电流，即随时间按照正弦函数规律变化的电压和电流；而直流电的电压方向和大小是不变的，电流随负荷的调整而变化。

电力系统包括电气一次系统和电气二次系统。构成电能生产、变换、输送、分配和使用的系统称为电气一次系统。电气一次系统的设备称为电气一次设备，主要有变压器、电抗器、电容器、断路器、隔离开关、接地开关、电流互感器、电压互感器、避雷器、GIS 或 HGIS 组合电器、变压器灭火装置、母线、封闭母线桥等。对一次系统进行保护、监控、测量、控制的系统称为电气二次系统。电气二次系统的设备称为电气二次设备，主要有继电保护及自动装置、测量表计、控制和信号装置、直流电源设备、通信设备等组成。

在电力系统中，电能的生产、变换、输送、分配和使用是同时进行的。发电厂在任一时刻生产的电能等于该时刻用电设备消耗的电能与变换、输送和分配等中间环节损耗的电能之和。因此必须采取各种自动装置、远动装置、保护装置等与计算机技术紧密结合、迅速而准确地完成各项监控、告警以及操作任务，以保证电网的安全运行，任一环节出现故障将会导致电厂和电网的连锁反应，当然这也与电能不能大量储存有着密切的关系。

在电力系统中由变电设备、配电设备和各种电压等级输电线路组成的部分称为电力网，简称电网。按电压高低电力网可分为低压网、中压网、高压网、超高压网和特高压网；按功能可分为输电网和配电网。电力网中架设在发电厂升压变电站与地区变电站，以及地区变电站之间的线路称为输电线路。它担负着输送和分配电能的任务。按照输电线路结构的不同可分为架空输电线路和电缆输电线路；按照输送电流的性质不同可分为交流和直流输电线路；按照输电距离和输送容量的不同，输电线路通常采用的电压等级也不同。

我国采用的常规交流电压等级包括：交流 220/380V、10kV、35kV、66kV、

110kV、220kV、330kV、500kV、1000kV；直流±400kV、±500kV、±660kV、±800kV、±1100kV（在建）。在我国通常交流电力系统电压称 35kV～220kV 为高压，330kV～750kV 为超高压，1000kV 为特高压；直流电力系统电压称±660kV 及以下为高压，±800kV 及以上为特高压。35kV 以下电力系统主要用于配网，35kV～110kV 电力系统主要用于供电电网，220kV～750kV 主要用于区域性电网，交流 1000kV、直流±800kV 及以上特高压主要用于跨区电网。

1. 交流系统

与电力系统密切相关的是电气主接线，又称电气一次接线或一次系统，它是发电厂或变电站中的一次设备按照一定规律连接而成的电路，主要是通过断路器、隔离开关与母线的连接来实现多种运行方式的转换。电气主接线的不同，其电气设备选择、配电装置布置、继电保护和自动控制方式也不相同。电气主接线的形式分为有汇流母线接线和无汇流母线接线两类，见图 1-1-2 所示。

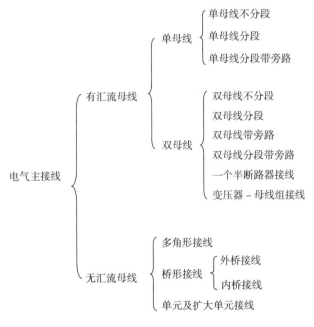

图 1-1-2 电气主接线分类

电气主接线第一类为有汇流母线接线，包括单母线接线（又称单母线不分段接线，图 1-1-3）、单母线分段接线（图 1-1-4）、单母线分段带旁母接线（图 1-1-5）、双母线不分段接线（图 1-1-6）、双母线分段接线（图 1-1-7）、双母线带旁母接线（图 1-1-8）、一台半断路器接线（图 1-1-9）、变压器-母线组接线（图 1-1-10、图 1-1-11）等，各接线方式在电网工程中均常见，220kV 多采用双母线双分段接线、500kV 及以上多采用一台半断路器接线。另一种为无汇流母线的接线包括桥形接线（内桥形接线和外桥形接线，图 1-1-12）、角形接线（图 1-1-13）、单元接线（如变压器-线路等，图 1-1-14），多用于发电厂主接线方式。

单母线接线是指只采用一条母线的接线，具体分为不分段、分段、分段带旁母三种形式。单母线不分段的接线方式如图1-1-3所示，每一回线路均经过一台断路器和隔离开关接于一组母线上。断路器用于在正常或故障情况下接通与断开电路。断路器两侧装有隔离开关，用于停电检修时作为明显断开点以隔离电压。靠近母线侧的隔离开关称为母线侧隔离开关，简称母线刀；靠近引出线路侧的称为线路侧隔离开关，简称线路刀。

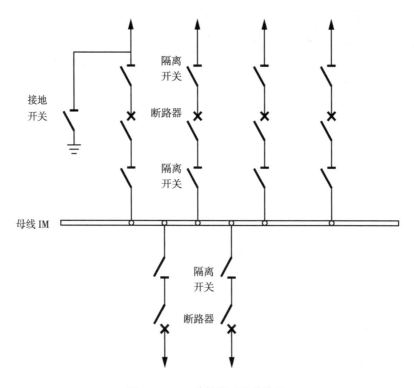

图1-1-3　单母线不分段接线

单母线不分段的特点是接线简单清晰，设备少，投资少，但是当母线故障，需要检修时，整个系统要全部停电，当某台断路器需要检修时，则必须停止断路器所在回路的供电，故单母线不分段接线可靠性和灵活性较差。鉴于单母线不分段接线的缺点，为减少母线和断路器故障、检修时的停电范围，在单母线不分段接线方式的基础上出现了单母线分段和单母线分段带旁路的形式。

单母线分段是当母线发生故障时，仅故障段母线停止工作，另一段母线仍继续运行，两段母线可以看作是两个独立的电源，与不分段相比大大提高了供电可靠性和灵活性，最大程度减小了停电范围，如图1-1-4所示。

为了克服出线断路器检修时其所在回路必须停电的缺点，可采用增设旁路母线的方法。旁路母线经旁路断路器接至Ⅰ、Ⅱ段母线上，在正常运行时旁母和旁路断路器处于冷备用状态，如图1-1-5所示。单母线分段带旁母接线与不分段相比，在出线断路器故障或停电检修时可以用旁路断路器代路送电，使线路不停电。

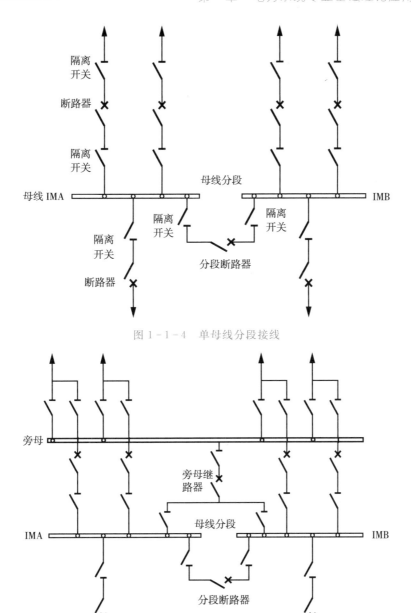

图 1-1-4　单母线分段接线

图 1-1-5　单母线分段带旁母接线

　　双母线接线是指采用两条母线的接线，分为不分段、分段、分段带旁母三种形式。双母线不分段接线是两条母线通过母线联络（简称母联）断路器连接，出线侧每一条出线和电源支路都经过母联分别接至两条母线上，如图 1-1-6 所示，出线 1、3 和电源 1♯主变（蓝色部分）接在Ⅰ M 上，出线 2、3 和电源 2♯主变（红色部分）接在Ⅱ M 上，两条母线通过母联（黑色部分）连接。双母线不分段接线可靠性高，灵活性好，可轮流检修母线而不影响正常供电，各个回路的负荷可以任意分配到某一条母线上，能灵活适应电力系统各种调度方式和潮流变化的需要，但检修出线断路器时该支路仍然会停电。双母线接线的运行方式可以组成以下几种：①母联断路器断开，分出线分别接在两条母线上，相当于单母线分段运行；②母联断路器断开，一条母线运行，一条母线备用；③两条母线同时工作，母联断路器合上，即两条母线并联运行，电源和负荷平均分配在两条母线上，这是双母线常采用的运行方式。

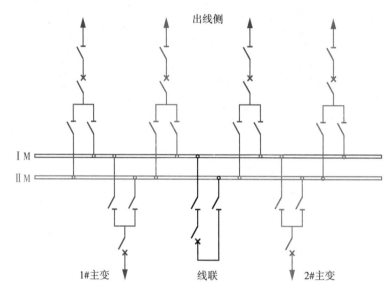

图 1-1-6 双母线不分段接线

双母线分段接线较双母线不分段具有更高的可靠性和灵活性，分为双母线单分段和双母线双分段。双母线单分段是指双母线中其中一条母线分为 A、B 段，与单母线分段相同，即组成 I MA、I MB、II M 或 I M、II MA、II MB 三段母线，1 个分段、2 个母联间隔；双母线双分段是指两条母线均分为 A、B 段，即组成 I MA、I MB、II MA、II MB 四段母线，2 个分段、2 个母联间隔，如图 1-1-7 所示。在 200kV 电压等级进出线较多时广泛采用双母线分段接线方式。

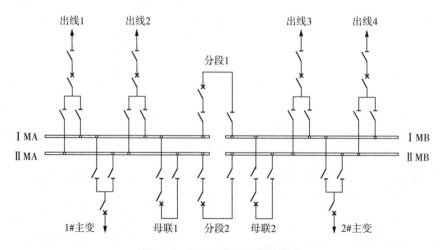

图 1-1-7 双母线双分段接线

　　图1-1-8所示为有专用旁路断路器的双母线带旁路接线。旁路断路器可以代替出线断路器故障，使出线断路器检修或故障时出线线路供电不受影响。双母线带旁路接线大大提高了主接线系统的可靠性，尤其在电压等级较高、线路较多、断路器检修频繁的情况下，其接线方式的优点就更加突出。除了双母线带旁路接线，还有双母线分段带旁路接线方式。双母线分段带旁路接线就是在双母线带旁路接线的基础上，在母线上增设分段的方式，将双母线三分段、四分段连接，但此类方式投资费用较大，占用设备间隔多，所以应用较少。

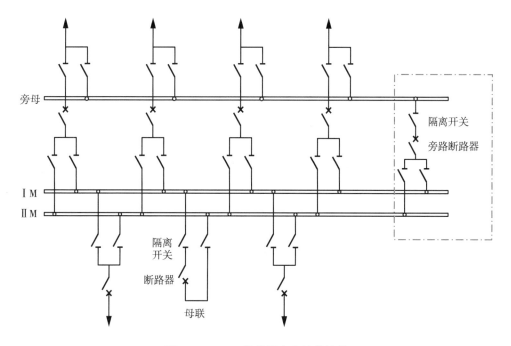

图1-1-8　双母线带旁路母线接线

　　一个半断路器接线也是双母线的运行方式之一，多用于500kV及以上电压等级。此接线方式有两条母线，每一回路经一台断路器接至一条母线，两个回路间用一组断路器联络，形成一串电路，每回进出线都与两台断路器相连，同一串的两条进出线共用3组断路器，故称为一个半断路器接线或称为3/2接线，如图1-1-9所示。正常运行时，两条母线同时工作，所有断路器均闭合。此方式正常运行时成环形供电，运行灵活，操作方便，可靠性高，在500kV及以上电网中广泛采用。

　　变压器-母线组接线是在工作可靠，故障极少的主变压器的出口不装设断路器，而直接经隔离开关接于母线上，两组母线间的各出线回路采用双断路器接线（图1-1-10）或一台半断路器接线（图1-1-11）。变压器故障时，和它接在同一母线上的各断路器跳闸，但并不影响其他回路的工作，再用隔离开关使故障变压器退出后，该母线即可恢复运行。这种接线所用的断路器台数，比双母线双断路器接线或双母线一台半断路器接线都要少，投资较省。它也是一种多环路供电系统，当变压器质量有保证时，整个接线具有相当高的可靠性，运行调度灵活，便于扩建。

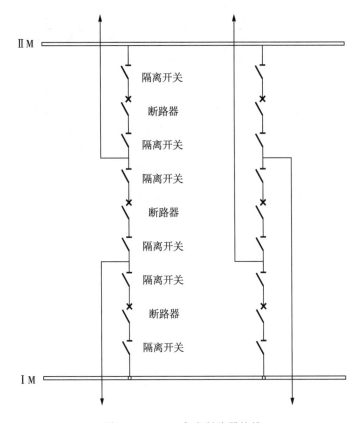

图 1-1-9 一台半断路器接线

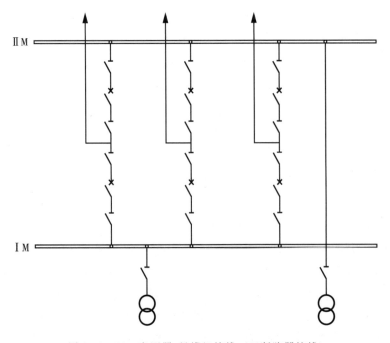

图 1-1-10 变压器-母线组接线（双断路器接线）

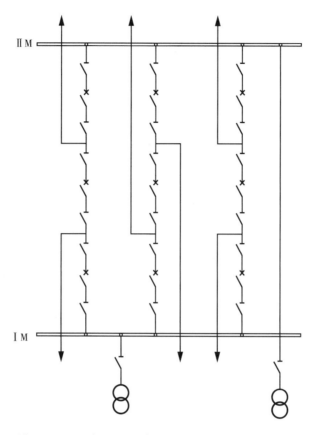

图 1-1-11 变压器-母线组接线（一台半断路器接线）

桥形接线适用于仅有两台变压器和两回出线的装置中，如图 1-1-12 所示。桥形接线仅用 3 台断路器，且正常运行时全部闭合投入工作。按照跨接于两条线路之间的断路器（图中 3♯ 断路器）的位置不同，可分为内桥形接线和外桥形接线两种。

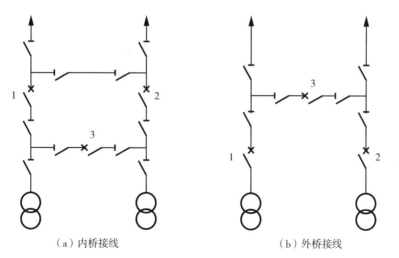

（a）内桥接线　　　　　　　　　（b）外桥接线

图 1-1-12 桥形接线

内桥接线是置于线路断路器内侧（靠近变压器），线路支路经断路器和隔离开关接至桥接点，变压器支路仅经隔离开关至桥接点，适用于两回进（出）线且线路较长、故障概率大、变压器不需要经常切换运行方式的发电厂和变电站中。外桥接线是置于线路断路器内外侧（远离变压器），变压器支路经断路器和隔离开关接至桥接点，线路支路仅经隔离开关至桥接点，适用范围与内桥接线相反，即适用于两回进（出线）且线路较短、故障概率小、变压器需要经常切换运行方式的发电厂和变电站中。

多角形接线又称为多边形接线，即在多角形的每个边安装一台断路器和两台隔离开关，各个边首尾相连形成闭合的环形，各进出线回路通过隔离开关分别接至相应的顶点上，如图 1-1-13 所示。常用的有三角形、四角形、五角形接线。此接线方式不存在母线以及相应的母线故障，每个回路有两台断路器供电，任何一台断路器检修时，所有回路均可正常工作；任何一个回路故障都不影响其他回路运行，但若运行方式改变时，各支路的工作电流变化较大，会给相应的设备选择和继电保护整定带来一定的麻烦，任何一台断路器检修时，多角形接线都将开环运行，供电可靠性明显降低。此种接线形式多用于终期容量和出线已经确定的发电厂中。

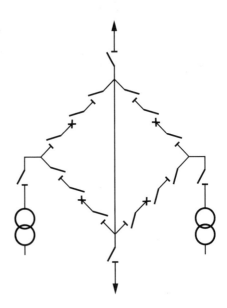

图 1-1-13　角形接线

单元接线是将不同性质的电缆原件（发电机、变压器、线路）串联形成一个单元，然后再与其他单元并列，如图 1-1-14 (a)、(b)、(c) 所示。图 (a) 为变压器-双绕组变压器单元，断路器装设在主变高压侧作为该单元共同的操作和保护电器，在发电机和变压器之间不设断路器，用隔离开关供检修和试验时采用。当高压侧需要联系两个电压等级，主变则需采用三绕组或自耦变压器，如图 1-1-14 (b)、(c) 所示。

扩大单元接线是指采用两台发电机和一台变压器组成的单元接线，如图 1-1-14 (d)、(e) 所示。每一台发电机回路都装设断路器和隔离开关，保证停机检修的安全和发电机启停的需要。

为了实现电力系统正常稳定经济运行，除了需要有一次设备外，还必须有相应的二次设备。一次设备是指直接用于生产、输送、变换和分配电能的电气设备。二次设备是对电力系统和一次设备起到检测、控制、调节、保护等作用，包括各种测量仪表、保护和自动装置、自动化监控设备、通信设备等。其中，测量仪表有电能表、电流表、电压表、有功表、无功表、温湿度表等；保护和自动装置包括主变、线路、母线、母联、电容器等保护装置以及减载、解列、故障录波、备自投等自动装置；自动化监控设备包括公共测控、远动通信、各单元测控、自动校时、监控后台等设备；通信设备包括通信传输、分配、光电转换等设备。

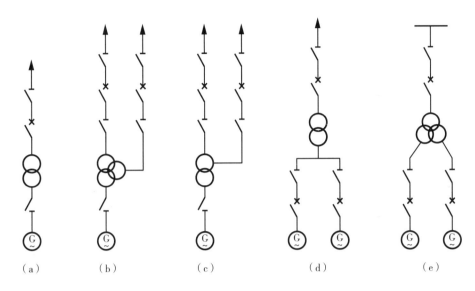

图 1-1-14　单元接线及扩大单元接线

(a) 变压器-双绕组变压器单元；(b) 变压器-三绕组变压器单元；(c) 变压器-自耦组变压器单元

(d) 发电机-双绕组变压器扩大单元接线；(e) 发电机-分裂绕组变压器扩大单元接线

由二次设备连接组成的电路称为二次接线或二次回路。二次回路包括控制回路、继电保护回路、测量回路、信号回路、自动装置回路、计算机监控回路等。描述二次回路的图纸称为二次接线图或二次回路图。

控制回路又称操作回路，用于控制电气设备的启动和停止、投入和切除以及实现其他要求的运行状态的改变，也控制电器元件的通电和断电。它主要是通过控制断路器或接触器、继电器的接通和断开来实现对设备的有效控制。

继电保护回路是采用继电保护技术或由各种继电保护装置单元组成的继电保护系统来保护电气设备的装置，能够反映电力系统故障和不正常的运行状态且能及时作用于断路器跳闸或发出信号的自动化装置。继电保护的作用是当被保护的电气设备发生故障时，保护装置能迅速把故障设备从电力系统中切除，消除或减少故障引起的严重后果；当电气设备出现不正常的运行状态或一般的故障时，保护装置动作并发出告警信号，提示运行人员引起注意，及时清除故障。继电保护用于保护运行中的所有电气设备，包括发电机、电动机、变压器、母线、断路器、电容器、电抗器以及电力线路和电力电缆等设备。电压等级越高，电网和设备的容量就越大，保护的原理就越先进，保护也越来越复杂，按照被测的电气量来划分，常用的继电保护有反映电流量数值变化的保护（如过流保护）、电压量数值变化的保护（如低电压保护）、反映两个或多个电气量之间相位变化的保护（包括电流与电压之间的相位变化、电流与电流之间的相位变化、电压与电压之间的相位变化，如方向保护、差动保护等）、反映系统阻抗变化的保护（如距离保护）。

测量回路是通过电气测量表计或监测装置对运行中的各种高低压电气设备进行监视和测量，确定相关数据，供控制系统和操作人员判断和采取措施。直接连接在主回路中的测量表计不属于二次回路的范围，只有通过电流互感器和电压互感器的二次绕组与相应的测量元件构成的回路才属于仪器仪表二次回路。电力系统经常测量的各类电气参数主要有交流电压、直流电压、交流电流、有功功率、无功功率、有功电能、无功电能、频率、功率因素等。

信号回路是为了使运行人员及时了解设备状态而设置的，一般分为两类，即正常告知信号和异常报警信号，主要类型包括事故信号、预告信号、提示信号、指挥信号、位置信号等。正常告知信号包括在电气设备正常运行时指示设备荷载状态的信号和人员发出的联系信号，这类信号不是运行中的设备自动发出的，而是人员操作控制的结果，如断路器合位和分位的指示灯等。异常报警信号是指人员不进行操作时，设备自动发出的反映运行设备处于异常状态的信号，主要有事故信号、预告信号、提示信号等。

自动装置也称为安全自动装置，是指在电气系统运行中根据预先设定的自动操作，或者通过人为调节与自动调节来改变设备的运行状态，如备用电源自动投切装置等。

2. 直流系统

目前，电力系统中的发电和用电基本为交流电，直流输电必须转换成交流后方可入网使用。直流输电与交流输电比具有线路造价低、输电损耗小、输送容量大、限制短路电流、线路故障时的自防护能力强、节省线路走廊，通过直流输电两端的交流系统可以实现非同步电网互联、功率调节控制灵活等优点，在近年来广泛应用于大容量输电。但直流输电需要建造换流站，换流站比变电站要增加很多设备，如换流变、换流阀、平波电抗器、直流滤波器、交流滤波器、无功补偿设备等，换流站的造价要远高于普通变电站。在某一特定输电距离，建设直流输电线路及相应换流站与建造交流输电工程及相应变电站所需要的费用是基本等价的，即所谓的等价距离。超过等价距离使用直流输电可以降低投资，反之则需要使用交流输电较为合适，如图 1-1-15 所示。直流输电与交流输电共存互补构成了现代电力工业的传输系统。

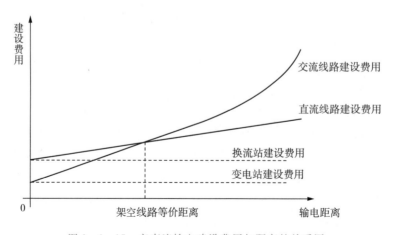

图 1-1-15　交直流输电建设费用与距离的关系图

直流输电是以直流电的方式实现电能传输。在输电工程的输送端需要将交流电变换为直流电（称为整流），经过直流输电线路将电能送往受端，而在受端又必须将直流电变换为交流电（称为逆变），然后输送到受端的交流系统中去，供给交流电网或用户使用，如图 1 - 1 - 16 所示。送端进行整流变换的站叫整流站；受端进行逆变变换的站叫逆变站；整流站和逆变站统称为换流站。实现整流和逆变变换的装置分别称为整流器和逆变器，统称为换流器。

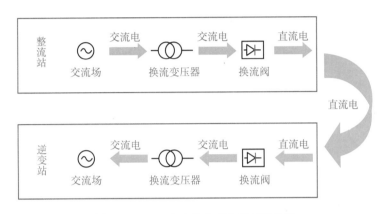

图 1 - 1 - 16　直流输电系统原理示意图

直流输电工程按线路长度分为长距离直流输电和背靠背直流输电工程；按电压等级分为高压直流输电和特高压直流输电工程；按换流站数量分为两端直流输电（或点对点直流输电）和多端直流输电工程。两端直流输电系统是只有一个整流站（送端）和一个逆变站（受端）的直流输电系统，即只有一个送端和一个受端，它与交流系统只有两个连接端口，是结构最简单的直流输电系统，如图 1 - 1 - 17 所示。

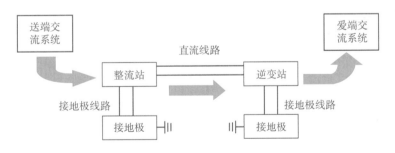

图 1 - 1 - 17　直流输电系统基本结构示意图

多端直流输电系统与交流系统有三个或三个以上的连接端口，它有三个或三个以上的换流站。例如，一个三端直流输电系统包括三个换流站，与交流系统有三个端口相连，它可以有两个换流站作为整流站运行，一个换流站作为逆变站运行，即有两个送端和一个受端；也可以有一个换流站作为整流站运行，两个作为逆变站运行，即有一个送端和两个受端。目前世界上已运行的直流输电工程大多为两端直流输电系统，我国目前已投运的直流输电工程均为两端直流输电系统。

两端直流输电系统又可分为单极系统（正极或负极）、双极系统（正负两极）和背靠背直流系统（无直流输电线路）三种类型。单极系统的接线方式有单极大地和单极金属两种。

双极系统的接线方式有双极两端中性点接线方式（图 1-1-18）、双极一端中性点接线方式（图 1-1-19）、双极金属中线方式（图 1-1-20）三种类型。双极系统一极不可用时，可以作为单极系统运行，此时单极大地、单极金属回线方式可以根据需要相互转换。双极系统可靠性好、灵活性高，在直流输电工程中普遍使用。在双极系统中应用较为广泛的是双极两端中性点接线方式，其类似于两个单极方式，在对称运行情况下，两回流电流大小一致，方向相反，实际电流很小，但当一极故障退出运行时，另一极仍可以大地或海水为回流方式，输送 50% 的电力。

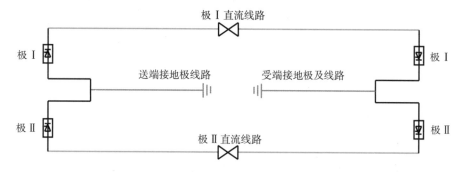

图 1-1-18 双极两端中性点接线方式

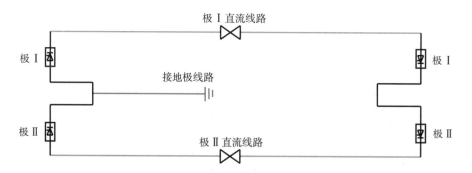

图 1-1-19 双极一端中性点接线方式

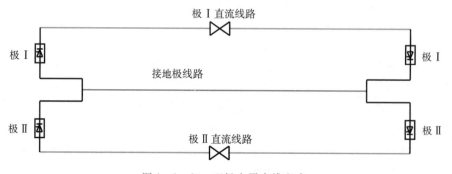

图 1-1-20 双极金属中线方式

　　背靠背直流系统的整流站和逆变站设在一个站内，无直流输电线路，主要用于不同频率电网之间的联网和送电，也称为变频站。

　　直流输电工程包括换流站（送端和受端）、直流输电线路、接地极、通信与远动工程等。换流站的主要设备有换流器（换流阀）、换流变压器、平波电抗器、直流滤波器、直流开关设备、光 CT、光 PT、交流开关设备、交流滤波器及无功补偿装置以及直流接地极、直流系统控制与保护装置、远程通信系统、辅助系统等。辅助系统包括阀冷却系统、阀冷却控制保护系统、站用交流系统、站用直流系统、UPS 系统、消防系统、安全监视系统、中央空调系统等。

第二节　电力发电厂

发电厂又称发电站，是将自然界蕴藏的各种一次能源转换为电能（二次能源）的工厂。发电类型一般分为常规发电和新能源发电。常规发电主要是指火力发电、水力发电和核能发电；新能源发电主要指风力发电、太阳能发电、生物质发电。

1. 火力发电

火力发电是指利用煤炭、石油和天然气等燃料燃烧时产生的热能来加热水，使水变成高温、高压水蒸气，将化学能转换为热能，然后蒸气压力推动汽轮机旋转将热能转换为机械能，汽轮机再带动发电机旋转将机械能转换为电能的方式的总称。火力发电按其作用分单纯供电和热电联供。按原动机类型分汽轮机发电、燃气轮机发电、柴油机发电。按所用燃料分，主要有燃煤发电、燃油发电、燃气发电、余热发电和以垃圾及工业废料为燃料发电。我国的火电厂多数以燃煤为主，多选择在靠近燃料基地建厂发电（见图1-2-1）。

图1-2-1　江西丰城电厂三期2×1000MW工程

火力发电系统主要由燃烧系统（以锅炉为核心）、汽水系统（主要由各类泵、给水加热器、凝汽器、管道、水冷壁等组成）、电气系统（以汽轮发电机、主变压器等为主）、控制系统等组成。燃烧系统和汽水系统主要是产生高温高压蒸汽；电气系统是实现由热能、机械能到电能的转变；控制系统是保证各系统安全、合理、经济运行。火力发电原理如图1-2-2所示，先把储存在储煤场（或储煤罐）中的原煤由输煤设备从储煤场送到锅炉的原煤斗中，再由给煤机送到磨煤机中磨成煤粉。煤粉送至分离器进行分离，合格的煤粉送到煤粉仓储存（仓储式锅炉）。煤粉仓的煤粉由给粉机送到锅炉

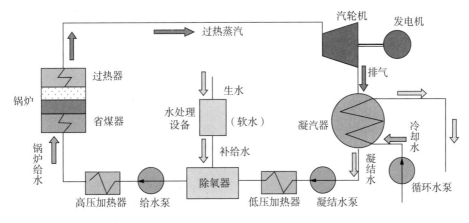

图 1 - 2 - 2　火力发电原理图

本体的喷燃器，由喷燃器喷到炉膛内燃烧（直吹式锅炉将煤粉分离后直接送入炉膛）。燃烧的煤粉放出大量的热能将炉膛四周水冷壁管内的水加热成汽水混合物。混合物被锅炉汽包内的汽水分离器进行分离，分离出的水经下降管送到水冷壁管继续加热，分离出的蒸汽送到过热器，加热成符合规定温度和压力的过热蒸汽，经管道送到汽轮机做功。过热蒸汽在汽轮机内做功推动汽轮机旋转，汽轮机带动发电机发电，发电机发出的三相交流电通过发电机端部的引线经变压器升压后引出送到电网。在汽轮机内做完功的过热蒸汽被凝汽器冷却成凝结水，凝结水经凝结泵送到低压加热器加热，然后送到除氧器除氧，再经给水泵送到高压加热器加热后，送到锅炉继续进行热力循环。再热式机组采用中间再热过程，即把在汽轮机高压缸做功之后的蒸汽，送到锅炉的再热器重新加热，使汽温提高到一定（或初蒸汽）温度后，送到汽轮机中压缸继续做功。

火力发电的优越性在于就地取材，投资相对较少，生产成本较低，但烟尘污染、资源消耗严重，已经成为我国最大的污染排放产业之一。

2. 水力发电

水力发电是利用水位落差原理，使江河、湖泊等位于高处的水流到低处推动水轮机旋转带动发电机发电，即将高处水的势能转变为动能，再转变为电能的过程。水能是一种可再生的清洁能源，为了有效利用这一生产成本低、发电效率高的能源，需要人工修筑能集中水流落差和调节流量的水工建筑物，如大坝、引水管涵等。但筑坝造成的巨大水库可能会引起地表活动，大坝以下水流侵蚀加剧，影响周围区域的上游和下游的水生生态系统，对河流的变化和动植物的生物链也存在一定程度的影响。

水力发电按集中落差的方式分为堤坝式水电厂（图 1 - 2 - 3）、引水式水电厂、混合式水电厂、潮汐水电厂和抽水蓄能电厂。按径流调节的程度分类，有无调节水电厂和有调节水电厂。按水电站利用水头的大小可分为高水头（70 米以上）、中水头（15～70 米）和低水头（低于 15 米）的水电站。按水电站装机容量的大小，可分为大型、中型和小型水电站。一般将装机容量在 5000kW 以下的称为小水电站，5000kW ～ 100000kW 的称为中型水电站，100000kW 及以上的称为大型水电站或巨型水电站。

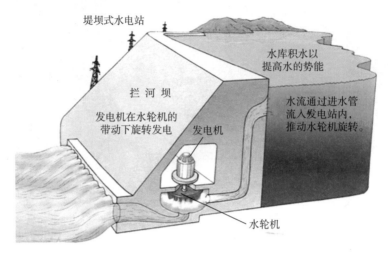

图 1-2-3　堤坝式水电站原理示意图

抽水蓄能电站是水力发电站的一种特殊形式。它兼具有发电及蓄能功能。抽水蓄能电站有上、下两个水库。当上库的水流向下库时，就如常规的水力发电站，消耗水的位能转换为电能；相反，将下库的水输到上库时就是抽水蓄能，消耗电能转换为水的位能。抽水蓄能电站的运行原理是利用可以兼具水泵和水轮机两种工作方式的蓄能机组，在电力负荷出现低谷时（后半夜）做水泵运行，用最小负荷下火电机组发出的多余电能将下水库的水抽到上水库存储起来，在电力负荷出现高峰（下午及晚间）做水轮机运行，将水放下来发电，如图 1-2-4 所示。图 1-2-5 所示为浙江省安吉县天荒坪抽水蓄能电站工程。

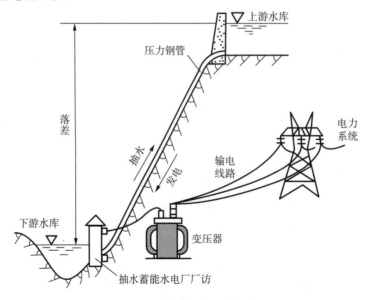

图 1-2-4　抽水蓄能电站示意图

图 1-2-5　浙江安吉天荒坪抽水蓄能电站工程

3. 核能发电

核能发电是利用核反应堆中核裂变所释放出的热能进行发电的方式。它与火力发电极其相似，只是以核反应堆及蒸汽发生器来代替火力发电的锅炉，以核裂变能代替矿物燃料的化学能。核电厂由核岛（主要是核蒸汽供应系统）、常规岛（主要是汽轮发电机系统）和电厂配套设施三大部分组成，图 1-2-6 为核电厂的整体示意图。

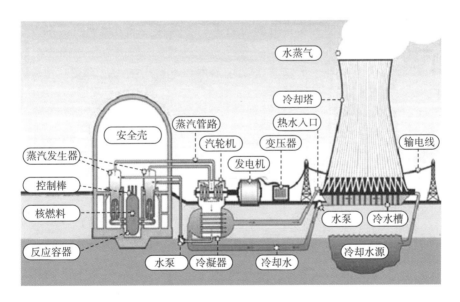

图 1-2-6　核电厂的整体示意图

核能的发电原理如图 1-2-7 所示，是由原子核反应堆释放的核能通过一套动力装置将核能转变为蒸汽的动能，进而转变为电能。该动力装置由一回路系统、二回路系统及其他辅助系统和设备组成。一回路系统是将核裂变能传给冷却水的热能装置。它由原子反应堆、主冷却泵、稳压器、蒸汽发生器以及相应的管道等组成。原子核反应堆内产生的核能，使堆芯发热，高温高压的冷却水在主冷却泵驱动下，流进反应堆堆芯，冷却水温度升高，将堆芯的热量带至蒸汽发生器。蒸汽发生器一次侧再把热量传递给管子外面的二回路循环系统的给水，使给水加热变成高压蒸汽，高压蒸汽通过推动汽轮发电机进行发电，再通过电厂内配电装置将电能输送到电网中，放热后的一次侧冷却水又重新流回堆芯，这样不断地循环往复，构成一个密闭的循环回路，回路中的压力由稳压器控制。

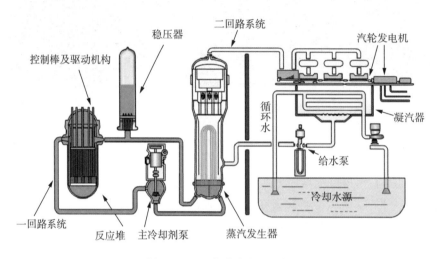

图 1-2-7　核能发电原理图

核电厂按照核反应堆的种类可分为压力堆、沸水堆、重力堆、水墨水冷堆、石墨气冷堆核电厂。

图 1-2-8 所示为国产首台 65 万 kW 压水堆核电机组工程的常规岛工程——秦山核电二期。

图 1-2-8　国产首台 65 万 kW 压水堆核电机组工程的常规岛工程——秦山核电二期

世界上有比较丰富的核资源，可提供的能量是矿石燃料的十多万倍，其优点是核燃料不仅体积小、运输量小且能量大，是化学能的几百万倍，且发电成本极低，不会造成空气污染，不会产生加重地球温室效应的二氧化碳，但核电厂的反应器内有大量的放射性物质，一旦发生事故释放到外界环境，会对世界生态和民众安全造成不可估量的伤害，如 1986 年 4 月 26 日乌克兰境内切尔诺贝利核电站核泄漏事故和 2011 年 3 月 11 日日本福岛第一核电站事故。

4. 风力发电

风力发电是把风的动能转变成机械能，再由机械能转化为电能，其原理就是利用风力带动风机桨叶旋转，再经过机械传动传递给发电机发电，经升压入网的过程。风力发电机组大体上由塔筒、风轮和发电机三部分组成，如图 1-2-9 所示。

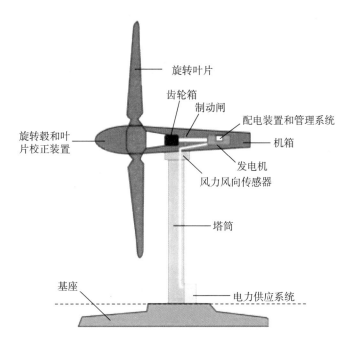

图 1-2-9 风力发电机组构造示意图

风能作为一种清洁的可再生能源，不需要使用燃料发电，装机规模灵活，基建周期短，不会产生辐射和空气污染，对治理大气雾霾，调整能源结构和转变经济发展方式具有重要意义，但风力稳定性差，供电的持续性和可靠性不高，土地占用较大。

5. 太阳能发电

太阳能发电分太阳光和太阳热两大发电类型。太阳光发电是将太阳能直接转变成电能，包括光伏发电（如图 1-2-10 所示）、光化学发电、光感应发电和光生物发电四种形式。

图 1 - 2 - 10　光伏发电

太阳热发电是先将太阳能转化为热能，再将热能转化成电能，它有两种转化方式：一种是将太阳热能直接转化成电能，如半导体或金属材料的温差发电，真空器件中的热电子等；另一种方式是将太阳热能通过热机（如汽轮机）带动发电机发电，与常规热力发电类似，只不过其热能不是来自燃料，而是来自太阳能。太阳能发电系统主要包括：太阳能电池组件（阵列）、控制器、蓄电池、逆变器、照明负载等组成，其中，太阳能电池组件（陈列）和蓄电池为电源系统、控制器和逆变器为控制保护系统、照明负载为系统终端。

太阳能资源相比其他的能源利用技术，有着无可比拟的优势，主要表现在：永不枯竭且资源分布广泛，不受地域限制；太阳能电池主要的材料——硅，原料丰富；无机械转动部件，没有噪声，稳定性好；维护保养简单，维护费用低。但其不足之处在于太阳能照射的能量分布密度小，年发电时数较低，不能连续发电，受季节、昼夜以及阴晴等气象状况影响大，精准预测系统发电量比较困难，光伏系统的造价较高。目前，广大的无电力网地区、民用家庭照明及生活供电等用太阳能发电较为普遍。

第三节 变电站和换流站

1. 变电站

变电站是指在交流输电系统中把一些具有相应功能的电气设备按照规定的接线方式组装起来，通过变压器将各级电压的电网联系起来，起到变换电压、接受和分配电能、控制电力的流向和调整电压的作用。同时变电站也是联系发电厂和电力用户的中间环节，是输电和配电的集结点。图 1-3-1 所示为 1000kV 变电站布置图，主变压器和无功补偿装置布置在变电站中间，出线布置在两侧。图 1-3-2 所示为 500kV 变电站布置图，主变压器和无功补偿装置也布置在变电站中间，多侧出线。

图 1-3-1 1000kV 变电站布置图

图 1-3-2 500kV 变电站布置图

变电站根据其在电力系统中的地位和作用分为：枢纽变电站、中间变电站、地区变电站和终端变电站。

枢纽变电站位于电力系统的枢纽点，电压等级一般为 330kV 及以上超高压，联系多个电源和多回路大容量联络线，出线回路多，变电容量大，全站停电后将造成大面积停电，或系统瓦解。枢纽变电站对电力系统运行的稳定和可靠性起到重要作用。

中间变电站位于系统主干环形线路或系统主要干线的接口处，高压侧以交换潮流为主，起着系统交换功率的作用或使长距离输电线路分段。电压等级一般为 220kV、330kV，汇集 2～3 个电源和若干线路。全站停电后，将引起区域电网的解列。

地区变电站是一个地区和一个中小城市的主要变电站，高压侧电压等级一般为110kV、220kV，全站停电后将造成该地区或城市供电的紊乱。

终端变电站在输电线路的终端，接近负荷点，高压侧电压等级一般为 110kV，经变压器降压后直接向用户供电，不承担功率转送任务。全站停电后，只有其所供的用户中断电源。

2. 智能变电站

智能变电站是在数字化变电站的基础上发展而来的，是由智能化一次设备（电子式互感器、智能化开关等）和网络化二次设备分层（站控层、间隔层、过程层）构建，采用先进、可靠、集成、低碳和环保的智能设备，以全站信息数字化、通信平台网络化、信息共享标准化为基本要求，自动完成信息采集、测量、控制、保护、计量和检测等基本功能，同时具备支持电网实时自动控制、智能调节、在线分析决策和协同互动等高级功能的变电站。目前超高压以下变电站新建工程均为智能化变电站，老变电站正在进行分批改造，以满足变电站智能化要求。

智能变电站自动化系统从结构上可以划分为站控层、间隔层和过程层三层，各层之间通过站控层网络（MMS 网）和过程层网络（SV 网和 GOOSE 网）进行信息传输交互，构成"三层两网"的系统结构。

2.1 "三层"

站控层又称为变电站层，包括监控主机、数据通信网关、数据服务器、综合应用服务器、操作员站、工程师工作站、PMU 数据集中器和计划管理终端等，面向全站设备的监视、控制、告警及信息交互来完成采集和监视控制、操作闭锁、同步相量采集、电能量采集、保护信息管理等功能。

间隔层包括测量、控制组件及继电保护组件。间隔层设备包括继电保护装置、测控装置、故障录波装置、网络记录分析仪、稳控装置等。间隔层的功能是使用一个间隔的数据作用于该间隔的一次设备，与各种远方输入/输出、传感器和控制器通信。

过程层设备包括智能终端、合并单元、状态监测 IED 等智能组件，是一次设备用以完成测量、控制功能的智能组件，实现一次设备的数字化接口。过程层的功能是为间隔层提供服务功能，如状态量和模拟量的输入输出功能，数据采样，执行间隔层设备发出的命令。

2.2　"两网"

站控层网络（Manufacture Message Specification，MMS）是指智能变电站中位于站控层和间隔层设备间用于传输 MMS 报文的局域网，主要指站内智能电子设备（IED）与监控后台之间的通信网络。

站控层网络设备包括站控层中心交换机和间隔交换机。站控层中心交换机连接数据通信网关机、监控主机、综合应用服务器、数据服务器等设备间隔交换机链接间隔内的保护、测控和其他智能电子设备。间隔交换机与中心交换机通过光纤连成同一物理网络。站控层和间隔层之间的网络通信协议采用 MMS 协议。网络可通过划分VLAN（Virtual Local Area Network，虚拟局域网，它是一种将局域网设备从逻辑上划分成一个个网段，来实现虚拟工作组的数据交换技术）分割成不同的逻辑网段。

过程层网络包括 SV 网（Sampled Value，采样值，也称作 Sampled Measured Value，SMV）和 GOOSE 网（Generic Object Oriented Substation Event，面向对象的变电站通用事件）。SV 网用于智能变电站过程层和间隔层设备间的采样值传输，是将电流互感器、电压互感器二次输出的模拟值进行 A/D 转换后形成数字量，并传输给保护、测控、录波等设备，报文格式多采用 IEC 61850-9-2 标准。保护装置与所在间隔的合并单元之间采用点对点的方式接入 SV 数据（所谓点对点采样是指合并单元输出与保护装置输入之间采用光纤直接连接，不经过交换机），也就是常说的"直采直跳"方式。GOOSE 网用于智能变电站中过程层和间隔层设备间的状态与控制数据交换，实现多个智能电子设备之间信息传递的网络。GOOSE 网连接的设备包括合并单元 MU、智能终端、测控、保护、网络分析仪、故障录波器等，传输各类位置信息、遥控控制信息、跳闸信息、联闭锁信息、告警信息等。GOOSE 网一般按电压等级配置，220kV 以上电压等级采用双网，保护装置与所在间隔的智能终端之间采用 GOOSE 点对点通信方式。

目前的智能变电站过程层网络配置中，220kV 电压等级过程层网络采取 SV 网和GOOSE 网共网。500kV 电压等级过程层网络有两种方式：第一种是采取 SV 网和GOOSE 网均单独组网，目前新的基建工程已取消此种方式；第二种是取消合并单元，二次设备电流电压采样直接用二次电缆接入二次设备（即取消了 SV 网），保留了GOOSE 网络和就地智能终端。

2.3　对时系统

对时系统是智能站自动化系统一个重要的组成部分。对时系统由主时钟、时钟扩展装置、对时网络组成。主时钟采用双重化配置，支持北斗导航系统（BD）、GPS 系统、地面授时信号，其中优先采用北斗导航系统。时钟同步精度优于 $1\mu s$。站控层设备与时钟同步一般采用简单网络时间协议（SNTP）方式，经站控层网络对时报文接受对时信号。间隔层和过程层一般采用 IRIG-B 码、秒脉冲对时方式。

2.4　常用术语

智能电子设备（IED）是一种带有处理器，具有采集、接收、发送、处理数据和接收、发送执行指令等功能的电子装置。

　　智能电子设备配置描述（ICD）配置文件用于描述变电站内每种类型的电子式设备所具有的功能，如具体的保护功能、测控信息等。每一种型号的设备只需要一个 ICD 配置文件。

　　变电站配置描述（SCD）配置文件是 IEC 61850 标准中定义的一种文件类型，用于描述整个变电站内所有设备的信息，包括变电站一次系统配置、二次设备配置（含信号描述配置、GOOSE 信号连接配置）、通信网络和参数的配置。

　　系统规范描述（SSD）配置文件是 IEC 61850 标准中定义的一种文件类型，用于描述整个变电站的主接线图形式，以文本的形式取代图形方式储存，包含一次系统的单线图、一次设备的逻辑节点及逻辑节点类型的定义。

　　已配置智能电子设备配置描述，即（CID）配置文件。这是 IEC 61850 标准中定义的一种文件类型，是智能变电站中装置运行所使用的最终配置文件，一般利用原装置 ICD 配置文件作为模板，通过系统配置器进行配置后生成。变电站内每个电子式设备都有一个 CID 配置文件，与 ICD 配置文件相比，增加了每个设备的通信地址、具体设备名称等。

　　IEC 61850 是目前应用于变电站通信网络和系统的唯一无缝通信国际标准。此标准不仅定义了间隔层设备和站控层设备间的通信标准，也新增了过程层设备和间隔层设备间的通信标准，不仅适用于变电站内，也适用于变电站和调度之间以及各级调度之间。

　　虚端子：智能变电站中开关量和模拟量信号都采用通信报文方式传输，不再使用电缆连接，其特定的输入输出信号就像虚拟的端子排，采用配置文件方式固化在装置中。因此，就没有了传统意义上的端子连接，对设备而言报文发送或接收的每一个独立信号都被虚拟成一个信号端子与传统端子对应，绘制工程回路图。

　　智能一次设备包括：一次设备、传感器和智能组件。一次设备即一次设备本体。传感器是指内置和外置在高压设备本体上，或安装在高压设备某个部件上，将一次设备的状态信息转化为智能组件的可测量信息，是一次设备的感知元件，在智能化设备自检功能中具有关键作用。接入或植入一次设备本体的传感器分为内置和外置两种。

　　智能组件是一次设备智能化的关键部件，承担了一次设备全部或大部分的二次功能，通常是指由合并单元、智能终端、状态监测功能组组成的智能组件，在智能组件柜中就地布置的，靠近宿主一次设备旁边。智能组件内部结构如图 1-3-3、图 1-3-4 所示。

　　智能终端，即智能操作箱，它是指就地实现高压设备的遥信、遥控、保护跳闸等功能，并通过（基于 IEC 61850 通信标准）通信接口与过程层通信的一种智能组件。智能终端与一次设备（如断路器、变压器等）采用电缆连接，与保护、测控等二次设备采用光纤连接，通过 GOOSE 报文上传一次设备的本体状态信息，同时接收来自保护、测控的分合闸 GOOSE 下行控制命令，实现对一次设备的测量、实时控制和状态监测的功能。

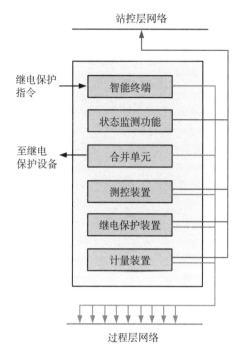

图 1-3-3　智能组件内部结构示意图

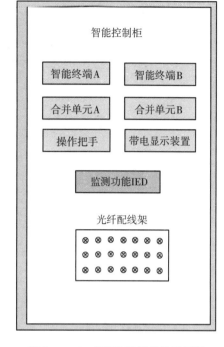

图 1-3-4　HGIS 智能组件配置图

合并单元：将多个互感器采集单元输出的数据通过 SV 网进行同步合并处理，为二次系统提供时间同步的电流数据和电压数据的一种智能组件。合并单元的作用是同步采集 A、B、C 三相电流和电压的瞬时数据，并按照特定协议和规定格式向间隔层的保护、测控设备发送采样值。

状态监测：电力设备在运行中经受电、热、机械负荷作用以及自然环境的影响，会引起老化、疲劳、磨损、性能下降，设备故障率增大，状态监测就是在不影响设备正常运行的条件下实时获取设备的运行状态和周围环境信息，结合专家诊断算法，对设备运行状态进行分析和判断，并及时提供预警信息。状态监测分为在线监测和离线监测两种。在线监测是指在设备不停电、正常运行条件下，通过常年安装在被测设备上的相关设备、仪器对电力设备实时进行连续或周期性的自动监视检测的过程。如油中溶解气体监测（油浸主变压器、油浸电抗器等）、局部放电监测（主变压器、组合电器等）、电容型设备绝缘监测（绝缘套管、电磁式电流互感器、电容型电压互感器等等）、SF_6 气体检测（组合电器、断路器等）、金属氧化物避雷器绝缘监测等。离线监测一般是通过各类监测仪表对设备状况进行人工监测，通常需要停电作业。在实际工作中通常结合两种监测方法，发挥各自优点，为检修运行提供便利。

2.5　智能站与常规站的区别

与常规变电站相比其优越性也愈发突出，如：一次设备智能化、采样就地数字化、光缆取代电缆、数字取代模拟、通信规约标准化、功能集成、设备简化、实现调度手段变革、自动化水平提高、全寿命周期成本降低等优点。智能变电站与常规变电站的结构差异如图 1-3-5 所示。

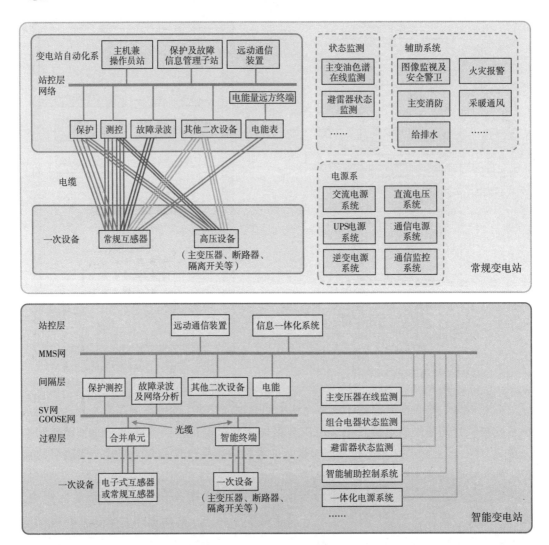

图 1-3-5　智能变电站与常规变电站的结构差异

2.5.1　过程层设备的区别

互感器：传统变电站采样值使用常规的电流互感器（TA）和电压互感器（TV）；智能变电站采用电子式互感器或"常规互感器＋就地合并单元"来实现互感器的就地数字化。

断路器：传统变电站采用常规的断路器和间隔层设备电缆连接；智能变电站采用"常规的断路器＋智能终端"就地完成开关数字化，将位置信息和控制信息转化为GOOSE 光纤数字信号和间隔层设备交互。

2.5.2　过程层网络的区别

传统变电站采用一次设备和间隔层设备之间通过大量的电缆连接，无过程层网络的概念。智能变电站采用电子式互感器或"常规互感器＋就地合并单元"就地实现数字化，组建 SV 采样值光纤数字传输网络；一次开关设备通过智能终端完成开关数字化，经 GOOSE 光纤网络完成开关位置信息和控制信息的传输。根据不同的需求，

GOOSE 网络和 SV 网络可以相互独立或组成二合一网络结构。

2.5.3 间隔层设备的区别

智能变电站数字化保护装置在核心逻辑算法与常规站的保护基本无差别，仅针对 SV 或 GOOSE 的通信特点做了相应的改变。常规站保护装置的交流头插件改成 SV 采样值光口板、开入开出板卡改为 GOOSE 光口板。

智能变电站测控装置通过 SV 网接收电流电压测量值，通过 GOOSE 完成信息采集和控制命令下发。

保护和测控的间隔层设备对过程层均通过光纤通信接口，数据基于统一的标准建模，满足 IEC 61850 的要求。

2.5.4 站控层网络的区别

站控层网络在常规变电站和智能变电站中最大的区别在于通信标准的变化。常规变电站采用 IEC 60870 - 5 - 103 通信标准，设备间的信息交互能力差，不利于信息共享。而智能变电站按照统一的通信标准 IEC 61850 进行数据建模，覆盖了站控层、间隔层和过程层，消除了设备间信息交互的通信差异，有利于设备优化和系统集成，体现了信息共享和良好的互操作性。

2.5.5 光缆和电缆用量的区别

常规变电站使用电缆连接，二次接线工作量大、耗费铜资源较多，电缆投资费用较高；而智能变电站大大减少了电缆的使用，增加了较多的智能组件、光缆和交换机，以及光缆熔接的工作量，相应的变电站调试工作量也有所增加。就常规变电站和智能变电站的总体造价而言，智能站并不存在较大优势，主要是因为智能站设备购置费比常规站有所增加，安装调试费用有所提高，但随着智能化变电站技术的成熟和普及，智能设备的费用会有所降低。

2.5.6 工程扩建的区别

常规变电站扩建工程电气二次回路较为直观，二次线可视可查，接线、调试环节无需厂家人员过多地参与，但接火工序环节需要接触已运行部分的交直流回路，部分电压、电源接火时需带电操作，对系统及工作人员有一定的安全风险。而智能变电站扩建工程调试过程中必须将原有全站 ICD 配置文件（即 CID）、SSD 配置文件、SCD 配置文件重新更换并定义，但配置文件改动后全站虚端子检查验证缺乏有效手段，即不能完全避免修改配置文件时因配置错误而导致启动时保护误动或误发信号，且电气二次部分的工作与常规站相比变得较为依赖原集成商技术服务人员。智能变电站在二次接火方面除电源外均是采用光缆接入，所以工作人员接火时的安全风险大大降低。

3. 换流站

换流站是直流输电系统中直流和交流进行相互能量转换的系统，并达到电力系统对于安全稳定及电能质量的要求而建立的站点。直流输电工程基本原理如图 1 - 3 - 6 所示。

换流站的主要设备或设施有换流阀、换流变压器、平波电抗器、交流开关设备、交流滤波器及交流无功补偿装置、直流开关设备、直流滤波器、控制与保护装置、站外接地极以及远程通信系统等。由换流变压器和换流阀组成的换流装置是换流站的核心。换流站阀厅和换流变区域采用换流变紧贴阀厅的方式布置在整个换流站中心区域，极1和极2对称布置，同级面对面，即两极低端在中间背靠背，高端在两边，如图1-3-6所示；也可以在整个换流站的一侧布置，极1和极2呈一字型排列，两极低端在中间顺序布置，高端在两边，如图1-3-8所示。直流场布置可以采用户外布置，也可以采用户内布置。

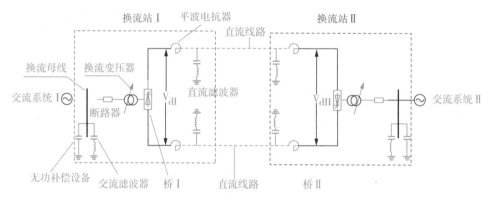

图 1-3-6 直流输电工程基本原理图

注：桥Ⅰ、桥Ⅱ即为换流阀（器）

图1-3-7所示为±800kV向家坝-上海特高压直流输电示范工程送端±800kV复龙换流站布置图，输送容量为6400MW。全站共有高、低端阀厅各2个（极1高、极1低、极2高和极2低），两极的低端阀厅采用背靠背布置方式（极1低和极2低），同极的高、低端阀厅采用面对面布置方式（极1高和极1低）。低端阀厅位于该区中部，高端阀厅位于该区中部两侧。

图 1-3-7 ±800kV向家坝-上海特高压直流输电示范工程送端±800kV复龙换流站站区布置图

注：1、10-交流滤波器区；2-站前辅助功能区综合楼、备件备品库等；3-500kV交流GIS区；

4-极1高端阀厅；5-极1低端阀厅；6-极2低端阀厅；7-极2高端阀厅；8-控制楼；

9-直流开关场区；11、12、13、14-换流变压器

　　图 1-3-8 所示为±1100kV 昌吉-古泉特高压直流输电示范工程受端±1100kV 古泉换流站站区布置图，是世界上电压等级最高、输送容量最大、输送距离最远、技术最先进的特高压直流工程，输送容量为 1200MW。全站共有高、低端阀厅各 2 个（极 1 高、极 1 低、极 2 高、极 2 低），两极的阀厅采用极 1 高、极 1 低、极 2 低、极 2 高顺序呈一字型布置方式。低端阀厅位于该区中部，高端阀厅位于该区中部两侧。直流场主要采用户内式布置，部分设备放置在室外。

图 1-3-8　±1100kV 昌吉-古泉特高压直流输电示范工程受端±1100kV 古泉换流站站区布置图

注：1-极 2 高端阀厅；2-极 2 低端阀厅；3-极 1 低端阀厅；4-极 1 高端阀厅；5-极 2 户内直流场；

6-极 1 户内直流场；7、8、9、10-换流变；11-1000kV 交流 GIS 区；12-1000kV 继电器小室；

13-1000kV 交流滤波器区；14-主控楼；15-站用电区；16-500kV 交流 GIS 区；

17-500kV 交流滤波器区；18-500kV 继电器小室；19-调相机主厂房；20-调相机水冷设备区；

21-备品备件库；22-综合楼；23-综合水泵房；24-换流变备品区

第四节 通信与自动化系统

1. 通信系统

1.1 电力通信网概述

电力通信网是为了保证电力系统的安全稳定运行而生的。它同电力系统的安全稳定控制系统、调度自动化系统被人们合称为电力系统安全稳定运行的三大支柱。通信网不仅是电网调度自动化、网络运营市场化和管理现代化的基础，也是确保电网安全、稳定、经济运行的重要手段，同时还是电力系统的重要基础设施。因此电力通信网对通信的可靠性、保护控制信息传送的快速性和准确性具有极其严格的要求。目前，国内大部分电网建设都采用 SDH 作传输复用、PCM 作业务接入，以自建为主的方式建立电力系统专用通信网，主要承载语音、数据、宽带业务、IP 等常规电信业务及一些电力生产专业业务。

电力系统变电环节通信业务包括变电站的调度电话、继电保护信息、安全稳定管理信息系统、调度自动化信息、调度管理信息系统、电能计量系统、光缆自动监测系统、雷电定位系统、视频监控系统等需求。电力系统输电环节通信需求是指输电线路在线监测系统信息传送需求，包括终端通信节点（监测装置、移动设备等）、汇聚通信节点（状态监测代理设备、电源系统等）、中继通信节点（中继设备、电源系统等）和通信综合数据网接入点的所有业务通信传送需求。电力系统调度环节通信需求包括调度监控中心至各调度节点之间的调度电话、安全稳定管理信息系统、调度自动化信息、调度管理信息系统、电能计量系统、光缆自动监测系统、雷电定位系统、视频监控系统等需求。电网企业管理通信需求包括电网企业管理通信所需的财务管理系统、物资管理系统、工程管理系统、人力资源管理系统、安全生产管理系统、办公自动化系统、电力营销业务系统等业务通信需求。

电力通信网由骨干通信网、终端通信接入网等组成。骨干通信网分为省际、省级和地市三个层级通信网，涵盖 35kV 及以上电网厂站及电网系统内各类生产办公场所。省际骨干通信网由电网公司总部（分部）至省级公司、直调发电厂和变电站以及分部之间、省级公司之间的通信系统组成。省级骨干通信网由省级公司至所辖地市公司、直调发电厂及变电站以及辖区各地市公司之间的通信系统组成。地市骨干通信网由地市公司至所辖县公司、直调发电厂和 35kV 及以上变电站、供电所及营业厅等的通信系统组成。骨干通信网按功能大体可划分为传输网、业务网和支撑网三个部分，如图 1-4-1 所示。

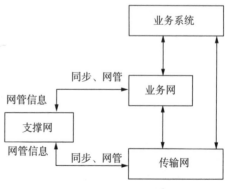

图 1-4-1 通信网组织结构图

传输网是"信息"广域交互的基础平台，负责广域、大容量、长距离的信号传输，主要有光纤通信、微波通信和电力线载波通信三种方式，以及为应急工作而增设的卫星通信，其中光纤通信占据绝对优势。

业务网是向用户提供语音、视频、数据等通信业务的网络，主要有电话交换网、会议电视网、调度数据网、综合数据网、MIS网等。

支撑网是保障传输网、业务网正常运行的支撑系统，用于传递监控信号、增强网络功能、提高服务质量，主要涉及网管、监控和时钟同步；SDH设备、电话交换机等通过网管系统管理，上级过境电路设备的本地告警输出、通信专用电源、通信专用蓄电池、动力、环境等由监控系统管理，通信设备均需时钟同步支持（即频率同步），目前各地区公司均已配置同步时钟设备，均按双GPS、双铷钟配置。

变电站通信系统主要包括变电站间的通信光缆、站内通信主设备、通信辅助设备、通信机房等设施。通信主设备包括光通信设备、交换设备、电源设备、载波设备等。通信辅助设备包括配线设备、监控设备、机柜等。光通信设备包括光传输设备和PCM设备。变电站常见的通信设备有光端机、PCM、调度电话系统、ATM交换机、调度数据网路由器、综合配线设备、常用通信线缆、通信电源系统等。

光纤复合架空地线（OPGW光缆）是联络变电站间、变电站与调度控制中心间通信传输的光缆，具有普通地线和通信光纤光缆的双重功能，也是目前电力工程中普遍采用的通信传输材料。

1.2　电力数据交换网

电力数据交换网是电力系统内一个由分布在各地的数据终端设备、数据交换设备和数据传输链路所构成的网络，在网络协议（软件包括OSI下三层协议）的支持下，实现数据终端间的数据传输和交换。数据网目前主要采用开放最短路径优先和边界网关协议等路由协议，并结合多协议标签交换虚拟专用网（VPN）技术为不同的业务构建独立的逻辑通道，实现网络中各类数据快速安全的传输。电力系统数据交换网包括电力综合数据网和电力调度数据网。

电力综合数据网主要承载变电站图像监控、高清视频会议、通信电源监控、变电站录音及通信网管等数据业务。电力综合数据网用于承载包括视频业务在内的各种应用系统，所需带宽较大，对于光缆条件较好的地区可采用光纤直连方式组成网状网络，对于光缆条件不具备区域可采用POS或MSTP以太网方式组成双星形网络，部分边缘路由可通过E1口传输。常用网络结构如图1-4-2所示，各通道方式的对比如表1-4-1所示。

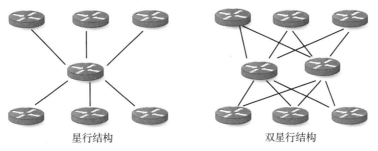

星行结构　　　　　　　　　　双星行结构

图1-4-2　综合数据网常用网络结构

表 1-4-1 综合数据网传输通道优缺点对比

通道方式	优　点	缺　点
E1	稳定性高	带宽受限，仅为 2Mbit/s
POS	稳定性高	相关板卡昂贵，将大量占用传输主干网的资源
MSTP 以太通道	带宽可按需分配	故障点增加，占用传输资源
光纤直连	带宽不受限	受实际光缆条件的限制

其中，由于电网信息化进程加速，目前，每个路由器采用高端业务路由器来组网，由路由上传了大量的图像监控、视频会议、内网通信等多项业务。

电力调度数据网是建设在电力 SDH 通信传输网络平台上的调度生产专用数据网，是实现调度实时和非实时业务数据传输的基础平台，也是实现电力生产、电力调度、实时监控、数据管理智能化及电网调度自动化的有效途径，为发电、送电、变电、配电联合运转提供安全、经济、稳定、可靠的网络通道，满足承载业务安全性、实时性和可靠性的要求，如图 1-4-3 所示。承载的实时性业务包括 SCADA/EMS 调度自动化系统、电力市场实时数据、继电保护、水调自动化。承载的非实时性业务包括 EMS网络分析的数据、故障录波、动态预警监测、安全自动装置等信息。调度数据网的可靠性总体需满足网络拓扑的可靠性、设备本身的可靠性、低网络延迟、低全网路由收

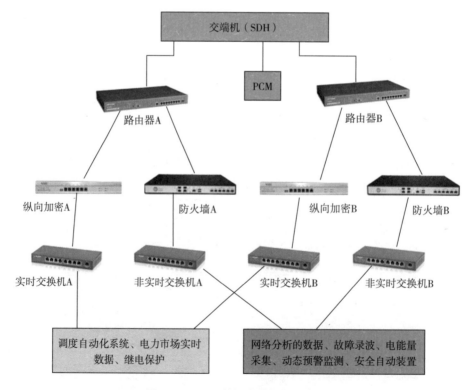

图 1-4-3 厂站调度数据网示意图

敛时间、网管稳定性和可靠性等要求。调度数据网的安全性总体需满足安全隔离、设备安全、安全控制和安全监测、安全管理等要求。

电力调度数据网的构建，就是通过VPN（虚拟专用网络）来实现它们之间的互联，在专用通道上利用IP路由交换设备组网，实现在SDH（同步数字体系）层面上与系统内公用的电力信息的数据传输业务。调度数据网的安全问题主要通过防火墙技术和纵向加密技术来实现，可在调度端和厂站端的网络边界设置纵向加密认证装置，以实现网络的边界保护。在实时业务VPN与路由器之间设置纵向加密认证装置，在非实时业务VPN与路由器之间设置纵向加密认证装置或硬件防火墙，对数据进行加密，防止外部用户对数据网络信息进行篡改和破坏，确保业务数据的安全传输。

调度交换机多采用数字程控交换系统。调度电话系统以数字程控交换设备为核心，同时配备按键式调度台、维护终端及录音系统等。调度电话系统具有容量可大可小、组网灵活、可靠性高等优点。

2. 变电站综合自动化系统

变电站综合自动化系统是利用先进的计算机技术、现代电子技术、通信技术和信息处理技术等实现对变电站二次设备（包括继电保护、控制、测量、信号、故障录波、自动装置及远动装置等）的功能进行重新组合和优化设计，对变电站全部设备的运行情况执行监视、测量、控制和协调的一种综合性的自动化系统。通过变电站综合自动化系统内各设备间相互交换信息和数据共享，完成变电站运行监视和控制任务。变电站综合自动化替代了变电站常规二次设备，简化了变电站二次接线。变电站综合自动化是提高变电站安全稳定运行水平、降低运行维护成本、提高经济效益、向用户提供高质量电能的一项重要技术措施。

变电站综合自动化系统按照结构和模式分为集中式系统结构和分层分布式结构两种。

集中式系统结构是指系统的硬件装置、数据处理均集中配置，采用由前置机和后台机构成的集控式结构，由前置机完成数据输入输出、保护、控制及监测等功能，后台机完成数据处理、显示、打印及远方通讯等功能。这种结构存在前置管理机任务繁重、引线多的问题，是一个信息"瓶颈"，降低了整个系统的可靠性，即在前置机故障情况下，将失去当地及远方的所有信息及功能，另外不能从工程设计角度上节约开支，仍需铺设电缆，并且扩展一些自动化需求的功能较难。

分层分布式结构是指按变电站的控制层次和对象设置全站控制级（变电站层）和就地单元控制级（间隔层）的二层式分布控制系统结构。随着智能变电站的发展，也可分为三层式，即站控层、间隔层和过程层。

站控层大致包括监控主机、操作员站、五防主机、远动主机、工程师站、GPS同步装置、网络设备等。间隔层按站内一次设备（变压器或线路等）面向对象的分布式配置，在功能分配上本着尽量下放的原则，即凡是可以在本间隔就地完成的功能不依赖通讯网和主站。在智能变电站中，增加了过程层网络，通过智能终端、合同单元实现就地采集与控制，实现一次设备的数字化接口。

分层分布式结构相比集中式处理的系统具有明显的优点：

（1）可靠性提高，任一部分设备故障只影响局部，风险分散，当站控层或网络故障，只影响到监控部分，而最重要的保护、控制功能在间隔层仍可继续运行，间隔层的任一智能单元损坏不会导致全站的通信中断。

（2）可扩展性和开放性较高，利于工程的设计及应用。

（3）站内二次设备所需的电缆大大减少，既节约投资，又简化了调试维护。

第五节　输电线路

输电线路按照结构不同分为架空输电线路、电缆输电线路和 SF_6 气体绝缘金属封闭输电线路（GIL）。

架空输电线路是以杆塔为支撑，通过绝缘装置将导线架设在杆塔上，由线路杆塔基础、杆塔、导线、避雷线、绝缘子、线路金具、接地装置等构成，如图 1-6-1 所示。

图 1-6-1　架空输电线路

电缆输电线路是将电缆敷设在专用的管道、隧道、沟槽或直接埋入地下。目前，在城市建设中供电电缆多采用地下管廊结构，如图 1-6-2 所示为城市供电体系下用于敷设高压电缆的管廊结构。

SF_6 气体绝缘金属封闭线路（GIL）采用金属导电杆输电，并将其封闭于接地的金属外壳中，通过 SF_6 气体或 SF_6 与 N_2 混合气体绝缘，目前已应用于在抽水蓄能电站、发达城市超高压线路以及淮南—南京—上海 1000kV 交流特高压苏通 GIL 综合管廊工程。

图 1-6-2　城市供电体系下用于敷设高压电缆的管廊结构

1. 架空输电线路

架空输电线路按照输送电流的性质分为交流输电线路和直流输电线路。交流输电线路具有不同电压间转换较为便利、变电设备成本较低等优势，高电压、远距离输电线路的电感、电抗会引起电压变化，需要加装大容量补偿装置才能保证系统稳定，极大地增加了设备投资。而直流输电线路则不存在电感和电抗的问题，输送容量大、送电距离远，线路损耗小，调节速度快，运行可靠，输送相同功率的线路工程造价较低，但直流换流站设备较昂贵，换流装置要消耗大量的无功功率，换流器的过载能力较小，对直流运行不利，且直流输电线路难以引出分支线路，只能用于端对端送电。直流输电多用于特高压超远距离超大容量输电项目，如图 1-6-3 所示为我国率先开建的直流特高压向家坝—上海 ±800kV 直流输电线路，2010 年 7 月 8 日建成投产，线路长度 1907km，输送容量 640 万千瓦。在特高压输电领域，交流在远距离输电工程中也显示了非凡的优点，如图 1-6-4 所示为我国第一条交流特高压晋东南-南阳-荆门 1000kV 交流输电线路，2009 年 1 月 6 日建成投运，2011 年 12 月又完成扩建，线路长度 640km，变电容量 1800 万千伏安。

图 1-6-3　向家坝—上海 ±800kV　　　　图 1-6-4　晋东南-南阳-荆门 1000kV
　　　　直流输电线路　　　　　　　　　　　　交流输电线路

杆塔基础分为电杆基础和铁塔基础。在高压输电线路上多采用铁塔基础，按照地基承载力特征分为"大开挖"基础、掏挖基础、岩石锚桩、桩基础、联合基础。"大开挖"基础类型有现浇钢筋混凝土阶梯式基础、斜插式基础、大板基础等。掏挖基础类型主要有掏挖扩底式基础、岩石嵌固式基础。岩石锚桩基础类型主要有直锚杆基础、中空锚杆（压力注浆）基础。桩基础类型主要有人工挖孔灌注桩、机械成孔灌注桩、PHC 管桩等线路常用类型，适用于地下水位较高、土质较差、地基承载力不能满足设计要求的地质情况。

杆塔按照材料分为钢筋混凝土电杆、钢管电杆和铁塔。铁塔又分为角钢铁塔和钢管铁塔，其形状可分为酒杯型、猫头型、上字型、干字型和鼓型铁塔等。杆塔按照使用功能分为直线塔、耐张塔、转角塔、终端塔、特种塔（分支塔、跨越塔和换位塔）等。直线塔只承受垂直荷载和水平风压。耐张塔是为了防止线路断线时整条线路直线塔顺线路方向倾倒，必须在一定距离的直线段两侧设置的能够承受断线时顺线路方向的导地线拉力的杆塔，把断线影响控制在一定范围。两个耐张塔之间的距离称为一个耐张段。转角塔承受导地线的垂直荷载、内角平分线方向的水平风荷载、内角平分线方向导地线全部拉力的合力。终端塔主要承受导地线垂直荷载和水平风力、线路一侧的导地线的拉力。杆塔按照回路数分为单回路、双回路、多回路杆塔。

架空输电线路一般采用架空裸导线。对于大容量、远距离输送的输电线路为了提高线路的输电能力、限制电晕、改善电磁环境，多采用分裂导线，各子导线间隔一定距离对称排列。一般高压输电线路分裂导线根数不超过 2 根，超高压不超过 4 根，特高压不超过 8 根。

避雷线是悬挂于杆塔顶部，在每基杆塔上通过接地线与接地体相连，降低雷击导线的概率，保护线路绝缘免受雷电过电压的破坏。一般只有 110kV 以上线路才全线架设避雷线。随着科技的进步和技术的发展，在新建线路中，普遍使用光纤负荷架空地线（OPGW 光缆）随导线一并架设完成，既能满足避雷线的功能，又能实现通信功能，实现了通信光缆和架空地线的完美结合。

绝缘子是安装在导线与杆塔的横担之间，承受耐受电压和机械应力作用的绝缘器件。架空输电线路常用的绝缘子有瓷绝缘子、钢化玻璃绝缘子、合成绝缘子等。

线路金具是将杆塔、导地线、光缆和绝缘子连接起来的金属零件，主要用于支撑、固定、接续、保护导地线。按照金具的性能和用途分为悬垂线夹、耐张线夹、连接金具、接续金具和防护金具。

接地装置是接地体和接地引下线的总称，其作用是泄导雷电流，降低杆塔顶电位，保护线路绝缘不致击穿闪络。

2. 电缆输电线路

电缆输电线路即用电缆来输送电能的线路，分为地下输电线路、水下输电线路和空气输电线路。电力电缆由土建设施、电缆系统、附属设施组成。土建设施主要包括直埋电缆、水底电缆、电缆排管、电缆沟、电缆桥、电缆隧道、电缆竖井等。电缆系统是指由电缆及安装在电缆上的附件所构成的系统，包括电缆、电缆接头、电缆终端。附属设施主要包括接地系统、油路系统、交叉互联系统、监控系统、照明系统、消防系统、排水系统、排风系统等。

电缆输电线路埋设在地下管道、沟道中或顺墙埋设，不需要占用地面线路走廊，占地少，利于城市市容美观；不受台风、雨雪、污秽、风筝、鸟害等气候和外界环境影响，输电性能稳定可靠；导体外由绝缘层和保护层，避免发生触电事故；维护工作量小，安全性高；可用于架空线难以通过的路段，如跨越海峡输电。但缺点在于输送容量有限；工程造价高，电压越高与架空线的费用差价越大；线路发生故障时，故障排查时间较长。因此，长距离、大容量、高电压的输电线路工程往往采用架空输电线路输送电能，而城市变配电站、市区供电、风景名胜区供电、居民小区供电以及跨越江河湖海不宜架设架空导线的工程、国防工程需要的工程等适合应用电缆线路供电。

图1-6-5所示为城市市政规划和建设中已普遍采用的地下管廊结构。它是集中铺设电力、通信、广电、给水、排水、热力、燃气等市政管线，改变过去管线"各自为政""马路拉链""空中蜘蛛网"等难题，具有高效维护、综合管理、防汛防涝功能，对解决路面重复开挖、节约维修管理成本、有效净化雨水水质、减轻城市洪涝灾害具有重要作用，而且还能使市容市貌美观，可以有效利用城市空间，节约土地资源。管廊断面呈四方形，宽度约为5米，高度约为2.5米，可采用双仓或三仓布置，综合仓主要设置通信信息管和给水管；高压电力仓宽度较综合仓宽，主要用于设置35kV、110kV和220kV的高压电力电缆。地下综合管廊位于地下约10米或更深的位置，可通过自动化和通信系统直接连通至地面的综合管廊监控室。

图1-6-5　某地区地下综合管廊

3. SF₆气体绝缘金属封闭输电线路（GIL）

气体绝缘金属封闭输电线路（GIL）是一种采用SF_6气体或SF_6和N_2混合气体绝缘、外壳与导体同轴布置的高电压、大电流电力传输设备。GIL技术的研发始于20世纪60年代，1970年开始在世界范围内投入使用，距今已有40余年的历史。GIL具有输送容量大、占地面积小、损耗小、对环境影响小、可靠性和安全性高等技术优势，但造价很高。

GIL是采用金属导电杆输电，并将其封闭于接地的金属外壳中，通过压力气体绝缘，适用于架空输电方式和电缆送电受限情况下的补充输电技术。GIL类似于GIS（组合电器），但其应用场所各不相同，尤其是在长距离输电时，存在较大的关键技术差异。GIL可以选择不同的直径、壁厚和绝缘气体，能够满足不同技术经济要求。GIL具有的高载流量能够允许大容量传输，而且，它的电容比高压电缆小得多，因而即使长距离输电，也不需要无功补偿。GIL符合电力系统现场运行维护、安全综合预控方案和现代外观审美的要求。由于GIL具有输电能力强、与周边环境友好相处、安装运行维护方便、故障率低、运行可靠率高等许多优点，在全世界已经有超过 30 年的运行经验，它的设计使用寿命长达 50 年以上。我国淮南—南京—上海 1000kV 交流特高压工程中更是成功研制并应用了 1000kV GIL 江底综合管廊，是目前世界上电压等级最高、输送容量最大、技术水平最高的超长距离 GIL 创新工程，如图 1-6-6 所示。

图 1-6-6　淮南—南京—上海 1000kV 交流特高压 GIL 江底综合管廊工程示意图

淮南—南京—上海 1000kV 交流特高压输变电工程苏通 GIL 综合管廊工程位于江苏境内，通过江底隧道穿越长江，连通南岸（苏州）和北岸（南通）的引接站，从而全部完成淮南—南京—泰州—苏州—上海 1000kV 皖电东送的第二电能传输通道的建设任务，并与已经并网投产的淮南—皖南—浙北—上海 1000kV 输电线路共同组成贯穿皖、苏、浙、沪负荷中心的华东特高压交流双环网，如图 1-6-7 所示。

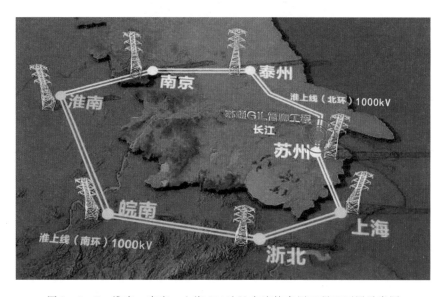

图 1-6-7　淮南—南京—上海 1000kV 交流特高压工程双环网示意图

苏通 GIL 综合管廊工程管廊直径大、掘进长度长、管廊埋深深、地质条件复杂，是目前国内埋深最深（隧道结构底面标高－74.83 米）、水压力最高的管廊工程（0.8 兆帕），如图 1－6－8 所示。管廊直径 11.6 米，上层布置 1100kV GIL 管线，额定电流 6300 安培，单相长度 5468.5 米，两回 6 相总长近 35 千米。预留通信、有线电视等市政通用管线，下层预留两回 500kV 电缆区，如图 1－6－9 所示。

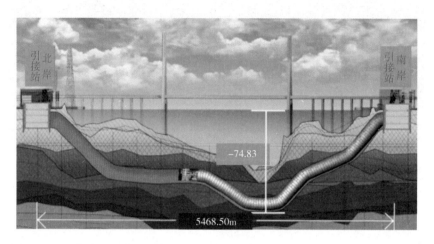

图 1－6－8　淮南—南京—上海 1000kV 交流特高压 GIL 综合管廊工程断面示意图

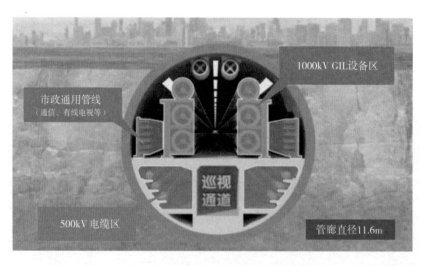

图 1－6－9　GIL 管廊内部布置图

GIL 管廊隧道穿越地层复杂，河势多变、高腐蚀性地层掘进长度较长，施工难度较大，GIL 管线电压等级最高、单相总长世界最长、导电部件连接部位要求高、气体泄漏率控制难度极大，可靠性要求极高，GIL 与架空线路相比，管廊空间小，虽故障率低但是出现故障后查找较难，安装、检修需要特制工具。此外 GIL 设备现场试验难度很大，需要大容量耐压试验装备，一旦存在耐压试验失败，其击穿点查找较为困难。

GIL 的结构部件主要包括铝合金壳体、导体、盆式和支柱绝缘子等，如图 1-6-10 所示。壳内充入气体作为绝缘介质，其中，绝缘气体有第一代的六氟化硫（SF_6）气体，第二代的氮气和六氟化硫（$N_2 + SF_6$）的混合气体以及第三代的干燥洁净压缩空气。GIL 的形式有直管段、T 型管段、交叉管段、角度弯管段、隔离管段和补偿管段等型式。直管段最大段长 10 米。弯管段和 T 形管段按要求在内场预装。在内场可以进行标准化生产和预装，保证加工精度高和很高的可靠性。T 形管段是连接分支回路及其他系统元件，如分裂母线、套管、SF_6 避雷器及电压互感器等。铝合金壳体具有弹性，弯曲半径可在 400 米以上，使用弯角组件可任意改变方向。根据现场敷设安装需求，可使用导轨焊进行对焊拼接或用法兰拼接。

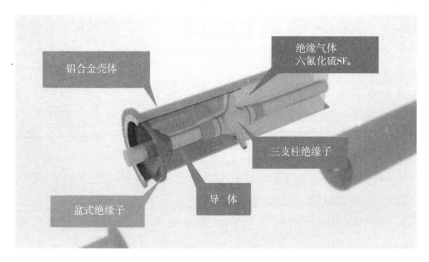

图 1-6-10 特高压 GIL 设备部件示意图

经过多年的 GIL 技术探索和研制，我国电力和水电研究成果显示 GIL 特别适合在高电压、大容量、走廊困难、自然条件恶劣等地区应用，同时 GIL 也特别适用于电站厂房布置在地下的大型水电站引出线，以及抽水蓄能电站引出线、核电站和高压换流站、大型变电站站内联络线等。目前随着国内长距离 GIL 输电的运维检修经验不断增加，GIL 综合监控监测技术的日趋成熟，GIL 的大力推广和大规模应用指日可待。

第六节 电网发展概况

1875 年，世界上最早的发电厂——法国巴黎火车站电厂建成，标志着世界电力时代的来临。1878 年法国建成第一座水电站；1882 年法国开始进行远距离高压直流输电；1897 年美国旧金山试验电厂开始发电（世界上最早出售电力的电厂）。世界各地电力工业正蓬勃发展。与世界有电的历史几乎同步，1879 年，中国上海公共租界点亮了第一盏电灯，随后 1882 年在上海创办了中国第一家公用电业公司——上海电气公司，从此中国翻开了电力工业的第一页。1912 年，中国在云南昆明滇池石龙坝建立了第一座装机容量为 2×240kW 的水电站，至今仍在发挥效能。1994 年浙江秦山核电站和广东大亚湾核电站投产运行，实现了我国核能发电零的突破。2009 年建成的长江三峡工程是世界上最大的电站，总装机容量为 18200MW，创下了多项世界之最。

随着更大输电容量和更长输电距离的需求不断增加，电网技术发展也日新月异，更高电压等级的电网不断涌现。电压等级从最初的 13.8kV 逐步发展到 20kV、35kV、66kV、110kV、134kV、220kV，再到 330kV、345kV、400kV、500kV、735kV、750kV、765kV，到现在的 1000kV。

在世界电网建设史上，美国是世界上最早建设输电线路的国家，于 1980 年建成了世界第一条 110kV 输电线路，之后又于 1923 年建成第一条 230kV 线路。在超高压线路建设史上，瑞典在 1952 年建成了世界上第一条 380kV 超高压线路。之后美国于 1954 年建成了 345kV 的输电线路。1965 年，加拿大建成世界第一条 735kV 输电线路，此后美国又于 1969 年建成了 765kV 的输电线路，世界电力史上电压等级的新高度不断刷新，超高压电网发展领域也朝着远距离、大容量的方向高速前进。

中华人民共和国成立以后，电力生产和建设发展迅速。1952 年开始建设 110kV 输电线路，并逐渐形成了京津唐 110kV 输电线路网。1954 年建成的丰满—李石寨 220kV 输电线路和相继建设的 220kV 输电线路形成了各省的 220kV 输电线路网架。1972 年，第一条 330kV 输电工程——刘家峡—关中，全长 534km 的线路投产。1981 年，第一条 500kV 输电工程——河南平顶山—湖北武汉，全长 595km 的线路建成投产。1985 年建成了第一条 500kV 从元宝山电厂经锦州、辽阳抵达海城的输电线路，而后相继建设的 500kV 输电线路逐步形成了各区域的 500kV 超高压网架。1989 年，中国第一条 ±500kV 直流输电线路——葛洲坝至上海的葛沪直流建成投入运用，标志着我国高压直流输电工程建设已经扬帆起航。

进入 21 世纪，中国电网的发展已步入高速发展的快车道。2005 年 9 月我国第一条世界上海拔最高的青海官亭—甘肃兰州东 750kV 输电线路建成投产，以及后续建成的 750kV 输电线路形成了西北电网的 750kV 超高压网架。2009 年 1 月，我国第一条特高压交流输电工程——1000kV 晋东南—南阳—荆门特高压交流试验示范工程（线路长度 640km，变电容量 1800 万千伏安）建成投产；2009 年 12 月，我国第一条特高压直流输电工程——±800kV 云南—广东特高压直流输电示范工程（线路长度 1373km，变电容量 625 万千伏安）建成投产；2010 年 7 月建成的向家坝—上海±800kV 特高压直流输电示范工程（线路长度 1907km，变电容量 640 万千伏安）；2012 年 12 月建成的锦屏—苏南±800kV 特高压直流输电工程（线路长度 2059km，变电容量 720 万千伏安）；2013 年 9 月建成的淮南—浙北—上海 1000kV 皖电东送特高压交流示范工程（线路长度 2×656km，变电容量 2100 万千伏安）；2014 年 1 月建成的哈密南—郑州±800kV 特高压直流输电工程（线路长度 2209km，变电容量 800 万千伏安）；2014 年 7 月建成的溪洛渡左岸—浙江金华±800kV 特高压直流输电工程（线路长度 1669km，变电容量 800 万千伏安）；2014 年 12 月建成的浙北—福州 1000kV 特高压交流输变电工程（线路长度 1907km，变电容量 1800 万千伏安）；2016 年 3 月建成的淮南—南京—上海 1000kV 特高压交流输变电工程（线路长度 2×780km，变电容量 1200 万千伏安）。自此中国电力进入了 1000kV 交流、±800kV 直流特高压电网为骨干网架、各级电网协调发展的新时期。

自 20 世纪 80 年代开始，经过 30 多年的发展，国内变电站自动化技术已经具有较高水平，基本实现了间隔层和站控层的数字化，已经成为电网安全可靠运行的必选方案，但也存在一些问题，如变电站存在多套系统、信息共享困难、设备之间互操作性差、系统可扩展性差等问题，严重制约了变电站的可靠性、实时性、经济性的提升。为此，我国提出建设智能变电站，但智能变电站的建设在世界上是无成功经验可以参考的。截至 2011 年底，第一批智能变电站试点工程基本竣工投产，实现了变电站全站信息数字化、通信平台网络化、信息共享标准化和高级应用互动化等主要技术，自动完成信息的采集、测量、控制、保护、计量和监测等功能，是变电站发展历史上的一次革命。

经过近几年的发展，我国已经初步建立了智能变电站技术体系，积累了丰富的智能变电站理论和实践经验，为全面推广智能变电站建设奠定了坚实的基础。2015 年 9 月，国家电网公司 50 个新一代智能变电站扩大示范工程首个建成的项目——江西 110kV 赣县双龙变电站于 9 月 29 日投产送电，标志着中国新一代智能变电站的正式开始运营。新一代智能变电站采用集成化智能设备和一体化业务系统，采用一体化设计、一体化供货、一体化调试模式，实现了"占地少、造价省、可靠性高"的目标，打造了"系统高度集成、结构布局合理、装备先进适用、经济节能环保、支撑调控一体"新一代智能变电站。

现阶段，我国已经形成了强大的 35kV 至 110kV 配电网，220（330）kV、500（750）kV 区域电网，已经建立适应于大型电源点向远距离输送的交流 1000kV 和直流±800kV 特高压跨区电网。目前，我国又一个创下多项世界第一的工程——昌吉—古泉±1100kV 特高压直流输电工程已经于 2016 年 1 月开工建设，预计 2018 年底投产。此工程是目前世界上电压等级最高、输送容量最大、输送距离最远、技术水平最先进的特高压输电工程，创下了历史之最，再一次刷新了世界电力发展的新高度。该工程建成后，将能每年向东中部地区送输送电能约 660 亿千瓦时，减少燃煤运输 3024 万吨，减排烟尘 2.4 万吨、二氧化硫 14.9 万吨、氮氧化物 15.7 万吨，对防治大气污染、治理雾霾意义非凡。

当前，电力发展已经进入大机组、大电厂、大电网、特高压、智能化、信息化、长距离输送、新能源快速全面发展的新时期。随着我国经济的快速发展与人民生活用电的急剧增加，电力发展依旧需要大跨步前进，电力工业发展的前景会更加美好！

电网设备与材料的应用

第一节　交流电气设备应用

1. 电力变压器

从电厂发出的电能，经过长距离输电线路输送给远方的用户，为了减少输电线路上的电能损耗，必须采用高压、超高压、特高压输送。而发电厂发出的电压受绝缘水平的限制，电压不高，需要经过变压器将电厂发出的电压进行升高送到电力网。这种升高低压的变压器称为升压变压器。对用户来说，各种电气设备所要求的电压又不太高，也要经过变压器将电力系统的高电压变成符合用户各种电气设备要求的额定电压。这种降低电压的变压器统称降压变压器。综上可知，电力变压器是电力系统中用以改变电压的主要电气设备。

从电力系统的角度来看，一个电力网将许多发电厂和用户联在一起，分成主系统和若干个分系统。各个分系统的电压并不一定相同，而主系统必须是统一的电压等级，这就需要各种规格和容量的变压器来联接各个系统。因此电力变压器是电力系统中不可缺少的一种电气设备。

变压器是借助于电磁感应，以相同的频率，在两个或更多的绕组之间交换交流电压或电流的一种电气设备。变压器本体主要由绕组和铁心组成。工作时，绕组是"电"的通路，而铁芯则是"磁"的通路，且起绕组骨架的作用。一次侧输入电能后，因其交变电流故在铁心内产生了交变的磁场（即由电能变成磁场）。由于匝链（穿透），二次绕组的磁力线在不断地交替变化，所以感应出二次电动势，当外电路沟通时，则产生了感生电流，向外输出电能，即由磁场能又转变成电能。这种"电-磁-电"的转换过程是建立在电磁感应原理基础上而实现的，这种能量转换过程也就是变压器的工作过程。

电力变压器按相数可分为单相变压器和三相变压器；按绕组形式可分为双绕组、三绕组、自耦变压器；按照绝缘介质可分为油浸变压器和干式变压器，其中油浸变压器按冷却方式又分为油浸式自冷变压器、油浸式风冷变压器、强迫油浸式风冷变压器等。

1.1　油浸变压器

油浸变压器是指采用变压器油作为绝缘介质，铁芯和绕组都浸在绝缘油中的变压器。它主要由铁芯、绕组、储油罐、油箱、绝缘套管、分接开关、冷却装置和保护装置组成，如图 2-1-1 所示，具有散热好、损耗低、容量大、价格低等特点。

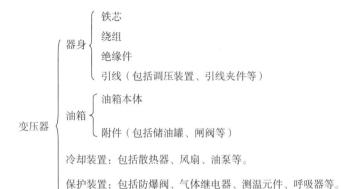

图 2-1-1　变压器的结构组成

1.1.1　主变的主要组成部分及其作用

（1）铁芯：变压器的磁路部分。铁芯是用导磁性能很好的硅钢片叠放组成的闭合磁路，变压器的原线圈和副线圈都绕在铁芯上，如图 2-1-2 所示。

（2）绕组：俗称线圈，是变压器的电路部分，如图 2-1-3 所示。变压器有原线圈和副线圈，它们是用铜线或铝线绕成圆筒形的多层线圈，绕在铁芯柱上，导线外边采用纸绝缘或纱包绝缘。

图 2-1-2　已叠装完成的铁芯

图 2-1-3　已绕制完成的绕组

（3）绝缘套管：它是将变压器高、中、低压引线引至油箱外部的绝缘装置，也起固定引线的作用。110kV 及以上套管采用全密封油浸绝缘套管，套管自身密封不与变压器本体相同，并充有变压器油，下部装设 CT 以供测量和保护用。

（4）储油柜：俗称油枕，是保证油箱内充满油，使变压器减小与空气的接触面，减少油的劣化速度。变压器油温随着负载和环境温度的变化而变化，当油的体积随着温度膨胀或缩小时，储油柜起储油及补油作用。储油柜的侧面装有监视油位的油位计（玻璃式、连杆式、铁磁式）。油柜内放置气囊，与呼吸器配合调节油位变化。

（5）油箱及底座：它是变压器的外壳，内装铁芯、绕组和变压器油，起一定的散热作用。油箱装有绝缘和冷却用的变压器油，用钢板加工制成，要求机械强度高，变形小，焊接处不渗漏。

（6）变压器油：在变压器内起到绝缘及冷却的作用。

（7）调压装置：就是分接开关，它是连接和切断变压器绕组分接头，实现调压的装置，分有载调压和无载调压。有载调压是变压器带负载状态下切换分接头位置；无载调压是变压器调压时不带任何负载，且与电网断开，在无励磁情况下变换绕组分接头。

（8）净油器：改善运行中绝缘油特性，防止绝缘油继续老化（多应用于有载调压油箱）。净油器内装吸附硅胶，吸收油中的水分及氧化物，使油保持洁净，延长油的使用年限，改善油的电气化学性能。

（9）冷却器：当变压器上层油温与下部油温产生温差时，通过散热器形成油的对流，经散热器冷却后流回油箱，起到降低变压器温度的作用。

（10）呼吸器：当油枕内的空气随变压器油的体积膨胀或缩小时，排出或吸入的空气都经呼吸器，呼吸器内的干燥剂吸收空气中的水分，对空气起过滤作用，从而保证油的清洁。呼吸器内的硅胶变色过程为蓝色——→淡紫色——→淡粉红（≥2/3 时需更换）。

（11）瓦斯继电器：变压器的保护装置，装在变压器油箱至油枕的连接管上。①轻瓦斯：通过检测瓦斯继电器中积聚气体达到一定量时动作。②重瓦斯：通过检测油流速度达到一定值时动作。

（12）压力释放阀：当变压器发生内部故障时，温度升高，油剧烈分解产生大量气体，使油箱内压力剧增，当压力达到释放阀动作值时，阀门打开，油及气体油阀门喷出，防止变压器的油箱爆炸或变形。

图 2-1-4 所示为 1000kV 芜湖变电站投入运行的 1000kV 交流户外、单相、自耦、三绕组、无载调压变压器，主变外单独设立调压补偿变压器的组合方式，系统最高运行电压为高压 1100kV、中压 550kV、低压 126kV。单相主体重量为 570 吨（含绝缘油 132 吨），调压补偿变重量为 152 吨（含绝缘油 50 吨）。变压器结构如图 2-1-5、图 2-1-6所示。

图 2-1-7 所示为 500kV 芜湖三变电站 500kV 交流户外、1000MVA 三相一体变压器，采用强油循环冷却方法。变压器主体重量约为 520 吨（含绝缘油 124 吨）。目前 500kV 电压等级百万容量三相共体变压器在国内的实际使用和运行维护经验仍需长期积累。

图 2-1-4　1000kV 交流户外、单相、自耦、三绕组、无载调压变压器

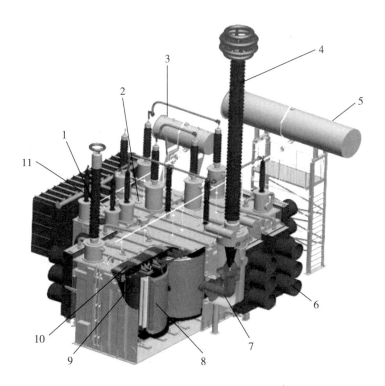

图 2-1-5　1000kV 交流单相变压器结构

注：1-500kV 套管；2-调压补偿变压器；3-调压变油枕；
4-1000kV 套管；5-主体油枕；6-冷却器；7-出线装置；
8-绕组；9-铁芯；10-上铁轭；11-中性点套管

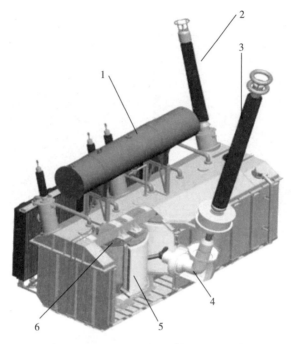

图 2-1-6　750kV 交流单相变压器结构

注：1-油枕；2-330kV 套管；3-750kV 套管；4-出线装置；5-绕组；6-铁芯

图 2-1-7　500kV 交流户外、1000MVA 三相一体变压器

1.2 SF₆气体绝缘变压器

SF₆气体绝缘变压器（GasInsulatedTransformer，GIT）是一种使用SF₆气体作为绝缘介质和冷却介质的变压器，其在防火、安全、用电可靠性等方面具有优异性能，它特别适合于地下变电所，以及人口密集、场地狭窄的市区变电所使用，在国内外已有多年安全运行经验，无论制造与运行维护都已有成熟的技术，图2-1-8所示为500kV交流户外SF₆气体绝缘三相一体变压器。

图2-1-8 500kV交流户外SF₆气体绝缘三相一体变压器

与油浸变压器不同之处在于内部绝缘介质和散热介质更换为SF₆气体，散热分为自然冷却GNAN、内部强迫冷却GFAN、外部风扇冷却方式GFAF。通过精心设计的冷却气路穿越铁芯绕组，同时，内部各组件需要特别针对电场不均匀现象进行处理。气体冷却的导向风扇应十分可靠。

尽管如此，SF₆气体绝缘变压器在噪声控制、散热能力、过负荷能力、有载调压技术方面较油浸式变压器有一定差距，同等容量的变压器体积、成本也不具备明显优势，因此国内市场目前仍已油浸式为主，仅在防火性能要求很高的区域使用SF₆气体绝缘变压器。

1.3 干式变压器

干式变压器是指由硅钢片组成的铁芯和环氧树脂浇注的线圈组成，高低压线圈之间放置绝缘筒增加电气绝缘，并由垫块支撑和约束线圈，依靠空气对流进行冷却，铁芯和绕组都不浸在液体绝缘介质中的变压器，如图2-1-9所示。其零部件搭接的紧固件均有防松性能，它主要由铁芯、绕组、温控装置、风冷装置等组成。相对于油浸变压器，干式变压器安全性好、污染小、防火性能好、损耗和噪声较

图2-1-9 干式变压器

低，但变电容量有限。

1.4　变压器绝缘材料

绝缘材料是在允许电压下不导电的材料，但不是绝对不导电的材料，在一定外加电场强度作用下，也会发生导电、极化、损耗、击穿等过程，而长期使用还会发生老化。为了防止绝缘材料的绝缘性能损坏造成事故，必须使绝缘材料符合国家标准规定的性能指标。绝缘材料特性分为击穿特性、耐热性、绝缘电阻、机械强度。

击穿强度是指绝缘材料在高于某一个数值的电场强度的作用下，会损坏而失去绝缘性能，这时电场强度是绝缘强度，单位为 kV/mm。

耐热程度是指绝缘材料在保障其绝缘电阻、机械强度、击穿强度特性的最高极限工作温度，可分为 7 个等级，分别为 Y 级（90℃）、A 级（105℃）、E 级（120℃）、B 级（130℃）、F 级（155℃）、H 级（180℃）、C 级（大于180℃）。

绝缘电阻是指绝缘材料呈现的电阻值，通常状态下，绝缘电阻一般达几十兆欧以上。绝缘电阻因温度、厚薄、表面状况（水分、污物等）的不同会存在较大差异。

机械强度是指绝缘材料的抗张、抗压、抗弯、抗剪、抗撕、抗冲击等各种强度指标统称。

变压器的绝缘分为外绝缘和内绝缘两种。外绝缘指的是油箱外部的绝缘，主要是一次、二次绕组引出线的套管，它构成了相与相之间和相对地的绝缘；内绝缘（见图2-1-10）指的是油箱内部的绝缘，主要是绕组绝缘、内部引线的绝缘、分接开关的绝缘等，其中绕组绝缘又可分为主绝缘和纵绝缘两种。其中，主绝缘指的是绕组与绕组之间、绕组与铁心及油箱之间的绝缘；纵绝缘指的是同一绕组匝间以及层间的绝缘。

图 2-1-10　单相变压器内部绝缘件

2. 电抗器

由于电感而在电路或电力系统中使用的电器被称为电抗器，其作为无功补偿手段是电力系统不可或缺的重要设备。电抗器按照结构特征分为空心电抗器和铁芯电抗器；按照冷却装置分为油浸电抗器和干式电抗器；按照连接方式可分为并联电抗器和串联电抗器；按照用途可分为限流电抗器、滤波电抗器、消弧电抗器（消弧线圈）、功率因数补偿电抗器、串联电抗器、平衡电抗器、接地电抗器、进线电抗器、出线电抗器、平波电抗器、饱和电抗器、自饱和电抗器等。

电抗器的作用比较广泛，并联电抗器一般用于超高压输电线路的末端和地之间，起无功补偿作用；滤波电抗器在滤波器中与电容器串联或并联用来限制电网中的高次谐波，提高了系统的功率因数，对于系统的安全运行起到较大的作用；消弧电抗器又称消弧线圈，接在三相变压器的中性点和地之间，用以在三相电网单相接地故障时，消弧线圈产生电感电流，补偿流过中性点的电容性电流，使接地电流减小，电弧不易持续燃烧，从而消除电弧多次重燃引起的过电压；通信电抗器又称阻波器，是载波通信及高频保护不可缺少的高频通信元件，串联在兼做通信线路的输电线路中，用来阻挡载波信号，使之进入接收设备完成通信的作用，如图 2-1-11 所示。

图 2-1-11　阻波器

目前电力系统用于无功补偿的电抗器多为干式空心电抗器和油浸电抗器。干式电抗器是指铁芯和绕组都不浸于绝缘介质中的电抗器，如图 2-1-12（a）所示。按照有无铁芯可分为干式空心电抗器和干式铁芯电抗器。干式铁芯电抗器和干式变压器基本相同。干式空心电抗器是近些年新发展的新型电抗器，其绕组采用多根并联小导线多股并行绕制，匝间绝缘强度高，采用环氧树脂浸透的玻璃纤维包封，整体高温固化，绕组层间有通风通道，外表面涂以耐久性好的树脂涂料，因此具有整体性强、质量轻、噪声小、机械强度高、可承受大短路电流的冲击等优点，已被广泛采用。油浸电抗器主要由铁芯、绕组、油箱、油枕、绝缘套管、冷却装置和保护装置等组成，其结构、安装和运检与油浸式变压器基本相同，如图 2-1-12（b）所示。

（a）35kV 干式空心电抗器

（b）35kV 油浸式电抗器

图 2-1-12　干式空心电抗器和油浸式电抗器

消弧电抗器即消弧线圈，是一个具有铁心的可调电感线圈，当由于电气设备绝缘不良、外力破坏、运行人员误操作、内部过电压等原因引起的电网瞬间单相接地故障时，接地电流通过消弧线圈呈电感电流，与电容电流的方向相反，将接地电流补偿成较小的数值或接近于零，以防止电弧重燃，从而有效地降低过电压值，消除了接地处的电弧以及由此引起的各种危害，自动消除故障，不会引起继电保护和断路器动作，大大提高了电力系统的供电可靠性。

3. 高压断路器

高压断路器又称高压开关，能够关合、承载和切断高压电路中运行状态的空载电流和负荷电流，当系统发生故障时也能够通过继电器保护装置的作用切断过负荷电流和短路电流，它具有相当完善的灭弧结构和足够的断流能力，在电力系统起到重要的控制和保护作用。控制作用，即根据电网运行的需要，将部分电气设备或线路投入或退出运行（开闭正常工作电流）。保护作用，即在电气设备或电力线路发生故障时，继电保护或自动装置发出跳闸信号，使断路器断开，将故障设备或线路从电网中迅速切除，确保电网中无故障部分的正常运行（断开短路电流）。

高压断路器最主要的任务就是开断电路、熄灭电弧，其按照灭弧介质和灭弧原理的不同可分为：油断路器（多油断路器、少油断路器）、六氟化硫气体断路器（SF_6断路器）、真空断路器、压缩空气断路器等。目前在 35kV 及以下已广泛采用真空断路器，35kV 以上普遍选用 SF_6断路器。

SF_6气体是一种化学性能非常稳定的惰性气体，在空气中不燃烧、不助燃，与水、强碱、氨、盐酸、硫酸等不发生化学反应，热稳定性好，具有良好的灭弧和绝缘性能，在高压、超高压、特高压领域几乎成为断路器唯一的绝缘和灭弧介质。

SF_6气体断路器在结构上有罐式和瓷柱式之分，如图 2-1-13、图 2-1-14 所示，在灭弧室结构上有定开距和变开距之分，在灭弧原理上，主要以压气为主。瓷柱式断路器的灭弧室安装在绝缘支柱上，通过串联几个瓷柱式灭弧室并将它们安装在适当高度的绝缘支柱上，便可获得任意的电压额定值；罐式断路器的灭弧室安装在与地电位相连的金属壳体内，其高压带电部分由绝缘子支持，对箱体的绝缘主要由 SF_6 气体实现。罐式断路器属于低位布置，重心低，抗震好，但罐体耗材多，用气量大，造价昂贵。罐式断路器还具备集电流互感器为一体的优点，通常在两侧出线套管与罐体之间各安装一台电流互感器，这不仅节约了投资，还可以有效解决继电保护死区等问题。

图 2-1-13　500kV SF_6 罐式断路器

图 2-1-14　220kV SF_6 瓷柱式断路器

高压断路器的操动系统包括操动机构、传动机构、提升机构、缓冲装置和二次控制回路等部分。其中操动机构是独立于断路器本体以外，对断路器进行操作的机械操作装置，其主要任务是将其他形式的能量转换成机械能，使断路器准确的进行分闸、合闸操作。操动机构的操作方式有电磁式、弹簧式、液压式、气动式、永磁式等。

电磁式操动机构结构笨重、消耗功率大、合闸时间长、不经济。

弹簧式操动机构动作快，能快速自动重合闸，一般采用电机储能，耗费功率小，可采用交、直流电源且失去储能电源还能进行一次操作，但结构复杂、冲击力大，对部件强度及加工精度要求高，价格昂贵，适用于 220kV 及以下电压等级的断路器。

液压式操动机构是以气体储能，以高压油推动活塞进行分闸、合闸操作的机构。液压式操动机构是用油作为机械能传递的媒介，机械能储存在储压桶内。储压桶存储能的方式主要有利用氮气储能和弹簧储能的两种方式。液压式操动机构功率大、动作快、冲击力小、动作平稳、能快速自动重合闸，可采用交、直流电动机供电，暂时失去电动机电源仍可操作直至低压闭锁，但结构复杂、密封及加工精度要求高，价格昂贵，适用于 110kV 及以上电压等级的断路器，尤其是超高压断路器。

4. 高压隔离开关

高压隔离开关又称刀闸，是指在分位时动、静触头间有符合规定的绝缘距离和明显的断开标识，在合位时能承载正常回路条件下的电流及在规定时间内异常条件下的电流的开关设备，主要保证高压电气装置检修工作的安全，如图 2-1-15 所示。

图 2-1-15　330kV 隔离开关

隔离开关的触头全部敞露在空气中，断开点明显可见。隔离开关断开后，动静触头的距离大于被击穿所需的距离，可避免在电路中过电压时断开点发生闪络，以保证检修人员安全。所谓闪络是指在高电压作用下，气体或液体介质沿绝缘表面发生的破坏性放电，闪络通道中的火花或电弧使绝缘表面局部过热造成炭化，损坏表面绝缘。沿绝缘体表面的放电叫闪络，而沿绝缘体内部的放电则称为击穿。

隔离开关没有灭弧能力，不能用来接通、切断负荷电流和短路电流，仅用来分、合只有电压、没有电流的电路，否则必须用断路器来分合电路，而后再拉开隔离开关从事检修作业，以保证设备和人身安全。在送电时，必须先合隔离开关再合断路器接通电路，防止隔离开关触头间形成强大的电弧造成不必要的损害。

隔离开关按照装置地点分为户内式和户外式；按照支柱绝缘子分为单柱式、双柱式和三柱式；按照动作方式分为闸刀式、旋转式、插入式；按照有无接地闸刀可分带接地的闸刀和不带接地的闸刀。

5. 互感器

互感器是联络电力系统一次和二次部分的重要元件，在电力系统中广泛应用。从用途上分为电压互感器和电流互感器，分别将高电压变成低电压、大电流变成小电流，为测量仪表、保护装置和控制装置提供电压或电流信号，以反映电气设备的正常运行情况和故障情况。其功能主要是将高电压或大电流按比例变换成标准低电压（100V）或标准小电流（5A 或 1A，均指额定值），以便实现测量仪表、保护设备及自动控制设备的标准化、小型化；同时互感器还用来隔开高电压系统，以保证人身和设备的安全。互感器在电路中的连接如图 2-1-16 所示。

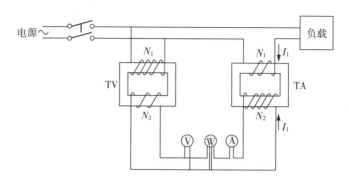

图 2-1-16　互感器在电路中的连接

5.1　电流互感器 (CT、TA)

　　电流互感器俗称流变，由相互绝缘的一次绕组、二次绕组、铁心以及构架、壳体、接线端子等组成。其工作原理与变压器类似，一次绕组的匝数（N_1）较少而粗，直接串联于被测量的电路中，一次负荷电流（I_1）通过一次绕组时，产生的交变磁通感应产生按比例减小的二次电流（I_2）；二次绕组的匝数（N_2）较多而细，与仪表或继电器等电流线圈的二次负荷（Z）串联形成闭合回路。

　　电流互感器的技术参数主要有额定电压、额定电流、额定电流比、额定二次负载、准确度等级。电流互感器按照用途可分为测量用和保护用；按照安装地点可分为户内式和户外式；按照绝缘方式可分为干式、浇筑式、油浸式（图 2-1-17）、瓷绝缘、气体绝缘（图 2-1-18）以及电容式等。其中油浸式电流互感器在电网中使用较为广泛，尤其在高压、超高压、特高压领域。

图 2-1-17　220kV 油浸式电流互感器

图 2-1-18　500kV SF$_6$ 气体绝缘电流互感器

5.2　电压互感器 (PT)

　　电压互感器，俗称压变，按照安装地点可分为户内式和户外式；按照绝缘方式可分为干式、浇筑式、油浸式、气体绝缘。其中油浸式电压互感器在电网中使用较为广泛，尤其在高压、超高压、特高压领域。按照机构原理可分电磁式和电容式两种。电磁式可分为单级式和串级式，35kV 以下采用单级式，63kV 以上采用串级式，110kV、220kV 采用串级式或电容式，330kV 及以上采用电容式电压互感器。

电压互感器的主要技术参数有额定电压、额定电压比、额定二次负载、额定容量、准确度等级。

5.2.1　电磁式电压互感器（TV）

电磁式电压互感器的工作原理、基本结构、绕组的连接方式都与电力变压器相同。电磁式电压互感器一次侧绕组较多，并联在被测量的电路上；二次绕组较少，与测量仪表的电压线圈并联。由于本身的阻抗很小，正常运行时相当于空载运行，一旦副边发生短路，电流将急剧增长而烧毁线圈。PT 二次侧不允许短路，为此，电压互感器的原、副边都接有熔断器，副边可靠接地，以免原、副边绝缘损毁时，副边出现对地高电位而造成人身和设备事故。

5.2.2　电容式电压互感器（CVT）

电容式电压互感器是由串联电容器分压，再经电磁式互感器降压和隔离，作为表计、继电保护等的一种电压互感器。即采用电容分压的原理，在被测电网的相和地之间接有主电容 C_1 和分压电容 C_2，Z_2 为仪表、继电器等的电压线圈阻抗，如图 2-1-19、图 2-1-20 所示。电容式电压互感器体积小、重量轻、成本低、绝缘强度高、准确度高，其油浸电容式电压互感器在高压、超高压、特高压变电站已广泛应用，图 2-1-21（a）所示为 750kV 油浸式电容式电压互感器实物图；图 2-1-21（b）所示为 220kV 油浸式电容式电压互感器内部结构图。

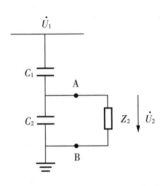

图 2-1-19　CVT 分压原理接线图

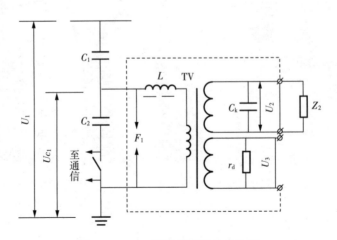

图 2-1-20　CVT 原理基本结构图

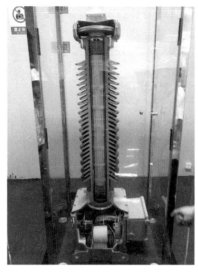

(a) 750kV 油浸式电容式电压互感器实物图　　　(b) 220kV 油浸式电容式电压互感器内部结构图

图 2-1-21　电容式电压互感器

6. 避雷器（针、线）

雷雨时，雷云放电经常波及电力系统，使电力系统电压大幅度升高，称为大气过电压。架空输电线路上的大气过电压有两种：一种是雷直接击于输电线路引起的，称为直击雷过电压；另一种是雷击线路附近地面，由于电磁感应所引起的，称为感应雷击过电压。发电厂、变电站的雷害事故也来自两方面：一是雷直接击于导线或电气设备引起直击雷过电压；二是雷击输电线路后，沿线路传入发电厂、变电站的雷电波引起入侵雷过电压。因此，雷电对电网的危害主要来自直击雷、感应雷、雷电侵入波三种。此外电气设备本身还带有工频交流电，如果雷电过电压使设备的绝缘击穿，当短暂的雷电流过去后，工频交流电也将通过其击穿通道成为工频续流，从而造成短路事故，持续下去会使设备严重损坏。

6.1 避雷针（线）

雷电过电压的幅值可高达数十万伏或百万伏，且雷云总是通过地面上高耸的物体，特别是金属放电，因此在适当的位置必须装设适当高度的避雷针或避雷带，将雷电荷泄入大地，保护电气设备和建筑物不受雷击危害。避雷针应按照 99.9% 的概率来确定保护范围，确保在保护范围的设备、建筑物等不致遭受雷击破坏。避雷针按其结构可分为独立避雷针和构架避雷针（图 2-1-22）两种。避雷针一般用于保护发电厂和变电站的导线

图 2-1-22　变电站构架避雷针

及电气设备，避雷线主要用于保护架空输电线路，也可用于保护发电厂和变电站。

6.2 避雷器

电力系统中的电器设备的绝缘受到两种过电压危害，一种是外部过电压，即雷击过电压，一种是内部过电压，即操作过电压。为了保护电力系统中各种电器设备免受雷电过电压、操作过电压、工频暂态过电压冲击损坏，需在电器设备上并联保护装置，即避雷器，如图2-1-23所示为1000kV氧化锌避雷器。它一般连接在线缆和大地之间，通常与被保护设备并联。避雷器的类型主要有保护间隙、阀型和氧化锌避雷器。

管型避雷器实际是一种具有较高熄弧能力的保护间隙，它由两个串联间隙组成，一个间隙在大气中，称为外间隙，它的任务就是隔离工作电压，避免产气管被流经管子的工频泄漏电流所烧坏；另一个装设在气管内，称为内间隙或者灭弧间隙，管型避雷器的灭弧能力与工频续流的大小有关。这是一种保护间隙型避雷器，大多用在供电线路上作避雷保护。

图2-1-23 1000kV氧化锌避雷器

注：图中点划线即为避雷器的轴线

阀型避雷器由火花间隙及阀片电阻组成，阀片电阻的制作材料是特种碳化硅。利用碳化硅制作的发片电阻可以有效地防止雷电和高电压，对设备进行保护。当有雷电高电压时，火花间隙被击穿，阀片电阻的电阻值下降，将雷电流引入大地，这就保护了线缆或电气设备免受雷电流的危害。在正常的情况下，火花间隙是不会被击穿的，阀片电阻的电阻值较高，不会影响通信线路的正常通信。

氧化锌避雷器是一种保护性能优越、质量轻、耐污秽、性能稳定的避雷设备。它主要利用氧化锌良好的非线性伏安特性，使在正常工作电压时流过避雷器的电流极小（微安或毫安级），当过电压作用时，电阻急剧下降，泄放过电压的能量，达到保护的效果。这种避雷器和传统避雷器的差异是它没有放电间隙，利用氧化锌的非线性特性起到泄流和开断的作用。氧化锌避雷器结构简化，并具有动作响应快、耐多重雷电过电压或操作过电压作用、能量吸收能力大、耐污秽性能好等优点，其保护性能优于碳化硅避雷器，已在逐步取代碳化硅避雷器，广泛用于高压、超高压、特高压领域的交、直流系统。

7. 电容器

7.1 电力电容器

电力电容器是用来提供电容的容器。任意两块金属导体，中间用绝缘介质隔开，即构成一个电容器。电容器电容的大小，由其几何尺寸和两极板间绝缘介质的特性来决定。当电容器在交流电压下使用时，常以其无功功率表示电容器的容量，单位为乏或千乏。电容器的基本结构包括电容器元件、浸渍剂、紧固件、引线、外壳和套管等。

电力电容器按用途可分以下 8 种：

（1）并联电容器。原称移相电容器。主要用于补偿电力系统感性负荷的无功功率，以提高功率因数，改善电压质量，降低线路损耗，如图 2-1-24、图 2-1-25 所示。

（2）串联电容器。串联于工频高压输、配电线路中，用以补偿线路的分布感抗，提高系统的静、动态稳定性，改善线路的电压质量，加长送电距离和增大输送能力。

（3）耦合电容器。主要用于高压电力线路的高频通信、测量、控制、保护以及在抽取电能的装置中作部件用。目前随着保护、载波、通信方式的变化，耦合电容器的使用越来越少。

（4）断路器电容器。原称均压电容器。并联在超高压断路器断口上起均压作用，使各断口间的电压在分断过程中和断开时均匀，并可改善断路器的灭弧特性，提高分断能力。

（5）电热电容器。用于频率为 40 赫至 24000 赫的电热设备系统中，以提高功率因数，改善回路的电压或频率等特性。

图 2-1-24　1000kV 特高压变电站 110kV 并联电容器

图 2 - 1 - 25   ±800kV 特高压换流站并联电容器

（6）脉冲电容器。主要起贮能作用，用作冲击电压发生器、冲击电流发生器、断路器试验用振荡回路等基本贮能元件。

（7）直流和滤波电容器。用于高压直流装置和高压整流滤波装置中。

（8）标准电容器。用于工频高压测量介质损耗回路中，作为标准电容或用作测量高压的电容分压装置。

7.2 串联电容器补偿装置

交流输电系统的串联电容器补偿装置简称串补装置，是将电容器串接于输电线路中，通过电容器容抗抵消输电线路的感抗，从而缩短线路的等值电气距离，减少功率输送引起的电压降和功角差，从而提高电力系统稳定性，增大线路输送容量，常规串补主回路示意图如图 2 - 1 - 26 所示。串联电容器补偿装置在输电线路补偿策略中属于线路长度补偿，是世界范围内应用最为广泛的提高超高压、特高压、远距离输送电能的技术之一。

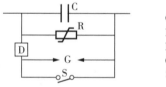

C 电容器组
D 阻尼回路
R 电阻
G 火花间隙
S 旁路开关

图 2 - 1 - 26   常规串补主回路示意图

在长距离输电线路中，可以使用串联电容器来抵消线路电感的影响。由于串联电容器与线路电感串联在一起电流相同，电容器的电压滞后电流 90 度，电感的电压超前电流 90 度，因此电容电压与电感电压正好反向，可以互相抵消。当串联电容器的容抗与线路电感的感抗相等时，线路电感的电压就与电容电压完全抵消，于是电网的输电能力大大提高，电压稳定性也大大提高。串联电容器只能应用在高压系统中，在低压系统中由于电流太大无法应用。串联电容器用于补偿线路电感的无功电压，而不是补偿无功电流。也就是说，不管线路中有没有无功电流，串联电容器都可以起到补偿作用。串联电容器所提供的补偿量与线路电流的平方成正比，与线路的电压无关。

串补装置由电容器组、金属氧化物变阻器（MOV）、火花间隙、旁路开关、阻尼装置组成，如图2-1-27所示。电容器组是串补装置的核心元件，由多台电容器串并联组成。金属氧化物变阻器是串补装置的主保护元件，限制线路故障导致的大电流流经电容器组，在电容器组上产生过电压，并在故障终止时立即重新投入电容器组，它决定了整个串补装置的过电压保护水平。火花间隙是串补装置的后备保护元件。旁路开关是系统检修、调度的必要装置，同时为火花间隙灭弧和去游离提供条件。阻尼装置包括阻尼电抗和阻尼电阻，是在间隙和旁路动作时，限制并阻尼电容器放电电流，防止电容器、火花间隙、旁路开关等设备在放电过程中损坏。串补装置的上述主要一次设备除了旁路开关之外都放置于和超高压线路等电位的绝缘平台上。串补装置所有的继电保护功能全部由各支路安装的CT来实现。光CT是通过其电流信号经过光电转换器变成光信号，通过光纤信号从平台送到地面上的保护控制设备。

图2-1-27　1000kV串联电容器补偿装置

8. 组合电器

组合电器，国际上称为气体绝缘开关设备，是将两种或两种以上的电器按照电力系统主接线的要求组成一个有机的整体，而各电器仍保持原来功能的装置。其结构紧凑、节约占地面积、外形及尺寸小、可靠性高、配置灵活、安装方便、安全性高、绝缘性好、环境适应能力强、维护工作量很小，且各电器的性能可更好地协调配合，在高压、超高压、特高压领域被广泛应用。

组合电器按绝缘结构分为敞开式和全封闭式两种。敞开式组合电器是以隔离开关或断路器为主体，将电流互感器、电压互感器、电缆头等元件与之共同组合而成。全封闭式组合电器是将各组成元件的高压带电部位按电气主接线要求依次连接组成一个整体，密封于接地的金属外壳内，壳内充以绝缘性能良好的气体或油等绝缘介质。全封闭式组合电器有GIS和HGIS两种。

　　GIS 由母线、断路器、隔离开关、接地开关、电流互感器、电压互感器、避雷器、连接件和出线终端等组成，这些设备或部件全部封闭在金属接地的外壳中，在其内部充有一定压力的 SF_6 绝缘气体，故也称 SF_6 全封闭组合电器，如图 2-1-28 所示。

图 2-1-28　750kV GIS 设备

　　HGIS 是母线采用敞开式，或母线和电压互感器采用敞开式，或母线、电压互感器和避雷器采用敞开式，其他设备与 SF_6 全封闭组合电器相同，都是采用全封闭式，如图 2-1-29 所示。HGIS 单元组合有"1+1+1""2+1""3+0"3 种模式。"1+1+1"模式中的 3 个断路器单元均独立，通过导线连接构成一个完整串。"2+1"模式是 1 个断路器单元连成 1 个整体，另 1 个断路器单元独立，通过导线连接构成一个完整串。"3+0"模式是 3 个断路器单元连成 1 个整体构成一个完整串。一般采用"3+0"模式居多。

图 2-1-29　500kV HGIS 设备

　　组合电器的每个设备采用气室隔离，每个气室是用不通气的盆式绝缘子（气隔绝缘子）划分为若干个独立的 SF_6 气室，即气隔单元。各独立气室在电路上彼此相通，而在气路上则相互隔离。每一个气隔单元有一套 SF_6 密度计、自封接头、SF_6 配管等。其中，SF₆密度计带有SF₆压力表及报警接点。除可在密度计上直接读出所连接的气室的SF₆压力外，还可通过引线，将报警触电接入就地控制柜。当气室内SF₆气压降低时，则通过控制柜上光字牌指示灯及来自系统报文发出报警信号，如压力降至闭锁值以下，则发闭锁信号，同时切断断路器控制回路，将断路器闭锁。

高压套管内部充有SF₆气体，用于组合电器与外部高压引下线的绝缘，也是SF₆组合电器与高压线路连接的枢纽。

组合电器配有就地控制柜（LCP）和测控装置，满足就地操作、测量、控制、监视、记录等相关运行需求。

9. 母线

在发电厂和变电站的各级电压配电装置中，将发电机、变压器等大型电气设备与各种电器装置之间连接的导体称为母线，又称汇流排，起到汇集、分配和传送电能作用。母线在运行中将汇集承载各回路电流，发生故障时还将承受短路电流产生的大量热量和电动力，应选择高导电率的铜、铝等材质制成。

母线按使用材料可分为铜母线、铝母线、铝合金母线及钢母线等。铜受贮藏量少、价格高等条件限制，我国广泛采用铝母线，质轻价廉且导电率仅次于铜。为了弥补铝材机械强度差的缺点，也常采用铝合金母线。钢母线虽机械强度大，但导电性差，仅用在低压电路。

母线按截面形状分为矩形、槽形、管形、圆形和绞线等。矩形和槽形母线一般安装在35kV及以下的配电装置中；管形母线肌肤效应小、电晕放电电压高、机械强度高、散热条件好，在电网中广泛采用；圆形母线受曲率半径限制，一般广泛应用的是圆形软母线，如钢芯铝绞线。

母线按载流部分是否敞露空气中可将母线分为敞露母线、封闭母线和绝缘母线。封闭母线又分为不隔相式、隔相式和分相封闭式三种。不隔相式封闭母线是设在无相间隔板的公共外壳内，又称为共箱封闭母线。隔相式封闭母线是设在有相间隔板的公共外壳内，也属于共箱封闭母线。共箱封闭母线一般只用于母线容量较小的情况。分相封闭母线是每相导体用单独的外壳封闭，如图2-1-30所示。

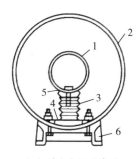 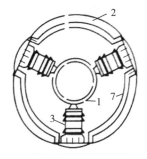

（a）单个支柱绝缘子　　　　（b）三个支柱绝缘子

图2-1-30　分相封闭母线断面图

注：1-管形母线；2-封闭外壳；3-支柱绝缘子；4-弹性板；5-垫圈；6-底座；7-加强圈

通常将母线分为硬母线（矩形、槽型、管形）、软母线（铜绞线、铝绞线、钢芯铝绞线）、金属封闭母线。母线的布置形式有水平布置和垂直布置两种。硬母线的支撑方式分为支柱式和悬吊式两种。支柱式一般用在 220kV 及以下配电装置区，如图 2-1-31 所示；悬吊式一般用在超高压配电装置区，如图 2-1-32 所示。软母线连接要使用各种专用金具连接，如设备线夹、耐张线夹、间隔棒等。

图 2-1-31　支柱式管形母线（220kV）

图 2-1-32　悬吊式管形母线（500kV）

10. 低压电缆和控制电缆

电缆泛指电缆本体和安装完成的附件共同构成的电缆系统。电缆本体由单股或多股导线和绝缘层组成。在发电厂和变电站中，电缆主要用于中低压配电和二次控制系统传送电能和信号，主要分为动力电缆、控制电缆、计算机电缆、信号电缆、通信电缆等。动力电缆主要用于输送电能；控制电缆主要是弱电传输，为保护和控制装置传送电信号；计算机、信号和通信电缆主要为集中控制系统、电话通信等传送模拟或数字信号，如图 2-1-33 所示。辅助电缆的设施主要有电缆支架、桥架、电缆导管等，如图 2-1-34 所示。

图 2-1-33　电缆二次接线　　　　　　　图 2-1-34　电缆专用通道

11. 继电保护设备

继电保护装置就是指能够反映电力系统中电气元件发生故障或不正常运行状态，并动作于断路器跳闸或发出信号的一种自动装置。它的基本任务可概括为：故障时跳闸，异常状态时发信号、能够判断故障位置。因此，继电保护的四项基本要求是：选择性、快速性、灵敏性、可靠性。继电保护装置是保证电力元件安全运行的基本装备，任何电力元件不得在无继电保护的状态下运行。

11.1　继电保护的分类

继电保护按保护动作原理分类有电流过负荷保护、过电流保护、电流速断保护、电流方向保护、低电压保护、过电压保护、距离保护、差动保护、高频（载波）保护等；按被保护对象分类有输电线保护和主设备保护；按保护功能分类有短路故障保护和异常运行保护。

电力系统中一般每个重要的电力设备必须配备至少两套保护，一套主保护、一套后备保护，确保故障设备能够从电力设备中被切除。

11.2　继电保护装置

继电保护主要是利用电力系统中元件发生短路或异常情况时的电气量（电流、电压、功率、频率等）的变化构成继电保护动作的原理，还有其他的物理量如变压器瓦斯继电器和速动油压继电器发出的非电气保护信号。不管反应哪种物理量，继电保护装置包括测量部分（和定值调整部分）、逻辑部分、执行部分。具体可分为取样单元、比较鉴别单元、处理单元、执行单元、控制及操作电源，如图 2-1-35 所示。

（1）取样单元：它将被保护的电力系统运行中的物理量（参数）经过电气隔离并转换为继电保护装置中比较鉴别单元可以接受的信号，由一台或几台传感器，如电流、电压互感器组成。

（2）比较鉴别单元：由取样单元来的信号与给定信号比较，以便下一级处理单元发出何种信号。

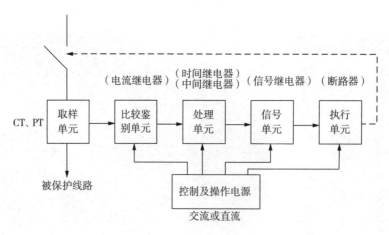

图 2-1-35　继电保护设备结构原理图

（3）处理单元：接受比较鉴别单元来的信号，按比较鉴别单元的要求进行处理，根据比较环节输出量的大小、性质、组合方式出现的先后顺序，来确定保护装置是否应该动作。

（4）执行单元：故障的处理通过执行单元来实施。执行单元一般分两类：一类是声、光信号继电器，如电铃、闪光信号灯等；另一类是断路器的操作机构的分闸线圈，使断路器分闸。

（5）控制及操作电源：继电保护装置要求有自己独立的交流或直流电源，而且电源功率也因所控制设备的多少而增减。

独立的继电保护装置内部如图 2-1-36 所示。为了简化保护与测控装置连线，缩小设备占用空间，目前较多智能变电站 110kV 及以下保护装置与测控装置已合二为一，形成了保测一体化装置，兼备了测控和继电保护功能，如线路保护测控装置、线路光纤纵差保护测控装置、线路距离保护测控装置、变压器组光纤纵差保护测控装置、站用变保护测控装置、电容器保护测控装置、变压器非电量保护测控装置等各种类型的继电保护装置，如图 2-1-37（a）、图 2-1-37（b）所示。

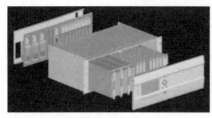

图 2-1-36　独立继电保护装置结构

为了满足继电保护各项标准化要求，符合智能变电站通用设计，保测一体化装置不仅支持 IEC-61850 通讯规约，提供电子式互感器接口，支持 IEC 60044-8 接口协议，借助多模光纤由合并单元引入电压量和电流量。还可以接收 10 路以上自定义遥信开入，多路断路器遥控分合，多路遥测量的开入并进行事件的 SOE 记录。支持 IEC 60870-5-103 规约，提供了 100M 以太网通信接口以用于保护信息在 GOOSE 网络和

SV 网络传播，另外，GPS 对时采用硬接点分脉冲对时方式，部分装置还具备多路故障录波功能。

（a）变压器保护测量装置　　　　　　　（b）线路保护测量装置

图 2-1-37　变压器保护测量装置和线路保护测量装置图

11.3　继电保护通信接口装置

继电保护通信接口装置是通道复用方式下连接继电保护装置和通信设备之间的装置，用于实现继电保护光信号到通信装置电信号之间的转换，该装置由光电变换、发送码型变换、发送码极性转换、收发终端、接收码极性转换和接收码型反变换几个部分组成，该装置安装在变电站或电厂的通信机房内，与数字通信设备放置在一起。该装置通过同轴电缆与通信设备的 2048kbit/s 终端口相连，通过光纤与安装在主控室、保护室的光纤电流差动保护或继电保护光纤接口相连接，如图 2-1-38 所示。

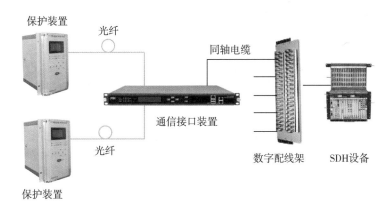

图 2-1-38　通信接口装置连接示意图

11.4　继电保护设备的组屏

为提高继电保护设备的运行可靠性，降低单体故障对系统的影响，同时减少电缆数量，二次屏柜内可安装继电保护、测控、交换机、路由器等各类二次设备，同类设备也根据功能、业务范围而有所不同，如图 2-1-39 所示，电力系统提出了相应的组屏原则与建议，《330~750kV 智能变电站通用设计二次系统》已被广泛接纳，局部区域电网存在微调，但已经为继电保护设备的安全运行提高了可靠保障。

图 2-1-39　继电保护各类设备屏柜

500kV 线路保护组屏时，每回 500kV 线路配置 2 面屏柜，双重化配置的双套保护分别安装在两面保护屏，包含 1 套线路保护的主、后备保护装置，1 套过电压保护及远跳保护装置。主保护宜与后备保护一体，当主保护不含完整后备保护功能时，需配置单独的后备保护，由主保护厂家组屏。

220kV 线路保护组屏时，每回 220kV 线路配置 2 面屏柜，双重化配置的双套保护分别安装在两面保护屏，包含 1 套线路保护的主、后备保护装置、重合闸装置、1 台分相操作箱和电压切换箱。

保护与通信设备的连接，在继电器室和通信室均设保护专用光纤配线柜，其容量、数量按远景配置。继电器室光纤配线柜至保护屏，通信机房的光配线柜至保护通信接口柜均采用尾缆连接。

500kV 母线保护配置双套保护，每套保护独立组屏，每面含 1 套母线差动保护。220kV 双母线或双母单分段接线时，每套母线保护组 1 到 2 面屏，双母双分段时，每套母线保护组 2 到 4 面屏，断路器失灵保护含在母差保护内。每面屏含 1 套母线保护。

一个半接线的 500kV 断路器保护按断路器单元组屏，每台断路器组一面屏，其中，线路用的两天断路器，每屏含 1 套断路器失灵保护和重合闸装置，1 台分相操作箱。对于变压器边断路器，每屏含 1 套断路器失灵保护，1 台分相操作箱。220kV 母联断路器配置 1 面母联断路器屏，包含 1 套母联充电保护、母联过流保护装置和 1 套操作箱。220kV 分段断路器配置 1 套分段断路器保护屏，含 1 套分段充电保护、分段过流保护装置和 1 套操作箱。

线路故障录波装置组 1 面屏，每面屏含 1 套故障录波装置、1 套故障分析软件和远传设备、1 套光端接口设备。每 2 台变压器配置一套故障录波，每套录波装置组一面屏，每面屏含 1 套故障录波装置、1 套故障分析软件和远传设备、1 套光端接口设备。

每套故障测距系统组一面屏，每面屏包含 1 套行波测距装置（采集单元和存储分析主机）、1 台时钟同步单元、1 台液晶显示器、1 套故障测距分析软件和远传设备。

信息管理子站系统是继电保护及故障信息系统（主站）的信息来源，负责采集变电站内部的继电保护装置、故障录波器及自动控制装置的信息。主站一般设在调度中心（按照电网调度权限划分，设在省调或地调中心），是对子站实现远程监控的站。子站设在变电站继电保护小室，受主站监视和控制的站，如图 2-1-40 所示。

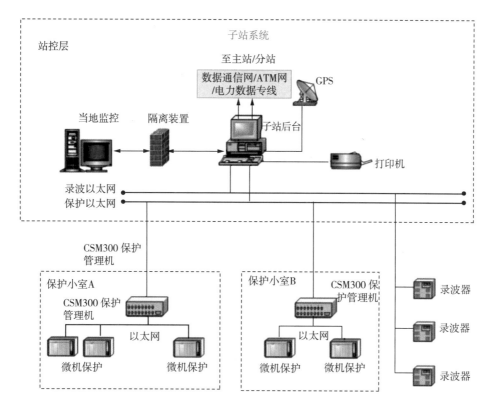

图 2-1-40　分层分布式信息管理子站结构

12. 远动设备

由于电能生产的特点，能源中心和负荷中心一般相距甚远，电力系统分布在很广的地域，其中发电厂、变电站、电力调度中心和用户之间的距离近则几十公里，远则几百公里甚至数千公里。要管理和监控分布甚广的众多厂、所、站和设备、元器件的运行工况，必须借助技术手段，即远动技术。它将各个厂、所、站的运行工况（包括开关状态、设备的运行参数等）转换成便于传输的信号形式，加上保护措施以防止传输过程中的外界干扰，经过调制后，由专门的信息通道传送到调度中心。在调度中心经过反调制，还原为原来对应于厂、所、站工况的一些信号再显示出来，供给调度人员监控之用。调度人员的一些控制命令也可以通过类似过程传送到远方厂、所、站，驱动被控对象。这一利用现代通信技术完成遥测、遥信、遥调、遥控等功能，即为电力系统的远动技术。

遥测即远程测量，应用通信技术传输被测变量的测量值。遥信即远程信号，应用通信技术完成对设备状态信息的监视，如告警状态或开关位置、阀门位置等。遥控即远程命令，应用通信技术完成改变运行设备状态的命令。遥调即远程调节，应用通信技术完成对具有两个以上状态的运行设备的控制。

远动设备主要包括网络路由器、网络交换机、专用防火墙、纵向加密认证装置、时间同步系统、智能变电站监控系统、智能变电站相量测量装置等。

智能变电站监控系统由监控主机、操作员站、工程师工作站、Ⅰ区数据通信网关机、Ⅱ区数据通信网关机、Ⅲ/Ⅳ区数据通信网关机及综合应用服务器等组成，如图2-1-41所示。图2-1-42所示为220kV及以上智能变电站一体化监控系统图。

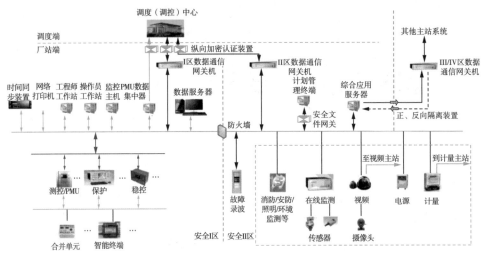

图2-1-41 智能变电站一体化监控系统架构示意图

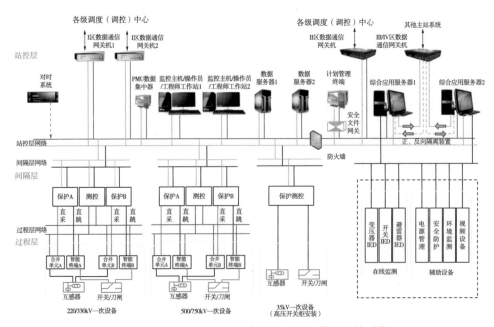

图2-1-42 220kV及以上智能变电站一体化监控系统

电力二次系统为了避免安全风险，应做到"安全分区、网络专用、横向隔离、纵向认证"的十六字方针。为此应在调度数据网中设置专用防火墙和纵向加密认证装置。

同步相量测量是利用高精度的GPS卫星同步时钟实现对电网母线电压和线路电流相量的同步测量，通过通信系统传送到电网的控制中心或保护、控制器中，用于实现全网运行监测控制或实现区域保护和控制。

13. 智能辅助控制系统

变电站智能辅助控制系统作为智能变电站的重要支撑部分，它承担着为变电站日常安全、可靠运维的重任。随着视频压缩技术的不断发展，视频技术在电力系统领域获得了广泛的应用，其中监控系统正是其主要的应用领域。现有的视频监控系统主要分两类，即模拟监控系统和数字监控系统，而且数字视频监控系统正全面取代模拟监控系统。远程图像监控系统目的是为了解决变电所自动化"遥测、遥信、遥控、遥调"等四遥以外新的"遥视"问题，不仅为自动化变电所管理提供了新的手段，而且对无人值班变电所的安全性和可靠性运行提供了监视手段。

变电站智能辅助控制系统主要包括视频监控系统、环境监测系统、安全防范系统、消防报警系统、门禁系统、照明系统、空调系统等相关辅助子系统。早期变电站众多辅助子系统多是独立运行，通过不同通道上传数据，各自独立的系统很难做到多系统的综合监控、集中管理，在无形中降低了系统的高效性，增加了系统管理和运维成本。

智能变电站辅助控制系统包括单一型辅助控制系统、分布式辅助控制系统、一体化辅助控制系统。站内辅助设施信息从分区上属于管理信息大区，数据量很大，不宜与生产控制大区的计算机监控系统直连，此类信息宜接入Ⅱ区网络。Ⅱ区网络通过防火墙与Ⅰ区保护控制系统相连。在Ⅱ区配置一台综合应用服务器作为Ⅱ区、Ⅲ区非实时应用的监控主机。辅助控制系统、状态监测系统、交直流电源等系统信息接入综合应用服务器，形成一体化的Ⅱ区信息中心。

辅助控制系统设备包括辅助控制系统监控后台主机、大屏幕液晶显示器（选配）、视频处理单元（即硬盘录像机）、火灾报警控制器、门禁控制器、环境监测采集器、灯光控制器、视频光端机、光电转换器、RJ45/2M口协议转换器和网络交换机等，如图2-1-43所示。

14. 智能一体化电源系统

在智能变电站实施前，变电站站用电源分别由交流电源系统、直流电源系统、UPS不间断电源系统、通信电源系统等组成，如图2-1-44所示。

各子系统采用独立设计、独立组屏、不同供应商的设备，运维也是由不同的专业人员负责，站用电源难以实现系统管理。随着智能变电站的不断深入，智能一体化电源系统应运而生。它是将直流电源、电力用交流不间断电源（UPS）和电力用逆变电源（INV）、通信用直流变换电源（DC/DC）等装置组合为一体，共享直流电源的蓄电池组，并统一监控的成套设备。该组合方式是以直流电源为核心，直流电源与上述任意一种电源及一种以上电源所构成的组合体，均称为一体化电源设备。

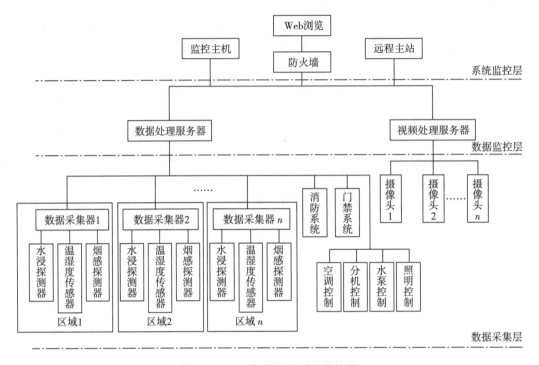

图 2-1-43 智能辅助系统结构图

图 2-1-44 智能一体化电源设备

15. 智能变电站在线监测系统

变电站状态监测系统是对变电站内重要设备，如变压器、断路器、避雷器等进行状态监测的统一信息平台，如图 2-1-45 所示。可实现对这些设备的状态信息进行可视化展示，数据综合分析，最终得出故障诊断结果，为状态检修提供依据，同时具备数据上传的通信接口。

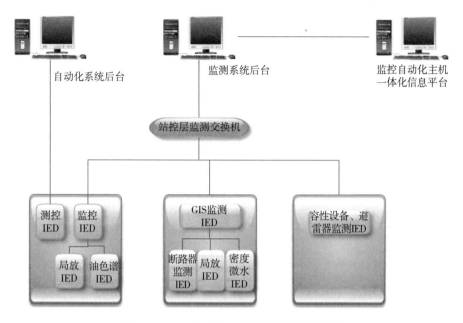

图 2-1-45 智能变电站在线监测系统结构

在变电站中的状态监测设备主要由变压器（油中溶解气体及微水、局放、铁芯电流、绕组温度等）、断路器（局部放电监测、SF_6气体密度、微水监测、断路器动作特性监测等）、避雷器（泄漏电流、动作次数等）、组合电器（局部放电监测、SF_6气体密度、微水监测、断路器动作特性监测等）等组成。

16. 电能量计量系统

电能量计量系统是应用计算机和各种通信及控制技术，实现对电网电能量的远程自动采集、电能量数据处理及电能量统计分析为一体的综合自动化数据平台，并通过支持系统实现与其他系统的互联的数据模型和接口规范，为电力企业的商业化运营提供科学的决策依据的综合自动化平台，主要实现电厂上网、下网和联络线关口点电能量的计量，分时段存储、采集和处理，为结算和分析提供基本数据。它包含计量表计、电表采集处理终端、主站系统及相应的通讯通道和其他配套设备组成。

关口电能计量点包含发电公司（厂、站）与电网经营企业之间、不同电网经营企业之间、电网经营企业与其所属供电企业之间和不同供电企业之间的电量交换点，以及供电企业内部用于经济技术指标分析、考核的电量计量点，简称"关口"。关口按其性质分为发电上网、跨国输电、跨区输电、跨省输电、省级供电、地市供电、趸售供电、内部考核八类。

电能计量装置是直接与电网连接用于计量电能量的装置，包括电能表、计量用电压和电流互感器及其二次回路、电能计量屏柜及辅助设备等。

运行的电能计量装置按照计量对象的重要程度和管理需要分为 5 类（Ⅰ、Ⅱ、Ⅲ、Ⅳ、Ⅴ类），具体如下：

Ⅰ类电能计量装置：220kV 及以上贸易结算用电能计量装置，500kV 及以上考核用电能计量装置，计量单机容量 300MW 及以上发电机发电量的电能计量装置。

Ⅱ类电能计量装置：110kV～220kV 贸易结算用电能计量装置，220kV～500kV 考核用电能计量装置。计量单机容量 100MW～300MW 发电机发电量的电能计量装置。

Ⅲ类电能计量装置：10kV～110（66）kV 贸易结算用电能计量装置，10kV～220kV 考核用电能计量装置。计量 100MW 以下发电机发电量、发电企业厂（站）用电量的电能计量装置。

Ⅳ类电能计量装置：380V～10kV 电能计量装置

Ⅴ类电能计量装置：220V 单相电能计量装置。

电能计量装置配置准确度等级要求是：各类电能计量装置应配置的电能表、互感器的准确度等级不应低于表 1-2-1 所示值；电能计量装置中电压互感器二次回路电压降应不大于额定二次电压的 0.2%。

表 1-2-1　各类电能计量装置应配置的电能表、互感器的准确度等级

电能计量装置类别	准确度等级			
	电能表		互感器	
	有功	无功	电压互感器	电流互感器
Ⅰ	0.2S	2	0.2	0.2S
Ⅱ	0.5S	2	0.2	0.5S
Ⅲ	0.5S	2	0.5	0.5S
Ⅳ	1	2	0.5	0.5S
Ⅴ	2	2		0.5S
注：发电机出口可选用非 S 级电流互感器。				

以国家电网公司 500kV 变电站为例，其关口点设置原则、电能计量装置配置原则按照国家电网公司有关文件执行。

关口点设置原则如下：

（1）华东网调直调电厂的计量点设置在发电厂的线路出线侧（因上网电厂特殊原因，计量点需装设在主变高压侧时，由上网电厂提出申请，华东分部批准确定），在受电侧设置考核点。

（2）省（市）际联络线关口计量点原则上设置在送电侧，考核点设置在受电侧。

① 省（市）际联络线为单回线，正常潮流为双向流动时，计量点设置在主送电方一侧，对侧为考核点。

② 省（市）际联络线为双回线，正常潮流为单向流动时，计量点设置在送电侧，考核点设置在受电侧。

③ 省（市）际联络线为双回线，正常潮流为双向流动时，计量点在线路两侧各设置一个，相应对侧设置考核点。

（3）区域电网间联络线落地侧变电站 500kV 送出工程线路对侧设置华东电力交易分中心的考核点。

电能计量装置配置原则如下。

（1）关口电能表

① 关口点应安装主表和副表，主表和副表应安装在同一关口点，以主表计量数据作为结算依据，副表主要作为核对之用。

② 主、副双表应为相同等级，接在独立同一计量回路，具有同一检验周期。

③ 主表故障期间电量计量数据以副表为准。

④ 当主、副双电量之差大于表计等级的 1.5 倍时，计量装置运行维护单位应提出现场校验请求，经现场校验后，电量数据以合格的表计为准，并同时将不合格的表计更换。

⑤ 当主、副双表同时发生故障、超差时，以可替代的计量表计记录的数据扣除必要的电量（线损、变损、厂用电等）后作为替代电量数据。

⑥ 电能表须具有双向有功电能 0.2S 级、四象限无功电能 0.5 级多功能全电子式的指标和性能，且其内部晶振时基稳定度优于 0.5 秒/日，并应至少具有红外口、以太网络口、RS232/485 等标准通信接口。

⑦ 在参比条件下，当功率因数低于 0.8C 或 0.5L 时，负荷电流在额定电流的 2%～150%之工况下的双向有功电能误差小于±0.2%；当功率因数达到 0.8C 或 0.5L 时，负荷电流在额定电流的 5%～150%之工况下的双向有功电能误差小于±0.2%。上述误差在出厂时需校准在额定准确度等级的 60%以内。

⑧ 在参比条件下，当功率因数低于 0.8C 或 0.5L 时，负荷电流在额定电流的 2%～150%之工况下的双向无功电能误差小于±0.5%；当功率因数达到 0.8C 或 0.5L 时，负荷电流在额定电流的 5%～150%之工况下的双向无功电能误差小于±0.5%。

⑨ 符合华东关口技术要求的电能表由华东计量技术机构以随机抽取的方式安装在现场，各方不得以任何理由要求更换。

（2）关口计量用电压、电流互感器及其二次回路

① 关口计量用电压互感器、电流互感器及其二次回路技术指标符合《电能计量装置技术管理规程》（DL/T 448—2016）要求。

② 电流互感器和电压互感器须具有专用于计量用的独立二次线圈，电压互感器的准确度等级为 0.2 级，电流互感器的准确度等级为 0.2S 级。

③ 电压互感器计量绕组额定二次负荷为 10VA（测点为线路电压互感器时）及不大于 50VA（测点为母线电压互感器时），电流互感器计量绕组额定二次负荷小于10VA（互感器额定二次电流为 1A 时）及 25VA（互感器额定二次电流为 5A 时）。

④ 电压互感器二次回路应不装设隔离开关辅助接点，其二次回路电压降应不大于额定二次电压值的 0.2%。

⑤ 电压互感器、电流互感器二次回路必须作计量专用，不得接入与电能计量无关的设备。

（3）关口电能计量装置

关口电能计量装置包括安装在各关口厂站端的关口计量屏，电能计量联合接线盒、电能量数据采集终端、网络交换机、通讯转换器/解调器、防雷保护器、光纤收发器及电源、双电源自动切换装置及其他屏柜内配件等。

第二节 直流电气设备应用

1. 换流变压器

换流变压器是特高压直流输电工程中至关重要的关键设备，是交、直流输电系统中换流、逆变两端接口的核心设备。换流变压器的作用是向换流器供给交流功率或从换流器接受交流功率，并且将网侧交流电压变换成阀侧所需要的电压。整流站用换流变压器将交流系统和直流系统隔离，通过换流装置将交流网络的电能转换为高压直流电能，利用高压直流输电线路传输；逆变站通过换流装置将直流电能转换为交流电能，再通过换流变压器送到交流电网，从而实现交流输电网络与高压直流输电网络的联络。换流变压器提供相位差为30°的交流电压，以降低交流侧谐波电流，特别是5次和7次谐波电流。作为交流系统和直流系统的电气隔离，削弱侵入直流系统的交流侧过电压。通过换流变压器的阻抗限制直流系统的短路电流进入交流系统；通过换流变压器可以实现直流电压较大幅度的分档调节。

换流变压器一般选择与阀厅靠近布置，阀侧套管为上下布置且直接伸入阀厅，与换流阀连接直接，一是缩短换流变阀侧套管与换流阀之间的引线长度，二是减少直流侧因绝缘污秽所引起的闪络事故。换流变压器与阀厅间用钢筋混凝土防火墙隔离，既可以满足防火要求，又节约了造价和占地面积，如图2-2-1、图2-2-2所示。

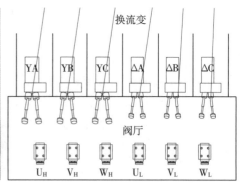

图2-2-1 换流变压器与阀厅布置图

换流变的结构形式有单相双绕组接线、单相三绕组接线、三相三绕组接线、三相双绕组接线四种。中小型直流输电工程优先选用三相三绕组，对于大容量的直流输电系统，通常采用单相双绕组接线，以控制制造、运输或运行中的风险。换流变压器常选用油浸式单相双绕组有载调压换流变压器，根据12脉动阀组的接线特点，换流站每个12脉动阀组安装6台换流变。换流变采用移动式BOX-IN的隔声结构来满足降噪要求，如图2-2-3所示。

图 2-2-2 正在组装的单相双绕组换流变压器

图 2-2-3 换流变采用可移动式 BOX-IN 降噪方案

换流变压器由铁芯、绕组、器身、引线、油箱、有载分接开关、附件等组成，如图 2-2-4、图 2-2-5 所示。换流变压器铁心通常为心式结构。线圈包括网侧线圈、阀侧线圈和调压线圈三部分。

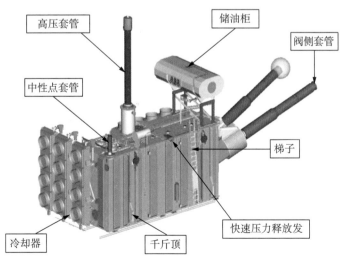

图 2-2-4 单相双绕组换流变外部结构

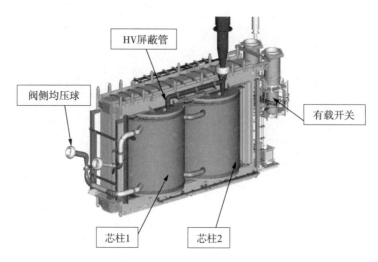

图 2 - 2 - 5　单相双绕组换流变内部结构

2. 换流阀

换流阀是直流输电工程的核心设备，安装在包括换流阀、阀避雷器、隔离开关、母线、内冷却系统、空调、照明、消防等系统在内的阀厅内，其价值约占换流站成套设备总价的 22%～25%。它是通过依次将三相交流电压连接到直流端，得到设计的直流电压和实现对功率的控制，其除了具有整流和逆变的功能外，还具有开关的功能，可利用其快速可控性对直流系统启停进行快速操作。

±660kV 及以下直流输电工程一般正负两极各设置一个阀厅，±800kV 特高压直流输电工程每极的阀厅为 2 个 ±400kV 换流阀厅串联组成。换流变与阀厅的布置原则是：换流变阀侧套管直接深入阀厅；每极 2 个阀厅，每座阀厅布置 6 个悬吊阀塔组成一个 12 脉动换流阀组，呈一字型布置悬吊于阀厅的钢梁上，每个 12 脉动阀组可以单独运行或检修，避免相互影响。在电气布置上，以 ±800kV 换流站阀厅电气布置为例，低端阀厅通过 12 脉动换流阀将直流电压从 0kV 升到 400kV 后通过低端 400kV 直流穿墙套管与高端阀厅的 400kV 直流穿墙套管串接，而后高端阀厅将直流电压从 400kV 升到 800kV，最后通过 800kV 直流穿墙套管与直流场的干式平波电抗器相连。

阀塔主要包括阀模块、屏蔽罩、悬吊支撑结构、阀避雷器等，通过不锈钢（AISI 316）或交联聚乙烯（PEX）冷却水管、管母、光纤等实现与冷却系统、直流输电系统其他一次设备及二次控制系统的连接。换流阀生产厂家不同，其产品技术方案也不尽相同，但原理一致。图 2 - 2 - 6 为许继电气集团有限公司承制的 0kV～400kV 低端二重阀阀塔外形图，图 2 - 2 - 7 为 400kV～800kV 高端二重阀阀塔外形图。

换流阀常规选用为户内悬吊式空气绝缘水冷却晶闸管阀。阀塔为二重阀结构。二重阀是将 2 个单阀串联连接，每个单阀包括 4 个阀模块，故每个二重阀共 8 个阀模块，形成一个阀塔，并在塔顶和底部装设屏蔽罩，如图 2 - 2 - 8 所示。

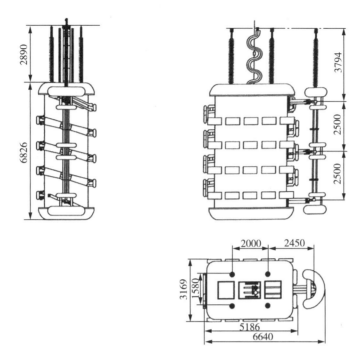

图 2-2-6　0kV～400kV 低端二重阀阀塔外形图

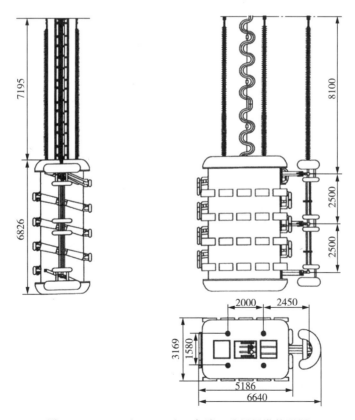

图 2-2-7　400kV～800kV 高端二重阀阀塔外形图

晶闸管

阀组件

阀厅（6个阀塔）

单个阀塔

图 2-2-8 换流阀

阀模块由 2 个阀组件组成，每个阀组件由若干晶闸管级与饱和电抗器串联而成。每个晶闸管级包括晶闸管、阻尼电容、阻尼电阻、直流均压电阻、取能电阻、晶闸管触发与监测单元。

屏蔽罩表面必须光洁平整、无毛刺和凸出部分，能有效降低静电放电的危险。

悬吊支撑结构采用标准的复合绝缘子和花篮螺栓将阀体和避雷器悬挂于阀厅顶部的钢梁上。为便于安装，阀体的悬吊高低位置可以通过调节花篮螺栓来调整。

阀避雷器通过悬吊绝缘子悬吊于阀塔外侧。每个二重阀对应串联连接的 2 只阀避雷器，通过管母和金具与每个单阀并联连接。

换流阀在高电压大电流工作时会产生大量的热量，造成温度升高，需要采取冷却装置将阀体上各元器件的功耗发热量排到阀厅外，保证阀体运行在允许的温度范围。一般采用空气绝缘水冷却方式，即阀冷却系统。

3. 阀冷却系统

阀冷却系统原理如图 2-2-9 所示，由水循环系统和控制系统两部分组成。水循环系统由内冷循环系统和外冷循环系统组成，两个系统以热量交换方式进行工作。

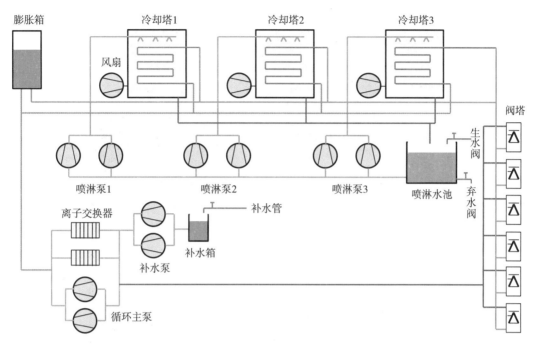

图 2-2-9　换流阀冷却系统原理图

内冷水由循环主泵加压后进入主管道，在阀塔顶部分别进入 6 个阀塔进行冷却（图 2-2-10），之后除小部分进入膨胀箱外，大部分内冷水在带出阀塔的热量后进入冷却塔，与外冷水进行热量交换，冷却后的内冷水再由循环主泵加压进入主管道，继续进行循环。如果内冷水水位降低到一定程度，由补水泵将补水箱中的水经离子交换

图 2-2-10　换流阀冷却图（图中白色的蛇形管路即为内冷水）

器进行去离子，再补充入主管道。正常运行时，循环泵的出口处将有一部分内冷水经离子交换器进行去离子，以保证水的电导率合格。内冷循环系统主要有循环泵（2台，其中1台备用，如图2-2-11所示）、离子交换器（2台，1主1辅）、膨胀箱、自动排气阀、补水泵（2台，1主1辅）、补水箱等组成。

图2-2-11　循环主泵及电动机

外冷水由喷淋水泵从喷淋水池抽水加压后进入冷却塔，与冷却塔中蛇形管内的内冷水进行热量交换，除部分变为蒸汽从冷却塔顶部排出，其余的流回到喷淋水池。在喷淋水池内，通过补、弃水冷却及自然冷却后，再由喷淋水泵从喷淋水池抽水加压进入冷却塔继续进行热量交换。外冷循环系统主要有冷却塔（一般设3台，其中1台备用，也可全部启用）、喷淋水池、生水阀、弃水阀和喷淋泵（每台冷却塔设2台喷淋泵，互为备用）等组成。

通过以上两次热量交换，阀组件的功耗热量被转移、排放到阀厅外，从而实现了对阀的冷却功能。

阀冷却控制系统布置在直流工作站和阀冷却室就地控制屏。就地控制屏是最基本的控制点，每极1套，共2块屏，位于阀冷却室。屏上有冷却系统示意图、元件控制断路器、参数显示和报警信号等。就地控制屏能够显示主水回路压力、主水回路电导率、阀厅进出水温度、主水泵和外冷水循环系统等阀冷却系统运行的相关参数，可通过远方/就地切换把手来控制阀冷系统，便于高压直流系统安装调试或检修。工作站显示参数与屏柜显示基本相同，可通过远方操作来投切阀冷系统，并可编制阀冷系统运行曲线。

高压直流系统停运后，极控控制软件每天定时启动阀冷却系统运行一段时间，避免因停运时间过长导致内冷水电导率升高，从而保证直流输电系统能及时恢复运行。

4. 平波电抗器

平波电抗器也称直流电抗器,与直流滤波器一起构成高压直流换流站直流侧的直流谐波滤波回路,一般串接在每个极换流器的直流输出端与直流线路之间,是直流换流站的重要设备之一。其作用是同直流滤波器一起极大地抑制和减小换流过程中产生的谐波电压和谐波电流,大大削弱直流线路沿线对通信的干扰;在直流系统发生扰动或事故后,抑制直流电流的上升速度;当逆变器发生故障时,避免引发换相失败;当直流线路短路时,可在调节器的配合下限制短路电流的峰值;能够减少直流轻载时的脉冲分量,避免直流电流发生间断时换流变等电感元件引起很高的过电压;能够防止由直流线路产生的陡波冲击进入阀厅,使换流阀免遭过电压的损坏。

平波电抗器按其特性可分为线性和非线性;按型式分为油浸式平波电抗器和干式平波电抗器。线性的通常为空心、干式结构,非线性的通常为铁芯、油浸绝缘结构。与油浸式相比,干式平波电抗器特点如下:对地绝缘由支撑式绝缘子承担,提高了主绝缘的可靠性,而油浸式平波电抗器则由油和纸绝缘承担,相对较复杂;无绝缘油,消除了火灾隐患和环境影响问题,不需要设置防火设施,且设备自身有一定的阻燃能力;功率倒送不会产生临界电介质应力;无铁芯,在故障条件下不存在铁芯饱和问题,负载电流呈线性变化;干式平波电抗器无辅助系统,运维费用低。

在 ±800kV 直流系统中,已广泛使用干式空心平波电抗器,每极配置干式平波电抗器 6 台,在极线和中性母线各 3 台,单台干式平波电抗器电感值应满足技术设计的要求。干式空心平波电抗器采用垂直支撑的方案,由绕包式绕组、铝质星型架、支柱绝缘子、防电晕环、隔音和防雨罩、支架等组成。图 2-2-12 所示为世界上首次研制成功的 ±800kV、通流能力最强的干式空心平波电抗器。

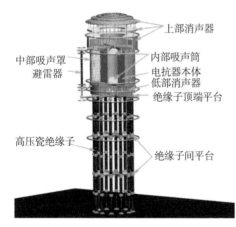

图 2-2-12 ±800kV 干式空心平波电抗器

5. 直流分压器(光 PT)

直流电流属于恒流,不能在线圈中产生交变磁通,故无法利用交流系统类似的电磁感应原理来测量直流电压。目前普遍采用分压原理获得直流电压,故称为直流分压

器。直流分压器的功能类似于交流系统的电压
互感器，主要是从直流系统获得相应点的直流
电压值，并将电信号转换为光信号，通过光纤
回路传输到直流保护系统，供各种保护作为动
作判据。因此直流分压器又称为光 PT，如图 2-
2-13 所示。

图 2-2-13 直流分压器（光 PT）

6. 直流分流器（光 CT）

直流分流器的功能类似于交流系统的电流
互感器，主要是从直流系统获得相应点的直流
电流值，并将电信号转换为光信号，通过光纤
回路传输到直流保护系统。因此直流分流器又
称为光 CT，如图 2-2-14 所示。

图 2-2-14 直流分流器（光 CT）

7. 直流断路器

由于直流电流没有过零点，对开断直流电
流过程中产生的电弧，采用一般交流断路器的
原理无法熄灭，因此，需要在断路器两侧并联
振荡装置，构成谐振回路，强制制造电流过零
点，开断直流电流。振荡装置主要有电容器、
电抗器和避雷器组成，高压直流断路器的原理
如图 2-2-15 所示。电容器和电抗器主要构成
谐振回路，在谐振过程中产生的过电压和过电
流主要由吸能元件避雷器处理，如图 2-2-16
所示为±800kV 直流断路器。

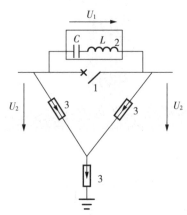

图 2-2-15 高压直流断路器的原理图
注：1-交流开关；2-换相电路；3-能量吸收器

图 2 - 2 - 16　直流断路器

直流断路器一般有 4 种，即高速中性母线断路器、高速接地断路器、金属返回转换断路器和大地返回转换断路器。

8. 直流 PLC

直流 PLC 是由电抗器、电容器、调谐装置等设备组成的一个滤波装置，能有效滤除高次谐波，降低直流噪声水平，阻止变电站载波信号和其他高频信号通过直流线路进入直流场，其功能类似于交流线路的阻波器。直流 PLC 主要有主体、绝缘支柱、基座三部分组成，如图 2-2-17 所示。主体部分主要有电抗器（图 2-2-18）、滤波电容器、调谐装置组成，是直流 PLC 的核心部件。

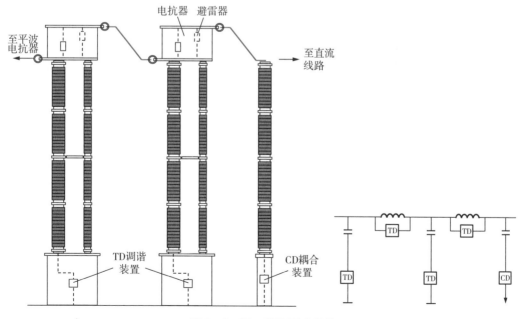

图 2 - 2 - 17　直流 PLC 结构

图 2 - 2 - 18 直流 PLC 电抗器

9. 滤波器

在电力系统中理想的交流电压和交流电流是正弦波，当正弦电压施加在线性无源元件（电阻、电感、电容）上时，仍为同频率的正弦波。但当正弦电压施加在非线性电路上时，电流就变为非正弦波，非正弦电流在电网阻抗上产生压降，会使电压波形也变为非正弦波。对这些非正弦量进行傅立叶级数分解，除了得到与电网基波频率相同的分量外，还得到一系列大于电网基波频率的分量，即谐波。如果进入交流电网和直流线路的谐波分量过大，就会使交流电网中的交流电机和电容器过热，对通信设备干扰，会使换流器控制不稳定，有可能会引起电网局部发生谐振过电压，也可能引起控制保护装置误动或拒动等不良影响。

在理想条件下由换流产生的谐波称为特征谐波。谐波电压或谐波电流的次数与换流器脉动数有关。减小换流器特征谐波的方法有增加换流器脉动数和装设滤波器两种。换流器脉动数越大，谐波电流有效值越小，但脉动数超过 12 次，就会使换流变结构复杂、加大制造难度、造价较高，故常用装设滤波器的方法来限制谐波。

滤波器分为交流滤波器和直流滤波器，分别接于交、直流母线上，用于抑制换流器产生的注入交流系统或直流系统的谐波电压和谐波电流。

9.1 交流滤波器

换流站交流滤波器是安装在换流站交流侧用来吸收换流器交流侧谐波电流，限制交流侧谐波电压的装置。根据谐波电流的计算结果合理配置相应的单调谐、双调谐、三调谐和多调谐高通型交流滤波器。目前多趋向于采用双调谐和多调谐高通型交流滤波器。

交流滤波器元件由高、低压电容器和电抗器、电阻器组成，如图 2 - 2 - 19、图 2 - 2 - 20 所示。在滤波器的整个投资中，高压电容器投资占了大部分，而且高压电容器的设计制造技术要求高，工艺复杂，其质量及性能好坏直接影响着交流滤波器性能和可靠运行。

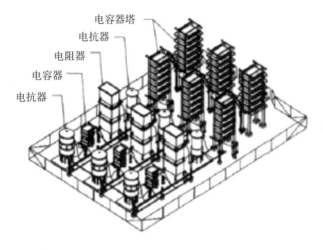

电容器塔
电抗器
电阻器
电容器
电抗器

图 2 - 2 - 19 交流滤波器组的 12/24 布置方式

图 2 - 2 - 20 ±800kV 换流站工程交流滤波器组

交流滤波器分无源滤波器、有源滤波器和连续调谐滤波器三种。交流滤波器一般由若干个单独用于吸收某些指定次数谐波的三相滤波器组并联而成。每个滤波器在一个或两个谐波频率的指定范围内或高通频带下呈现低阻抗，使换流器产生的这些谐波电流绝大部分流入滤波器，从而减少注入交流系统的谐波，达到降低谐波的要求。现在已投运的直流输电工程，大部分都采用常规无源交流滤波器。

9.2 直流滤波器

高压直流输电换流器运行时会在直流输电系统的直流侧产生谐波电压和谐波电流，从而在直流输电线路临近的电话线上产生干扰。在直流系统的直流侧安装直流滤波器，装设在极母线和中性母线之间，结合平波电抗器构成 LC 滤波回路，可以将这种干扰限制在可接受的水平，如图 2 - 2 - 21、图 2 - 2 - 22 所示。直流滤波系统包括平波电抗器、直流滤波器、中性母线中性点冲击电容器。直流滤波器根据各次谐波的幅值及其在等值干扰电流中所占的比重，可选择双调谐滤波器或三调谐滤波器。常见为双调谐滤波器，对于 12 脉动换流器，通常采用 12/24 次和 12/36 次滤波器组合方式。

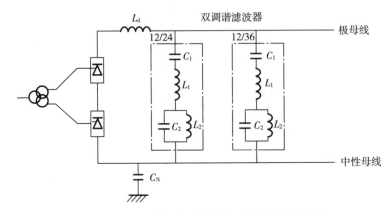

图 2-2-21　12 脉动换流器单极直流滤波器示意图

注：L_d—平波电抗器；C_N—中性点冲击电容器

图 2-2-22　±800kV 直流滤波器组电容器塔（塔高 26.24m，共 32 层电容器）

　　交流滤波器与直流滤波器的区别：交流滤波器要向换流站提供无功功率，因此通常将其无功容量设计成大于滤波特性所要求的无功容量，而直流滤波器则无此要求。

　　交流滤波器的电压可近似看成均匀分布在各电容器上，但直流滤波器的高压电容器起隔离直流电压并承受直流高压的作用。

　　交流系统阻抗变化范围大，会与交流滤波器形成谐振而危及交直流系统安全和稳定运行。为此，交流滤波器通常采用高通双调谐滤波器。然而，直流阻抗一般是恒定的，直流滤波器无须设置高通滤波器。

第三节　通信设备应用

变电站通讯是电网的基础设施，依托电网进行建设，并为电网服务。随着二次系统技术的不断发展，大二次整合的不断推进，通信专业的重要性也在不断提升。它同电力系统的安全稳定控制系统、调度自动化系统被人们合称为电力系统安全稳定运行的三大支柱。变电站通信系统主要包括变电站间的通信光缆、站内通信主设备、通信辅助设备、通信机房等设施。通信主设备包括光通信设备、交换设备、电源设备、载波设备等。通信辅助设备包括配线设备、监控设备、机柜等。光通信设备包括光传输设备和脉冲编码调制（PCM）设备。

变电站常见的通信设备主要有光端机（主要是 SDH 设备）、脉冲编码调制（PCM）、ATM（异步传输模式）交换机、调度电话系统、调度数据网路由器、通信常用线缆、各类配线设备、通信电源系统。

1. 光端机（主要是 SDH 设备）

光端机是一个延长数据传输的光纤通信设备，它主要是通过信号调制、光电转化等技术，利用光传输特性来达到远程传输的目的。光端机一般成对使用，分为光发射机和光接收机，光发射机完成电/光转换，并把光信号发射出去用于光纤传输。光接收机主要是把从光纤接收的光信号再还原为电信号，完成光/电转换，其原理如图 2-3-1 所示，其作用就是用于延长传输信号。

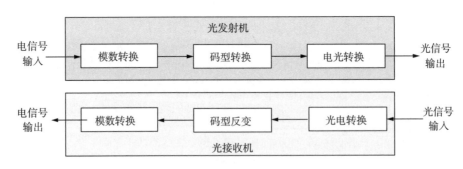

图 2-3-1　光端机工作原理图

光端机有模拟光端机和数字光端机之分。模拟光端机采用的是 PFM 调制调节技术，在传输过程中稳定性不够，易受环境因素的影响，抗干扰能力差，生产调试较困难，并且由于单根光纤实现多路图像传输较困难，性能会下降。数字光端机是在模拟光端机的基础上发展起来的，它主要将多路模拟基带的视频、音频、数据进行高分辨率数字化，形成高速数字流，然后将多路数字流进行复用，通过发射光端机进行发射，然后通过另一端的接收光端机进行接收，解复用，恢复成各路数字化信号，再通过数字模拟变换（A/D 模数转换）恢复成模拟视频、音频、数据。其主要的优点有传输距

离长（最大可达 120km）；采用多级传输模式；受环境干扰较小；传输质量高；支持的
信号容量可达 16 路，甚至更多（32 路、64 路、128 路）等。因此在当前工程中多采用
数字光端机。目前主通信网 SDH 设备以诺基亚、西门子和马可尼设备为主，如图
2-3-2 所示。地区通信网设备多以大唐、华为、中兴、烽火、阿尔卡特设备为主。

图 2-3-2　马可尼 OMS1664 光端机

SDH 设备上有多个 E1 接口（又称一个 PCM，脉冲编码调制），E1 接口是一对引
自程控交换机的同轴电缆线，在电缆线上数据传输速率是 2.048Mbps，可以同时容纳
32TS（时隙）×64Kbps 的语音数据。其具体特性为：

① 一条 E1 是 2.048M 的链路，用 PCM 编码。

② 一个 E1 的帧长为 256 个 bit，分为 32 个时隙，一个时隙为 8 个 bit。

③ 每秒有 8000 个 E1 的帧通过接口，即 8k×256＝2048kbps。

④ 每个 TS 在 E1 帧中占 8bit，8×8k＝64k，即一条 E1 中含有 32 个 64k。

光端机就是将多个 E1 信号变成光信号并传输，根据传输 E1 口数量的多少，价格
也不同。一般最小的光端机可以传输 4 个 E1 口，目前最大的光端机可以传输 4032 个
E1 口，如图 2-3-3 所示。光端机分 PDH、SDH 和 SPDH 三类。

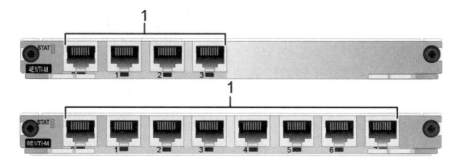

图 2-3-3　4 个 E1 口（上）和 8 个 E1 口（下）的 SDH 设备

PDH（Plesiochronous Digital Hierarchy，准同步数字系列）光端机是小容量光端机，一般是成对应用（点到点应用），容量一般为 4E1，8E1，16E1。

SDH（Synchronous Digital Hierarchy，同步数字系列）光端机容量较大，一般是 16E1 到 4032E1。

SPDH（Synchronous Plesiochronous Digital Hierarchy）光端机，介于 PDH 和 SDH 之间。SPDH 是带有 SDH（同步数字系列）特点的 PDH 传输体制（基于 PDH 的码速调整原理，同时又尽可能采用 SDH 中一部分组网技术）。

SDH 设备采用独特方式封装数据成帧，具有全球统一接口，以同步传送模块 STM-N（Synchronous Digital Hierarchy，N=1，4，16，64）为基本概念，其模块由信息净负荷、段开销、管理单元指针构成。SDH 设备最基本的模块为 STM-1，4 个 STM-1 间插复用构成 STM-4，16 个 STM-1 或者 4 个 STM-4 间插复用构成 STM-16。

STM-1、STM-4、STM-16 的传输速率分别为 $155.52M \approx 155M$，$155.52M \times 4 = 622.080M \approx 622M$，$155.52M \times 16 = 2.488G \approx 2.5G$，$155.52M \times 64 = 9.953G \approx 10G$，单位都是 bit/s。155M、622M、2.5G、10G 都是速率，在 SDH 中 $1k = 1024$，$1M = 1024k$，$155M = 63 \times 2M$，$622M = 4 \times 155M$，$2.5G = 4 \times 622M$ $10G = 4 \times 2.5G$，其中一个 2M 其中含 32 个 64k，64k 就是光通信中最基本的单位。

2. PCM

脉冲编码调制器（PCM，Pulse Code Modulation）是通过取样保持、量化、编码三个过程将电力的语音、音频、数据等模拟信号转换成数字信号格式输出。PCM 最开始是为处理语音信号数字化传输而诞生的，但它具有丰富的接口，在电力系统中可供给继电保护通道数据、远动数据、语音等信号接入使用。

PCM 设备有 E1（PCM30/32）、T1（PCM24）两种制式，我国多使用前者，如图 2-3-4 所示。PCM 设备信号处理过程是这样的，语音信号的上限频率为 4kHz，取样频率为 8kHz，每个取样值非均匀量化为 8bit 表示，则每一路语音信号数字化处理后，其信息频率为 $8k \times 8bit = 64kbit/s$，称为 1 个时隙。该设备采用 TDM（Time-Division Multiplexing，时间分割多路复用）技术，PCM30/32 共有 32 个时隙，出口速率为 $64kbit/s \times 32 = 2.048Mbit/s$，即为 E1 接口，俗称 2M 口。PCM 的功能是完成 2M 数字信号的分解和复用、64K 保护信号传输、远动信号传输，有些设备也集成光传输的功能。

图 2-3-4　PCM 设备

3. 数据交换网

数据交换网是一个由分布在各地的数据终端设备、数据交换设备和数据传输链路所构成的网络，在网络协议（软件包括 OSI 下三层协议）的支持下，实现数据终端间的数据传输和交换。数据交换网目前主要采用开放最短路径优先和边界网关协议等路由协议，并结合多协议标签交换虚拟专用网（VPN）技术，为不同的业务构建独立的逻辑通道，实现网络中各类数据快速安全的传输。

数据交换网的主要设备包括路由器和交换机，如图 2-3-5、图 2-3-6 所示。

图 2-3-5　调度交换机

图 2-3-6　综合业务数据网

路由器主要用于实现广域网连接和局域网连接，为数据提供最佳路径，并转发数据。路由器由 CPU、RAM（随机访问存储器）、ROM（只读存储器）和操作系统组成。CPU 用于执行操作系统的命令；RAM 用于运行操作系统、配置文件以及保存 IP 路由表，断电时存储在 RAM 中的内容将丢失；ROM 能够保存开机自检软件，并存储路由器的启动引导程序。路由器被用来连接不同的网络，支持多种类型的物理接口。接口类型有管理接口、局域网接口和广域网接口三类。路由器的典型接口包括以太网接口（10M/100M/1000Mbps）、串口、CPOS 口和 E1 口。交换机的作用是将用户需要传输的数据接入进来，并将数据传给路由器。常见的交换机包括二层交换机和三层交换机。二层交换机用于数据帧的快速转发，三层交换机还具有路由功能。路由器分为高端和中低端路由器。交换机分为高端和中低端交换机。设备性能特点如表 2-3-1 所示。从安全性和可靠性的角度考虑，高端路由器和交换机是组网的首选。

表 2-3-1　路由器和交换机设备性能特点

设备类型	特　点
高端路由器	路由器功能齐全（具备 MPLS VPN 功能），端口类型多，密度高，具备强大的数据包交换能力，可配置关键板卡冗余极电源冗余
中低端路由器	路由器功能齐全（具备 MPLS VPN 功能），端口类型多但端口密度低，包交换能力低，一般无法配置关键板卡冗余极电源冗余
高端交换机	均为三层交换机，具有较强的路由功能（具备 MPLS VPN 功能），以太端口密度高，可配置关键板卡冗余极电源冗余
中低端交换机	普通三层交换机或二层交换机（无 MPLS VPN 功能），以太端口密度高，一般无法配置关键板卡冗余极电源冗余

在数据网中，网络拓扑结构和互联方式的选择属于重要环节。网络拓扑结构主要有星形、双星形、环形与网状形。互联通道主要有 E1、POS（Packet Over SDH，通过 SDH 传送数据包）、MSTP（Multi-Service Transfer Platform，多业务传送平台）以太网通道、光纤直连。

4. 通信辅助设备

4.1 音频配线架（VDF）

音频配线架（VDF）是连接 PCM 等设备音频出线与用户侧设备音频出线的配线架，如图 2-3-7 所示。它的作用是连接用 64k 速度传输的设备，打满线的第一排端子通常被称为是设备侧，它是通向 PCM 设备。其背面则是通向站内的自动化设备，视通信方式的制定而选择接入对应的端子。用户侧常见设备有自动化所用的调度、集控主备用设备、站内电话、计量电话、调度直通和集控直通电话。

图 2-3-7 音频配线架

一般情况下，现场工作是将站内所有的用户设备通过一根网线或是多股电缆传送至 VDF，并在 VDF 的一排打满，然后再通过音频线跳接至相应的端口。部分早期的变电站也是通过端子排挂到综合配线柜上再跳接的办法，实际接线方式根据现场条件和运行方式的规定而调整。

4.2 数字配线架（DDF）

数字配线架（DDF）是连接从光端机出来的 2M 线和从用户设备出来的 2M 线的配线架，如图 2-3-8 所示。数字配线架以系统为单位有 8 系统、10 系统、16 系统、20 系统等，能使数字通信设备的数字码流的连接成为一个整体，从速率 2Mb/s～155Mb/s 信号的输入、输出都可接在 DDF 架上，这为配线、调线、转接、扩容都带来很大的灵活性和方便性。

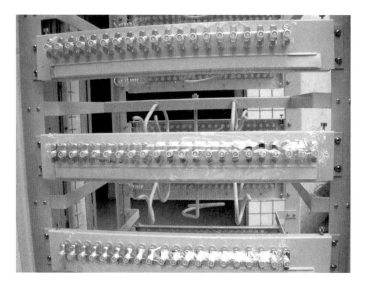

图 2 - 3 - 8 数字配线架

虽然是换了种形式，但实质上作用和 VDF 类似，也是有设备侧和用户侧，设备侧通常指的是光端机，用户侧则主要是指带着业务的 PCM 设备，以及少量的调度数据网路由器。图中外侧是连接端子，它是将上排和下排连接一起，两个端子构成了一收一发的完整通道，在它的背面，上端是从光端机过来的 2M 线，一般情况是全部插满，而下端则视通信运行方式的制定而选择合适的端口进行接入，然后再通过外部连接端子一起构成通路。

4.3 光纤配线架（ODF）

相比于上面所示的两个配线架，ODF 则显得简单得多，它没有设备侧和用户侧的区别，它是由站外光缆分出来的各个芯，一般情况是 12 的整数倍，常见的是 24芯和 48 芯，经过熔接和布放，通过法兰提供一个站外出口。光端机和路由器就将出口的尾纤芯连接到 ODF 相应的端子上即可，一收一发各一芯，共两芯，由此可以判断，如果一个 24 芯光缆满载，可以带 12 个光端机或路由器，而光端机或是路由器要将信号送到哪里，通过哪个站的哪个芯上走，需要按照通信运行方式来进行调整。

有些情况下，一些比较远的站要将站内的信号送到局里，需要通过有实际光缆互联的站点，经过多次转送后送入局端，此种连接方式也叫跳接。而对于每条光缆而言，每一对芯只能同时运行一个业务，且站内发出的和接收的端子均需要芯相同才能接收到。这个是进行光传输通信时所需要熟记的一点。

光纤配线架（ODF）是用于光缆终端光纤熔接、光连接器安装、光路调节、多余尾纤的存储及光缆的保护等，具有固定、熔接、调配以及存储等功能，如图 2 - 3 - 9 所示。ODF 根据结构的不同分为壁挂式和机架式，壁挂式适用于光缆条数较少的场所，机架式是直接安装在标准机柜中，适用于较大规模的光纤网络，一般变电站均采用此种方式。

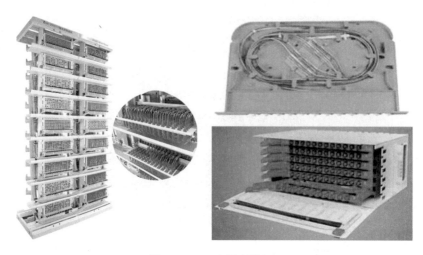

图 2 - 3 - 9　光纤配线架

4.4　通信电源

通信电源是指对通信设备供电的电源设备，可与站内交直流一体化电源合并，也可以单独设置。目前超特高压变电站内通信电源采用专用通信电源系统，由于考虑安全电压、历史因素、电源电缆腐蚀保护等原因，电压采用了－48V。

通信电源系统设备主要包括高频开关电源、蓄电池、蓄电池在线监测系统、配电设备（交流配电、直流配电）、DC/DC 电源变换器、UPS 电源等。以上设备成套组屏，如图 2 - 3 - 10 所示。通信电源模块是指采用开关电源整流技术将交流电整流成通信设备所需的直流电源的设备。蓄电池是化学能和电能可以相互转换的装置，电力系统中通常采用阀控式铅酸免维护蓄电池，该电池全密封、不会漏酸、体积小、质量轻、自放电低、寿命长、维护简单等，如图 2 - 3 - 11 所示。

图 2 - 3 - 10　通信电源控制屏与配电屏

双路交流电源通过双电源自动切换装置与通信电源模块相连，通过总控设备控制通信电源模块对直流系统充电，蓄电池组作为备用 UPS 电源，可在交流断电后为整个通信系统提供满足电压质量和短时供电时间的电力，原理接线如图 2-3-12 所示。根据运行要求，蓄电池组应定期进行充放电试验，以检测蓄电池容量、内阻、输出电压是否满足通信设备要求。每次电池组在放电过后要及时进行充电，切勿使蓄电池组被过电压或过电流充电。尽量避免蓄电池长期搁置不用，不要进行长期浮充却不放电，也不要使蓄电池过放电。不要使用纹波比较大的充电机，而应当使用有温度补偿功效的充电机。

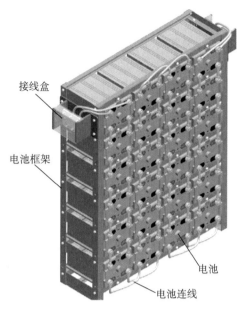

图 2-3-11　通信直流电源蓄电池组

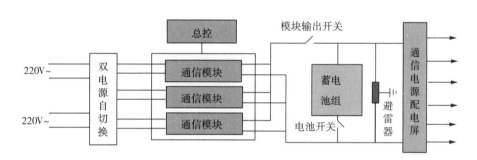

图 2-3-12　通信电源供电原理图

第四节　输电线路材料应用

1. 铁塔

铁塔是架空输电线路的重要组成部分，其作用是支撑导线、避雷线和其他附件，同时保证导线与导线之间、导线与避雷线之间、导线与铁塔之间，以及导线对大地和交叉跨越物之间有足够的电气安全距离。

铁塔塔材是由角钢、钢板及钢管制造，经紧固连接且热浸镀锌防腐的构件，具有机械强度高、搬运组装方便和使用年限长等优点。按照铁塔的形式可分为角钢塔、钢管塔和钢管电杆。铁塔材料主要有等边角钢、热轧钢板、焊接管、无缝钢板等，一般采用 Q345、Q390、Q420 级。塔材的主要技术要求主要是钢材的力学性能、角钢塔和钢管塔塔材的技术要求。塔材的制造技术要求包括切断、弯曲、螺孔、清根、铲背、开坡口、制管和法兰制造等。常规铁塔有自立式铁塔、拉线塔等形式，目前 35kV 及以上电压等级架空输电线路中基本上采用自立式铁塔。高压架空输电线路中可采用钢管电杆、角钢塔；超高压架空输电线路中一般采用角钢塔；特高压架空输电线路中一般采用钢管塔，如图 2-4-1 所示。

图 2-4-1　1000kV 同塔双回路铁塔

输电线路铁塔，按回路可分为单回路塔，双回路塔；按其形状一般分为：酒杯型、猫头型、上字型、干字型、F 型、和桶型等；按用途分为：耐张塔、直线塔、转角塔、换位塔（更换导线相位位置的杆塔）、终端塔和跨越塔等。整个铁塔主要由塔头、塔身和塔腿三大部分组成，如果是拉线铁塔还增加拉线部分。塔头是从塔腿往上塔架截面急剧变化（出现折线）以上部分，如果没有截面急剧变化，那么下横担的下弦以上部分为塔头；塔腿是基础上面的第一段塔架；塔身是塔腿和塔头之间的部分，如图2-4-2所示。为便于运输与组装，在每一部分中又分解成若干段，每段的长度一般不超过8m，如图2-4-3所示。

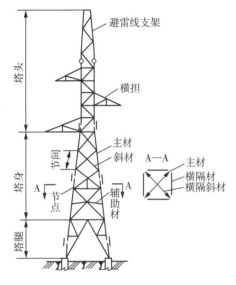

图2-4-2 铁塔的组成

图2-4-3 铁塔杆件成品堆放

铁塔的组立分为整体组立和分解组立。整体组立铁塔是指先将铁塔在地面上整基组立完成，再使用起重机整体吊装就位，如图2-4-4所示。整体组立铁塔受铁塔基础型式和施工条件的限制，整体组立铁塔有时无法实施时，就需要采用分解组立铁塔的方法。分解组立铁塔是指将塔材在地面分节、分片组装，采用抱杆吊装的方法在空中完成所有的拼装。常见的抱杆有悬浮抱杆（内悬浮外拉线、内悬浮内拉线）、座地摇臂、落地平臂等，如图2-4-5（a）、（b）、（c）所示。

图2-4-4 起重机整体组立铁塔

（a）内悬浮外拉线抱杆分解组立铁塔

（b）落地双平臂抱杆分解组立铁塔

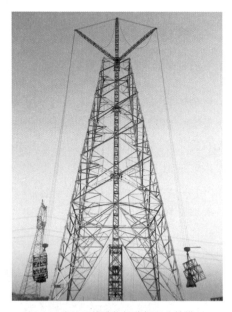

（c）座地双摇臂抱杆分解组立铁塔

图 2-4-5　抱杆分解组立铁塔图

2. 导、地线材料

导线是用来传导电能、输送电能的元件，必须具有足够的截面以保持合理的通流密度。架空输电线路一般采用架空裸导线。根据输电线路的环境和特殊性能选择不同型号的导线，对于远距离大容量输电线路为了提高线路的输电能力、限制电晕改善电磁环境，多采用大截面分裂导线。钢芯铝绞线构造层次如图 2-4-6 所示。1000kV 电压等级输电线路导线通常采用 8 分裂、单股截面积为 630mm^2 的导线。

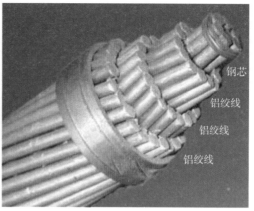

图 2-4-6 钢芯铝绞线图示

导线型号主要有铝（合金）绞线、钢芯铝（合金）绞线、防腐钢芯铝（合金）绞线、铝包钢芯铝绞线等。单回路的导线排列方式可采用水平、上字型或三角形排列，双回路的导线排列方式可采用鼓型、伞形、倒伞形排列。

导线的大小是按照导电部分的截面积（mm^2）来区分的。我国常用的导线有 $35mm^2$、$50mm^2$、$70mm^2$、$95mm^2$、$120mm^2$、$150mm^2$、$185mm^2$、$240mm^2$、$300mm^2$、$400mm^2$、$500mm^2$、$630mm^2$、$720mm^2$、$900mm^2$ 以及 $1250mm^2$ 等。在 110kV 电压等级输电线路中一般每相采用一根导线。在 220kV 及以上电压等级输电线路中，为了远距离输送电能，减小线路电抗和电晕，每相采用 2～8 根以上分裂导线，如双分裂、三分裂、四分裂、六分裂、八分裂。分裂导线是指每相（极）导线由几根相同较小直径的子导线组成，各子导线间隔一定的距离并对称排列。每相分导线的数目称为分裂导线数，相邻分裂导线之间的距离称为裂相距离。分裂导线一般按照双分裂采用垂直排列、三分裂采用正（或倒）等边三角形排列、四分裂采用正方形排列、六分裂采用正六边形排列、八分裂采用正八边形排列。220kV 线路的分裂导线一般为 2 根，超高压常用为 4 根，特高压为 6 根或 8 根。各子导线间每隔一定距离（通常为 30m）安装一个间隔棒，减小或抑制对次档距的震荡和威风的震动。

导线的所有单线应同心绞合，相邻层的绞向应相反，最外层绞向应为"右向"。每层单线应均匀紧密的绞合在下层中心线芯或内绞层上。对于有多层的绞线，任一层的节径比应不大于紧邻内层的节径比。绞合后所有钢线应自然地处于各自位置，当切断时，各线端应保持在原位或容易用手复位。单根或多根镀锌钢线或铝包钢线均不能有接头。导线的密度和直流电阻应符合相应的标准要求。钢或铝包钢芯铝绞线的额定拉断力应为铝部分的拉断力与对应铝部分在断裂荷载下钢或铝包钢部分伸长时拉力的总和。

碳纤维复合芯导线（ACCC）是一种全新结构的节能型增容导线，由芯体和包裹在芯体外围的环形导电层组成，芯体为碳纤维组成的导电芯体，环形导电层由铜、铝或铝合金线紧密包绕在芯体外围构成，如图 2-4-7 所示。与常规导线相比，具有重量轻、抗拉强度大、耐热性能好、热膨胀系数小、高温弧垂小、导电率高、载流量大、耐腐蚀性能好等一系列优点，解决了架空输电领域存在的各项技术瓶颈，代表了未来架空导线的技术发展趋势。

避雷线俗称地线，悬挂于杆塔顶部，并在每基杆塔上通过接地线与接地体相连接。避雷线通常采用镀锌钢绞线，如图2-4-8所示。镀锌钢绞线内钢丝应为同一直径、同一强度、同一锌层级别，应紧密绞合不应有交错、断裂和折弯，整条钢绞线应无跳线、蛇形等缺陷。钢绞线的直径和捻距应均匀，切断后不松散。钢绞线内拆股钢丝的力学性能应符合标准要求。

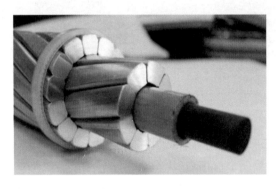

图2-4-7　碳纤维复合芯导线　　　　　　图2-4-8　镀锌钢绞线图示

3. 光缆材料

3.1　OPGW 光缆

OPGW（Optical Fiber Composite Overhead Ground Wire，光纤复合架空地线）光缆是电力系统独有的，具备了电力线路地线和光纤通信双重功能的新技术。它是把光纤放置在架空高压输电线的地线中，用以构成输电线路上的光纤通信网。它具有通信容量大、抗干扰、安全可靠、不占用线路走廊的特点；同时它将通信光缆和高压输电线路地线巧妙地结合成一个整体，其良好的机械性能和导电性能不仅满足普通地线的防雷要求，还因具备导体良好的屏蔽作用，可大大减小送电线路对邻近弱电线路的电磁危害。OPGW 光缆主要在110kV、220kV、500kV 及以上电压等级线路上使用。

光纤通信是利用光在玻璃或塑料制成的纤维中的全反射原理而达到光传导的一种通信方式。光纤分为多模光纤和单模光纤两种。多模光纤的中心玻璃芯较粗（$50\mu m$ 或 $62.5\mu m$），可传多种模式的光，但其模间色散较大，限制了传递信号的频率，而且随着距离的增加会更加严重。因此多模光纤传递的距离较近，一般只有几公里。而单模光纤的中心玻璃芯较细（$9\mu m$ 或 $10\mu m$），只能传一种模式的光。因此其模间色散很小，对光源的谱宽和稳定性有较高要求，适用于远程通信。在电力系统通信中，一般采用单模光纤作为传输介质。

OPGW 光缆一般分为松套和紧套两种类型。松套型是将光纤放入充满油膏的松套管内形成一定的余长，余长一般控制在光缆总长的 0.7% 左右，光纤以自身余长来满足整个地线初伸长和运行过程中所产生的变形，以保证光缆中光纤不受力，但结构松散。

紧套型是在其中的光纤可以受力的基础上，为满足光纤受力的要求，生产中对光纤施加约 1‰ 伸长对应的外力进行筛选，即对光纤施加了"预应力"，通过筛选的光纤，其抗拉强度比外层绞线的抗拉强度还高，能在外层绞线之后破坏。由于结构特点，松套型价格低，适用于外界负荷条件较轻，地形变化不剧烈的线路；紧套型价格较贵，适用于外界负荷条件较恶劣，地形变化较大及地线受力较复杂的线路。对于非重冰区的输电线路，宜采用松套不锈钢管层绞式结构的 OPGW 光缆。重冰区输电线路 OPGW 的结构型式，应通过技术经济比较确定，以选用紧套型为宜。

OPGW 光缆的同一层绞线宜选用相同材质，且外层单丝应采用铝包钢单丝，直径不宜小于 3.0mm。OPGW 光缆的光学性能应符合国家相关标准规定。OPGW 光缆由一个或多个光单元和一层或多层绞合单线组成，有中心铝管 OPGW 结构、层绞式不锈钢管 OPGW 结构、中心不锈钢管 OPGW 结构、中心铝包不锈钢管 OPGW 结构等形式。几种常用的结构图如图 2-4-9、图 2-4-10、图 2-4-11、图 2-4-12 所示。

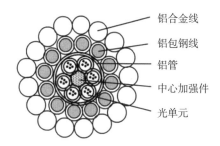

图 2-4-9　铝管和层绞塑管的 OPGW 结构

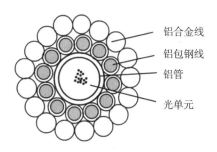

图 2-4-10　中心铝管的 OPGW 结构

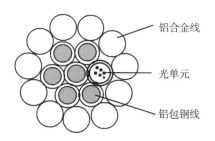

图 2-4-11　层绞不锈钢管的 OPGW 结构

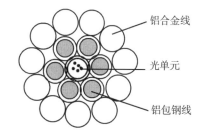

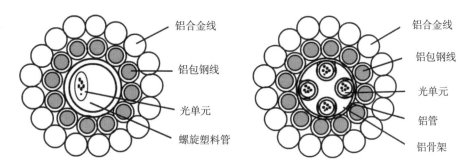

图 2-4-12　中心不锈钢管的 OPGW 结构

3.2 OPPC 光缆

OPPC（Optical Phase Conductor，光纤复合相线）光缆是将光纤单元复合在相线中的光缆，具有相线和通信的双重功能的一种电力特种光缆，如图 2-4-13 所示。它是用 OPPC 替代三相电力系统中的一相导线，形成由两根导线和一根 OPPC 组合而成的输电线路。OPPC 光缆主要用在 66kV 及以下可不架设地线，也不可能安装 OPGW 的线路上，尤其在 35kV 新建设线路中使用的居多，也可以使用于 110kV～220kV 线路上。

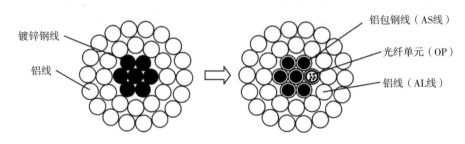

图 2-4-13　OPPC 光缆结构图

OPPC 是将传统导线中的一根或多根钢丝替换为不锈钢管光单元，使不锈钢管与（铝包）钢线、铝（合金）线共同绞制而成。它是一种具有电力架空相线和通信光缆双重功能的复合电力光缆。OPPC 可为输电线路测温、融冰等特殊应用提供通道。

4. 绝缘子材料

绝缘子是输电线路绝缘的主体，其作用是悬挂导线并使导线与杆塔、大地保持绝缘。绝缘子不但要承受工作电压和过电压作用，同时还要承受导线的垂直荷载、水平荷载和导线张力。因此，绝缘子必须有良好的绝缘性能和足够的机械强度，如图 2-4-14 所示。

图 2-4-14　架空输电线路绝缘子串

绝缘子按照材质不同分为陶瓷绝缘子（图2-4-15）、玻璃钢绝缘子（图2-4-16）、合成绝缘子（图2-4-17）；按照用途不同可分为导线绝缘子、地线绝缘子（图2-4-18）、拉线绝缘子；按照连接方式分为悬式绝缘子、槽型绝缘子、针式绝缘子；按照地区环境的不同可分为普通绝缘子和防污绝缘子；按结构分为盘形绝缘子和棒形绝缘子；按承载能力大小分为 40kN、60kN、70kN、100kN、160kN、210kN、300kN、420kN、550kN 等多个等级。

图 2-4-15　陶瓷绝缘子

图 2-4-16　玻璃钢绝缘子

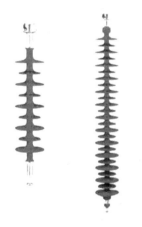

图 2-4-17　合成绝缘子

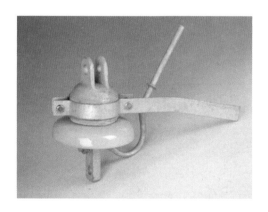

图 2-4-18　盘形地线用悬式绝缘子

瓷绝缘子仍是电力系统中使用最广泛的绝缘子。高压绝缘子用高强瓷，由石英、长石、黏土和氧化铝焙烧而成。瓷件表面通常以瓷釉覆盖，以提高其机械强度，防水浸润，增加表面光滑度。

玻璃绝缘子具有与瓷绝缘子同样的环境稳定性。生产工艺简单，较易实现机械化，生产效率高。玻璃绝缘子主要成分是由 SiO_2、B_2O_3、Al_2O_3 等酸性氧化物与 Na_2O、K_2O 等碱性氧化物组成，在 1300℃ 以上的高温下熔融成型后进行退火处理，急冷钢化使玻璃表层得到钢化。经过退火和钢化处理后，玻璃表面形成永久性的压应力，阻止其表面微裂纹的形成和扩散，使玻璃件机械强度显著提高。

复合绝缘子其主要结构一般由伞裙护套、玻璃钢芯棒和端部金具三部分组成。其中伞裙护套一般由高温硫化硅橡胶、乙丙橡胶等有机合成材料制成，芯棒一般是玻璃纤维作增强材料、环氧树脂作基体的玻璃钢复合材料。端部金具一般是外表面镀有热镀锌层的碳素铸钢或碳素结构钢。芯棒与伞裙护套分别承担机械与电气负荷，从而综合了伞裙护套材料耐大气老化性能优越及芯棒材料拉伸机械性能好的优点。硅橡胶是目前作为复合绝缘子伞群护套的最佳材料，其所特有的憎水迁移性能是硅橡胶能够成功地用于污秽区的关键所在。

长棒型瓷质绝缘子是在悬式绝缘子优缺点基础上，由双层伞实心绝缘子发展而来，它继承了瓷的电稳定性，消除了盘型悬式瓷绝缘子头部击穿距离远小于空气闪络距离的缺点，同时也改变了头部应力复杂的帽脚式结构。长棒型绝缘子有良好的耐污和自清洁性能。长棒型瓷质绝缘子是一种不可击穿结构，避免了瓷质绝缘子发生钢帽炸裂而出现的掉串事故。长棒型绝缘子使无线电干扰水平改善，不存在零值或低值绝缘子问题。

5. 金具材料

架空输电线路金具是指连接和组合线路上各类装置，以传递机械、电气负荷及起到某种防护作业的金属附件，主要用于支持、固定和接续裸导线，导体及绝缘子连接成串，保护导线和绝缘体等。因此，金具必须具有足够的机械强度，并满足耐磨和耐腐蚀要求。

架空输电线路按照结构性能、安装方法和试验范围分为悬垂线夹（图2-4-19）、耐张线夹（图2-4-20）、连接金具、接续金具和防护金具（图2-4-21）。

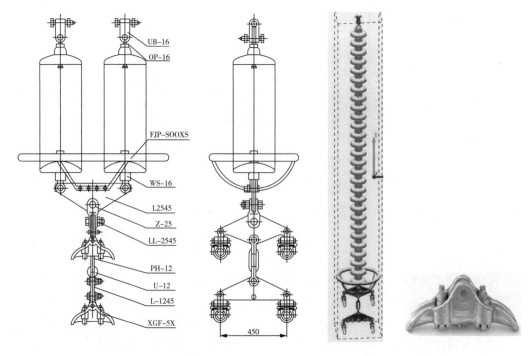

（a）双绝缘子串与悬垂金具组装图　　（b）单绝缘子串与悬垂金具组装图　　（c）悬垂线夹

图2-4-19　500kV双串四分裂导线绝缘子串与悬垂金具组装图

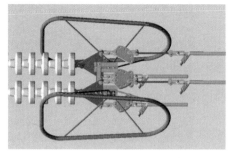
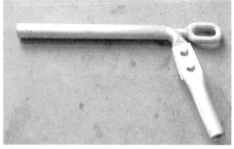

（a）双绝缘子串与耐张金具组装图　　　　　（b）耐张线夹

图 2-4-20　500kV 双串四分裂导线绝缘子串与耐张金具组装图

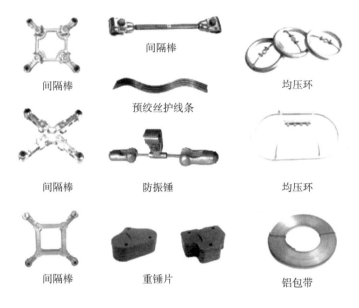

图 2-4-21　防护金具

　　悬垂金具主要用来悬挂导线或光缆于绝缘子或者杆塔上（多用于直线杆塔）；耐张金具用来紧固导线终端，使其固定在耐张绝缘子串上，也可以是地线、光缆及拉线上（多用于转角或者终端杆塔上）；连接金具又称为挂线零件，主要用于绝缘子连接成串及金具与金具的连接，它承受机械载荷；接续金具专用于各种裸导线、地线的接续，接续金具承担与导线相同的电气负荷及机械强度。防护金具用于保护导线、绝缘子等，如保护绝缘子用的均压环、防止导线振动的防振锤、防止绝缘子串上拔的重锤片、防止导线受损的护线条、防止子导线摆动的间隔棒（导线用、跳线用）等。

　　OPGW 光缆金具如下图 2-4-22、图 2-4-23、图 2-4-24 所示。

图 2-4-22　OPGW 光缆悬垂线夹示意图

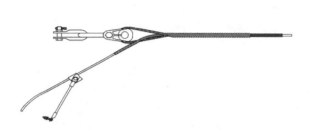

图 2-4-23　OPGW 光缆耐张线夹示意图　　　　图 2-4-24　OPGW 光缆接头盒

光纤复合相线（OPPC）金具如下图 2-4-25 所示。

图 2-4-25　直线杆塔悬垂金具安装示意图

OPPC 接头盒需要组合设计复合绝缘子，实现光纤接续和光电分离。OPPC 通过接头盒在耐张杆塔上将 OPPC 连接起来。OPPC 接续涉及光纤接续和光电分离技术，对接续的技术、高压绝缘都有严格的要求，是整个工程中最为重要的部分，如图 2-4-26、图 2-4-27、图 2-4-28、图 2-4-29 所示。

图 2-4-26　OPPC 光缆中间接头盒　　　图 2-4-27　OPPC 光缆中间接头盒、电力相线跨接

图 2 - 4 - 28　OPPC 光缆终端接头盒

图 2 - 4 - 29　OPPC 光缆终端接头盒、
电力相线引下线

6. 高压电缆材料

电缆输电线路器材主要有电缆本体和电缆附件组成，电缆附件由电缆接头和电缆终端组成。电缆终端头是将电缆与其他电气设备连接的部件，如图 2 - 4 - 30 所示；电缆中间头是将两根电缆连接起来的部件，如图 2 - 4 - 31 所示。此外根据制作方式还有电缆预制头，如图 2 - 4 - 32 所示。

电缆附件除了符合绝缘性能和密封性能技术外，还应满足机械性能的要求。电缆的品种规格很多，按照电压等级、绝缘结构和某些特殊用途划分序列和种类。按照绝缘介质分为交联聚乙烯电力（简称交联电缆）和自容式充油电缆（简称充油电缆），其结构包括线芯导体（充油电缆另含油道）、导体屏蔽、主绝缘、绝缘屏蔽、金属护层和外护套等，如图 2 - 4 - 33 所示。电缆接头按照用途分为直通接头（图 2 - 4 - 34）、绝缘接头、塞止接头、分支接头、过渡接头等。电缆终端按照场所分为户内终端（图 2 - 4 - 35）、户外终端（图 2 - 4 - 36）、GIS 终端；按照工艺分为热缩式、冷缩式和预制式等。热缩套管是用热缩材料制作的主绝缘套管缩住，主绝缘套管外缩半导体管，再包金属屏蔽层，最后外护套管。

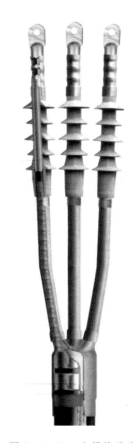

图 2 - 4 - 30　电缆终端头

图 2 - 4 - 31　电缆中间头

图 2 - 4 - 32　电缆预制头

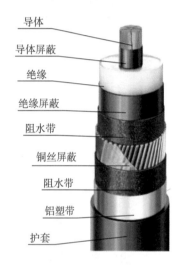

导体

导体屏蔽

绝缘

绝缘屏蔽

阻水带

铜丝屏蔽

阻水带

铝塑带

护套

图 2 - 4 - 33　交联聚乙烯绝缘电力电缆

图 2 - 4 - 34　电力电缆直接接头

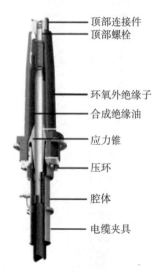

顶部连接件
顶部螺栓

环氧外绝缘子
合成绝缘油

应力锥

压环

腔体

电缆夹具

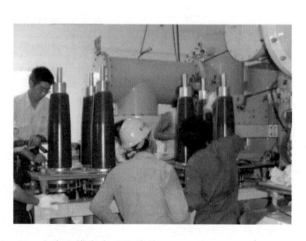

图 2 - 4 - 35　电力电缆户内 GIS 终端

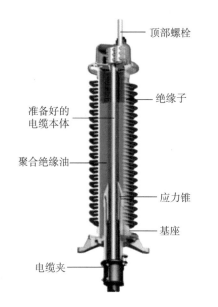

顶部螺栓

绝缘子

准备好的
电缆本体

聚合绝缘油

应力锥

基座

电缆夹

图 2-4-36 电力电缆户外终端

7. 架空导地线展放

导地线架设简称架线，是将导线或地线（OPGW 光缆）按设计施工图纸的要求架设于已组立安装好的杆塔上，并与已经安装好的绝缘子金具串可靠连接。架空输电线路架线内容包括放线（含交叉跨越）、紧线、导地线连接、弛度观测、附件安装等工作。

放线施工按展放导线受力方式主要分为非张力放线和张力放线。非张力放线，是先用人力展放导引绳或牵引绳，而后用人力或机械（拖拉机、汽车、小牵引机等）展放导、地线，导、地线盘处并不对其导地线施加任何制动张力，这是国内外输电线路架线施工中最早采用的一种放线方法。张力放线是利用牵引机、张力机等施工机械展放导地线，使其在展放过程中离开地面和障碍物呈架空状态的放线方法。张力架线是指架空输电线路工程中，用张力放线的方法展放导地线，以及与张力放线相配合的工艺方法进行紧线、挂线、附件安装等各项作业的整套架线的施工方法。放线段长度不宜超过 20 个放线滑车。两端的牵引场或张力场应便于牵引机和张力机的运输和布置，场的前后两端杆塔允许作直线锚线。张力架线的特征如下：

（1）导线在架设全过程始终处于架空状态；

（2）以施工段为施工架线单元，放线、紧线、附件安装等在施工段内作业；

（3）施工段不受设计耐张段的限制，直线塔可以直接作为施工段的起止塔，在耐张塔上直通连续放线；

（4）可在直线塔上紧线并作直线塔锚线，直通放线的耐张塔也直通紧线；

（5）在直通紧线的耐张塔上做平衡挂线。

放线结束后应尽快紧线。所谓紧线就是导线展放完成后使导线的弛度符合设计要求。导线的弛度是通过架空线弧垂观测来控制的。弧垂过小，则架空线必须承受过大的张力，降低了架空线运行时的安全程度；弧垂过大，则架空线对地、对被跨越物的安全距离将减小，严重影响架空线的安全运行。

紧线后为了防止导线因风震导致子导线间相互鞭击而受到损坏，弧垂观测合格后应及时安装附件。附件安装包括导地线金具、间隔棒、防震锤等。

7.1 放线的方法

张力放线是在我国建设500kV超高压输电线路工程需要而发展起来的一种新的架线施工方法。《110kV~750kV架空输电线路施工及验收规范》（GB 50233—2014）规定，220kV及以上电压等级的输电线路工程导线展放应采用张力放线；110kV线路工程导线展放宜采用张力放线；良导体架空地线应采用张力放线。张力架线采用的方法主要是（$m \times$一牵n）的典型施工方法，即根据每相子导线的数量，选用一牵1、一牵2、一牵3、一牵4、一牵6，以及$2 \times$一牵2、$2 \times$一牵3、$2 \times$一牵4、$3 \times$一牵2、$4 \times$一牵2，还有一牵2+一牵4、一牵（2+2+2）、一牵（4+2）等组合式的多种展放方式，其中$4 \times$一牵2张力架线方式在±1100kV昌吉-古泉特高压直流输电线路架线施工中得到广泛应用。所谓"$m \times$一牵n"就是在牵引场配置m台牵引机，每台牵引机用1条牵引绳和1个牵引板通过塔上悬挂的$n+1$个轮槽的滑车牵放n根子导线，m台牵引机基本同步实施展放。"$3 \times$一牵2"就是3台牵引机，每台牵引机用1条牵引绳和1个牵引板通过塔上悬挂的3轮槽滑车牵放2根子导线，实现一次牵引6根子导线，在子导线截面900mm²六分裂输电线路工程得到广泛应用。"一牵（4+2）"是1台牵引机，从两台张力机中牵出6根子导线，2台张力机中有1台4线张力机和1台2线张力机，用1牵6牵引板和七轮放线滑车配合放线。500kV架空线路630mm²四分裂导线多采用"一牵4"的展放方式。

张力放线是采用导引绳牵引牵引绳，牵引绳牵引导线，并按照牵张的方法完成导线展放作业的，如图2-4-37、图2-4-38所示。

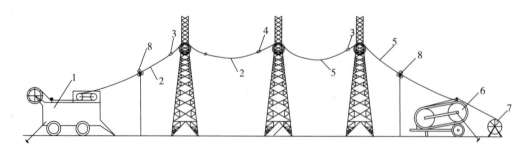

图2-4-37　张力架线导引绳展放系统布置示意图

注：1—牵引机；2—导引绳；3—抗弯连接器；4—旋转连接器；
5—牵引绳；6—张力机；7—牵引绳盘架；8—接地滑车

导引绳是指牵引牵引绳的绳索，根据展放顺序分为初级导引绳、二级导引绳、三级导引绳。导引绳展放次数根据各级导引绳的强度和线路走廊中的跨越物高程来确定。初级导引绳一般采用人工展放或空中展放（如无人机、直升机、飞艇等）。初级导引绳

图 2-4-38　"一牵 2"牵引板处连接图

展放完成后，利用初级导引绳牵放二级导引绳、二级导引绳牵放三级导引绳，以此类推，逐级牵放，通常采取"一牵 1"的方式（也可以采用"一牵多"的方式），最后由末级导引绳牵放牵引绳，再由牵引绳牵放子导线开始导线展放作业。同型号、同规格、同捻向的少扭结构导引绳使用抗弯连接器连接，不同型号、不同规格的导引绳应采用旋转连接器连接。导引绳与导引绳连接时、导引绳与牵引绳连接时必须采用旋转连接器连接。

7.2　架线施工机具

架线施工机具主要包括：牵引机、张力机、放线滑车、牵引板、卡线器、网套连接器、提线器、压接机、链条葫芦、手扳葫芦等。

输电线路张力架线用张力机是在输电线路张力架线施工中通过双卷筒提供阻力矩，使导线通过双卷筒在保持一定张力下被展放的机械设备。张力机主要由张力产生和控制装置、传动系统、放线卷筒、机架、辅助装置、配套设备等部分组成。主张力机为展放导线用张力机，如图 2-4-39 所示。

牵引机是输电线路张力架线施工中提供牵引力的机械，由动力装置、传动系统、牵引卷筒、机架、控制系统和辅助装置等部分组成，如图 2-4-40 所示。

图 2-4-39　张力机

图 2-4-40　牵引机

导线放线滑车主要由导线轮、钢丝绳轮和架体等部分组成，如图 2 - 4 - 41 所示。滑车主要技术参数有额定载荷、主要部件结构尺寸、材质等。

（a）三轮滑车   （b）五轮滑车   （c）悬挂在铁塔横担上的放线滑车

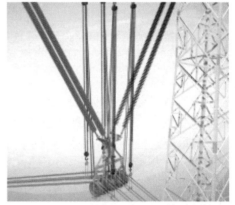

（d）"一牵2"牵引板牵引导线过滑车   （e）导线展放完成后正在进行提线

图 2 - 4 - 41　放线滑车

牵引板俗称走板，是"一牵 n"张力架线施工方法中牵引绳与多根子导线连接的金具，如图 2 - 4 - 42 所示。

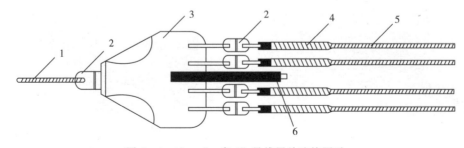

图 2 - 4 - 42　"一牵 4"导线展放连接图示

注：1—牵引绳；2—旋转连接器；3—牵引板；4—网套连接器；5—导线；6—重锤

卡线器是在架设导线过程中，因导线临时锚固、紧线需要等，用于可靠连接导线且不产生滑移的施工工器具，如图2-4-43所示。导线与锚固受力系统均要通过卡线器的夹持来完成力的传递。

网套连接器是张力架线中牵引、连接导线最常用的工器具，网套连接器一般由钢丝绳拉环、压接管、小套管、编织网体组成，如图2-4-44所示。

图2-4-43　卡线器　　　　　　　　图2-4-44　网套连接器

压接机是用来压接导线接续管和耐张线夹的压接机具，如图2-4-45（a）、（b）所示。导线压接机由液压泵站与液压钳体组成，液压泵站由动力源、泵、控制阀、油箱、胶管组成。

（a）液压导线压接机　　　　　　（b）液压导线压模

图2-4-45　液压导线

链条葫芦和手扳葫芦主要用于输电线路施工中的锚线、紧挂线及附件安装操作，如图2-4-46、图2-4-47所示。

图2-4-46　链条葫芦　　　　　　图2-4-47　手扳葫芦

7.3 线路交叉跨越

7.3.1 跨越物的分类

送电线路架线施工不可避免地会跨越各类障碍物，被跨越物主要有：①电力线、弱电线、通信线等；②普通铁路、电气化铁路、高速铁路等；③高速公路、等级公路、一般道路等。

根据被跨越物的重要性可分为一般跨越物、重要跨越和特殊跨越。

一般跨越物包括：①架高在 15m 及以下；②被跨越物为 10kV～110kV 电力线的停电跨越；③二级以下的弱电线；④公路和乡村大路。

重要跨越物包括：①高度在 15m 以上、30m 以下跨越；②被跨越物为 10kV～110kV 不停电电力线；③一级及军用通信线；④单、双轨铁路。

特殊跨越物包括：①跨越架高度为 30m 及以上；②跨越 220kV～500kV 电力线的不停电施工；③跨越多排铁路、高速公路、电气化铁路；④跨越运行电力线路其交叉角小于 30°或跨越宽度大于 70m。

7.3.2 跨越架

架空输电线路跨越各类障碍物需要搭设跨越架，进行封网。封网是指为保护被跨越物而在跨越档两承载索间设置的能够承受事故荷载的绝缘绳网、网端绝缘钢丝绳、绝缘撑杆、连接挂环、牵（锚）网绳、牵（锚）网绳滑轮等的总称。跨越架主要包括毛竹（木）质跨越架、钢管跨越架、金属格构型跨越架、双柱组合悬索式跨越架、横梁式跨越架、伸缩臂式跨越封网等形式，如图 2－4－48 所示。

（a）毛竹跨越架　　　　　　　　（b）钢管跨越架

（c）金属格构式拉线跨越架　　　　（d）双柱组合悬索跨越架

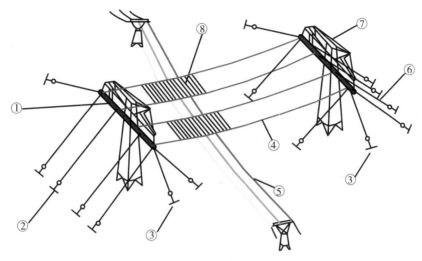

（e）横梁式跨越架搭设结构示意图

注：1-横梁；2-承载索固定地锚；3-拉线地锚；4-承载索；

5-被跨越线路；6—拉线系统；7—补强系统；8—绝缘网（绝缘杆）

（f）伸缩臂式跨越封网

图 2-4-48 各类跨越架形式

电网试验专业知识应用

第一节 电气试验概述

电力系统中的电气试验主要包括设备出厂前的出厂试验（包括例行试验、型式试验和特殊试验）、安装阶段进行的电气交接试验和设备投产后运行检修需要而进行的预防性试验。

出厂试验是电力设备根据有关技术标准和产品招标文件技术规范书的要求完成设备的设计、加工和厂内装配，在出厂交付前进行的验证产品满足约定技术标准要求的试验。对每台产品所进行的检查试验成为例行试验，一批产品中任意抽取一台所进行的试验称为型式试验，制造厂和用户在招标文件或技术协议上所列的试验项目称为特殊试验。试验的目的是检查产品的制造和工艺质量，防止不合格的产品出厂，一般大容量、重要的设备出厂试验必须在用户的见证下完成，如大型变压器、组合电器、断路器等设备。每台设备均要出具完整、有效、合格的试验报告和质量证明书，并随车交付。

交接试验是电气设备安装完成后、交接验收记录签发前所必须进行的测试工序，以判断新设备安装完成后的各项性能指标是否满足《电气装置安装工程电气设备交接试验标准》（GB 50150—2016，以下简称交接试验标准）以及技术规范书的要求、有无缺陷、运输中有无损坏等。对于交接试验不合格的电气设备不允许投入运行。

预防性试验是变电站设备投运后，按照一定周期由生产检修人员和试验人员根据电力设备运行状况需要而进行的试验。电气设备投运后长时间在高电压下运行，设备的绝缘性能承受电、热、化学、机械力、运行环境的作用，在遇系统故障时会经受更高电压和更大的电应力冲击，设备结构和绝缘性能极有可能发生变化。预防性试验就是针对这些运行中极有可能发生变化而进行的试验，主要目的是为了提前发现隐患和缺陷，避免设备由于绝缘性能老化，设备结构发生变化而导致设备事故发生。预防性试验一般采用的规范是《电力设备预防性试验规程》（DL/T 596—2005）和《±800kV特高压直流设备预防性试验规程》（DL/T 273—2012）。

与电网工程建设相关的电力设备试验标准均执行《电气装置安装工程电气设备交接试验标准》（GB 50150—2016，以下简称交接试验标准）和国家能源局《防止电力生产事故的二十五项重点要求》（国能安全〔2014〕161 号，以下简称二十五项要求），以及相关企业标准和企业的具体要求。

电网工程建设过程中遇到的高压试验基本都属于交接试验标准列明的试验条款，主要有两种：绝缘类试验和特性类试验，如图 3-1-1 所示。

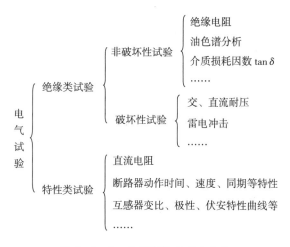

图 3-1-1　电气实验的基本分类

绝缘类试验主要用于发现电气设备在生产时或外界作用下造成的绝缘缺陷，如线圈绝缘层受损，绕组局部或整体受潮等。从试验方法上看，绝缘试验又可分为非破坏性试验和破坏性试验。非破坏性试验采用较低的试验电压或不损伤绝缘的试验办法来判断设备绝缘内部的缺陷，例如绝缘电阻测试，介质损耗角正切值测试，油色谱分析试验等，能够发现设备绝缘的整体性缺陷，虽因试验电压较低（≤10kV），其灵敏性有限，但仍是电气试验的一项必要而有效的手段。破坏性试验则是在短时间内采用高于设备正常运行下的高电压来考验设备的电压耐受能力和绝缘水平，例如交、直流耐压试验、雷电冲击试验等。由于试验电压远高于设备的正常运行电压，该类试验一般会对设备的绝缘介质造成不可恢复的损伤，且该损伤随着进行破坏性试验次数的增加还会有积累效应。破坏性试验必须在非破坏性试验合格之后进行，避免设备绝缘性能的无辜损伤甚至击穿。

电气设备绝缘试验以外的电气试验均称为特性试验，主要是测试电气设备的某些特性，以判断电气设备是否存在问题。如：互感器的变比、极性测试，断路器分合闸时间测试，导电回路电阻测试等。

电气试验的顺序通常是先特性，后绝缘；先低压，后高压；先非破坏性试验，后破坏性试验。本章第二节和第三节分别以 500kV 新建变电站交接试验项目、1kV 以上架空电力线路、电力电缆试验为例，依据交接试验标准和安全生产二十五项重点要求，按电气试验项目清单对电气试验进行详细介绍，如表 3-1-1、表 3-1-2、表 3-1-3 所示。

表3-1-1　500kV新建变电站交接试验清单

序号	设备名称	试验名称	试验依据	试验类别	备注
1	电力变压器	1. 绝缘油试验或SF$_6$气体试验（第二节1.1） 2. 测量绕组连同套管的直流电阻（第二节1.2） 3. 检查所有分接的电压比（第二节1.3） 4. 检查变压器的三相接线组别和单相变压器引出线的极性（第二节1.4） 5. 测量铁心及夹件的绝缘电阻（第二节1.5） 6. 非纯瓷套管的试验（第二节8.2） 7. 有载调压切换装置的检查和试验（第二节1.7） 8. 测量绕组连同套管的绝缘电阻、吸收比或极化指数（第二节1.8） 9. 测量绕组连同套管的介质损耗因素（tanδ）与电容量（第二节1.9） 10. 变压器绕组变形试验（第二节1.10） 11. 绕组连同套管的交流耐压试验（第二节1.11） 12. 绕组连同套管的长时感应耐压试验带局部放电测量（第二节1.12） 13. 额定电压下的冲击合闸试验（第二节1.13） 14. 检查相位（第二节1.14） 15. 测量噪声（第二节1.15）	GB 50150—2016	其中第1,2,3,4,7,10,14,15款项目属于特性类试验，其余属于绝缘类试验	(1)容量为1600kVA及以下油浸式电力变压器的试验，执行清单中的第1,2,3,4,5,7,8,11,13和14款 (2)干式变压器试验执行清单中的第2,3,4,5,7,8,11,13和14款 (3)分体组装的变压器应由订货方见证所有出厂试验项目，现场试验按标准执行 (4)电气继电器、油流继电器、压力释放阀和气体密度继电器等附件投运前应送专业机构检测
2	电抗器及消弧线圈	1. 新油无腐蚀性硫，结构簇、糠醛及油中颗粒度报告（第二节11小节） 2. 气体继电器校验（第二节1.16） 3. 压力释放阀校验（第二节1.16）	防治电力生产事故的二十五项重点要求	—	仅摘录建设工程相关部分
		1. 测量绕组连同套管的直流电阻（第二节2.1） 2. 测量绕组连同套管的绝缘电阻、吸收比或极化指数（第二节2.2） 3. 测量绕组连同套管的介质损耗因素（tanδ）与电容量（第二节2.3） 4. 绕组连同套管的交流耐压试验（第二节2.4） 5. 测量与铁心绝缘的各紧固件的绝缘电阻（第二节11小节） 6. 绝缘油试验（第二节2.5） 7. 非纯瓷套管的试验（第二节2.6） 8. 额定电压下冲击合闸试验（第二节2.7） 9. 测量箱壳的振动（第二节2.8） 10. 测量箱壳表面的温度（第二节2.9） 11. 测量噪声（第二节2.10）	GB 50150—2016	其中第1,9,10,11款属于特性类试验，其余属于绝缘类试验	(1)干式电抗器试验执行清单中的第1,2,4,8款 (2)油浸式电抗器试验执行清单中的第1,2,4,5,6和8款、35kV及以上的电抗器还应加第3,7,9,10和11款 (3)消弧线圈试验执行清单中的第1,2,4,5款，对35kV及以上的油浸式消弧线圈应增加第3,7和8款

（续表）

序号	设备名称	试验名称	试验依据	试验类别	备注
2	电抗器及消弧线圈	1. 新油无腐蚀性硫、结构簇、糠醛及油中颗粒度报告（第二节11.7、11.12） 2. 气体继电器校验（第二节1.16） 3. 压力释放阀校验（第二节1.16） 4. 局部放电试验（有条件时,500kV并联电抗器在新安装时可开展）（第二节2.4） 5. 匝间耐压试验报告（干抗,厂家提供）（第二节1.12）	防治电力生产重大事故的二十五项重点要求	—	仅摘录建设工程相关部分
3	互感器	1. 绝缘电阻测量（第二节3.1） 2. 测量35kV及以上电压等级的互感器介质损耗因素（tanδ）及电容量（第二节3.2） 3. 局部放电试验（第二节3.3） 4. 交流耐压试验（第二节3.4） 5. 绝缘介质性能试验（第二节3.5） 6. 测量绕组的直流电阻（第二节3.6） 7. 误差及变比测量（第二节3.7） 8. 检查接线绕组组别和极性（第二节3.8） 9. 测量电流互感器的励磁特性曲线（第二节3.9） 10. 测量电磁式电压互感器的励磁特性（第二节3.10） 11. 电容式电压互感器（CVT）的检测（第二节3.11） 12. 密封性能检查（第二节3.12）	GB 50150—2016	其中第6,7,8,9,10,11,12款属于特性类试验,其余属于绝缘类试验	(1)电压互感器试验执行清单中第1,2,3,4,5,6,7,8,10,11和12款 (2)电流互感器试验执行清单中第1,2,3,4,5,6,7,8,9和12款 (3)SF$_6$封闭式组合电器中的电流互感器试验执行清单中第7,8,9款,二次绕组执行清单中的1/6款 (4)SF$_6$封闭式组合电器中的电压互感器试验执行清单中的6,7,8和12款,还应进行二次绕组间和对地的绝缘电阻测量,一次二次绕组间（N）及二次绕组交流耐压试验
		1. 交流耐压试验（第二节3.4） 2. 耐压前后油色谱分析（第二节11.11） 3. 110kV(66kV)~500kV互感器在出厂试验时,局部放电试验的测量时间延长到5min（厂家提供报告） 4. SF$_6$电流互感器气体密度表、继电器校验（第二节5.14） 5. SF$_6$电流互感器老练试验及交流耐压试验（第二节1.12） 6. SF$_6$电流互感器局部放电和耐压试验报告（厂家提供）	防治电力生产重大事故的二十五项重点要求	—	仅摘录建设工程相关部分

（续表）

序号	设备名称	试验名称	试验依据	试验类别	备注
4	真空断路器	1. 测量绝缘电阻（第二节 4.1） 2. 测量每相导电回路的电阻（第二节 4.2） 3. 交流耐压试验（第二节 4.3） 4. 测量断路器的分、合闸时间，测量分、合闸的同期性，测量合闸时触头的弹跳时间（第二节 4.4） 5. 测量分、合闸线圈及合闸接触器线圈的绝缘电阻和直流电阻（第二节 4.5） 6. 断路器操动机构的试验（第二节 4.6）	GB 50150—2016	其中第 2、4、5 和 6 款干特性类试验，其余属于金属子绝缘类试验	真空断路器在 35 千伏及 10 千伏及以上开关柜中为常用设备，在 500 千伏及以上电压等级户外 35 千伏开关多用 SF6 断路器
		1. 测量绝缘电阻（第二节 5.1） 2. 测量每相导电回路的电阻（第二节 5.2） 3. 交流耐压试验（第二节 5.3） 4. 测量断路器的分、合闸时间（第二节 5.4） 5. 测量断路器的分、合闸速度（第二节 5.5） 6. 测量断路器分、合闸线圈绝缘电阻及直流电阻（第二节 5.6） 7. 断路器操动机构的试验（第二节 5.7） 8. 套管式电流互感器的试验（第二节 5.8） 9. 测量断路器内 SF6 气体的含水量（第二节 5.9） 10. 密封性试验（第二节 5.10） 11. 气体密度继电器、压力表和压力动作阀的检查（第二节 5.11）	GB 50150—2016	其中第 2、4、5、6、7、8、9、10、11、12、13、14 款干特性类试验，其余金属干绝缘类试验	—
5	六氟化硫断路器	1. 六氟化硫密度继电器与开关本体之间的连接方式应满足不拆卸校验密度继电器的要求；以保证其报警、闭锁功能正确动作；220kV 及以上 GIS 分箱结构的断路器每相应独立安装密度继电器；户外密度继电器应设置防雨罩（第二节 5.12） 2. 为防止真空计计水银倒灌进设备，设备启用后进行湿度试验，并且应对设备内气体进行分析，禁止使用麦氏真空计（第二节 5.12） 3. 六氟化硫气体注入设备前必须进行湿度检测，并且进行气体成分分析（第二节第 11 小节） 4. 六氟化硫纯度检测，必要时对其一次回路中的防跳继电器、非全相继电器进行传动，并保证在模拟手分故障条件下断路器不会发生跳跃现象（第二节 1.12） 5. 断路器辅助和控制回路的绝缘试验（第二节 5.12）	防治电力生产事故的二十五项重点要求	—	1. 仅摘录建设工程相关部分，GIS、HGIS 做同样要求。 2. 断路器辅助和控制回路的绝缘试验按要求进行： (1)出厂试验阶段需要求做 1min 工频耐压，在现场交接试验时和设备投运后辅助和控制回路，不采用耐压的手段进行考核，采用绝缘电阻代替。 (2)在交接验收时，采用 2500V 兆欧表且绝缘电阻大于 10MΩ 的指标。 (3)在投运后，采用 1000V 兆欧表且绝缘电阻大于 2MΩ 的指标

（续表）

序号	设备名称	试验名称	试验依据	试验类别	备注
6	六氟化硫封闭式组合电器	1. 测量主回路的导电电阻（第二节 6.1） 2. 封闭式组合电器内各元件的试验（第二节 6.2） 3. 密封性试验（第二节 6.3） 4. 测量六氟化硫气体含水量（第二节 6.4） 5. 主回路的交流耐压试验（第二节 6.5） 6. 组合电器的操动试验（第二节 6.6） 7. 气体密度继电器、压力表和压力动作阀的检查（第二节 6.7）	GB 50150—2016	其中第 6 项属于绝缘类试验，其余属于特性试验	—
		注入设备后 SF₆ 纯度检测（必要时气体成分分析）（第二节第 11 小节）	防治电力生产事故的二十五项重点要求	—	—
7	隔离开关、负荷开关及高压熔断器	1. 测量绝缘电阻（第二节 7.1） 2. 测量高压限流熔丝管熔丝的直流电阻（第二节 7.2） 3. 测量负荷开关导电回路的电阻（第二节 7.3） 4. 交流耐压试验（第二节 7.4） 5. 检查操动机构线圈的最低动作电压（第二节 7.5） 6. 操动机构的试验（第二节 7.6）	GB 50150—2016	其中 1、4 属于绝缘试验，其他属于特性试验	—
		1. 机械操作试验报告（厂家提供，包括接地开关） 2. 支柱瓷瓶超声波探伤（20% 抽检且最少不少于 10 柱）（第二节 7.7）	防治电力生产事故的二十五项重点要求	—	—
8	套管	1. 测量绝缘电阻（第二节 8.1） 2. 测量 20kV 及以上非纯瓷套管的介质损耗因数（tanδ）与电容量（第二节 8.2） 3. 交流耐压试验（第二节 8.3） 4. 绝缘油的试验（有机复合绝缘套管除外）（第二节 8.4） 5. SF₆ 套管气体试验（第二节 8.4）	GB 50150—2016	其中 4、5 属于特性试验，其余属于绝缘试验	—

（续表）

序号	设备名称	试验名称	试验依据	试验类别	备注
9	悬式绝缘子和支柱绝缘子	1. 测量绝缘电阻（第二节 9.1） 2. 交流耐压试验（第二节 9.2）	GB 50150—2016	绝缘类试验	—
		支柱瓷瓶超声波探伤（20%油检且最少不少于 10 柱，由运维单位开展）（见本节 9.3）	防治电力生产事故的二十五项重点要求	—	—
10	电容器	1. 测量绝缘电阻（第二节 10.1） 2. 测量耦合电容器、断路器电容器的介质损耗因数（tanδ）与电容量（第二节 10.2） 3. 电容量测量（第二节 10.3） 4. 并联电容器交流耐压试验（第二节 10.4） 5. 冲击合闸试验（第二节 10.5）	GB 50150—2016	其中 1,2,4 属于绝缘试验,3 属于特性试验	—
11	绝缘油和 SF$_6$ 气体	1. 外观检查（第二节 11.1） 2. 水溶性酸（pH）值（第二节 11.2） 3. 酸值（以 KOH 计）（mg/g）（第二节 11.3） 4. 闪点（闭口）（℃）（第二节 11.4） 5. 水含量（mg/L）（℃）（第二节 11.5） 6. 界面张力（25℃）（mN/m）（第二节 11.6） 7. 介质损耗因数 tanδ（%）（第二节 11.7） 8. 击穿电压（kV）（第二节 11.8） 9. 体积电阻率（Ω·m）（第二节 11.9） 10. 油中含气量（%）（体积分数）（第二节 11.10） 11. 油泥与沉淀物（%）（质量分数）（第二节 11.11） 12. 油中溶解气体组分含量色谱分析（第二节 11.12） 13. 变压器油中颗粒度限值（第二节 11.7） 14. 新油腐蚀性硫、结构簇、糠醛检测（第二节 11.13）	GB 50150—2016	—	—

（续表）

序号	设备名称	试验名称	试验依据	试验类别	备注
11	绝缘油和SF$_6$气体	充气前对新气瓶内SF$_6$气体中微量水分的测量（第二节11.14）	国网公司高压开关设备管理规范	—	新气瓶内SF$_6$气体中微量水分≤68μL/L
		1. SF$_6$气体质量抽检（第二节11.14） 2. 注入设备后SF$_6$纯度检测（必要时气体成分分析）（第二节11.14）	防治电力生产事故的二十五项重点要求	—	—
12	避雷器	1. 测量金属氧化物避雷器及基座绝缘电阻（第二节12.1） 2. 测量金属氧化物避雷器的工频参考电压和持续电流（第二节12.2） 3. 测量金属氧化物避雷器直流参考电压和0.75倍直流参考电压下的泄露电流（第二节12.3） 4. 避雷器在线监测仪的校验（第二节12.4）	GB 50150—2016	其中1属于绝缘类试验，其余属金属干特性试验	(1)无间隙金属氧化物避雷器可按第1～4款进行试验，不带电压的无间隙金属氧化物避雷器第2款和第3款可选做一项，带电压的应做第2款试验；(2)有间隙金属氧化物避雷器执行规范的第1款和第5款
		1. 110kV及以上电压等级避雷器应安装交流泄露电流在线检测标计。 2. 支柱瓷瓶超声波探伤（20%抽检且最少不少于10柱）（第二节7.7）	防治电力生产事故的二十五项重点要求	—	仅摘录建设工程相关部分
13	二次回路	1. 测量绝缘电阻（第二节13.1） 2. 交流耐压试验（第二节13.2）	GB 50150—2016	绝缘类试验	—
14	接地装置	1. 接地网电气完整性测试（第二节14.1） 2. 接地阻抗（第二节14.2） 3. 场区地表电位梯度、接触电位差、跨步电压和转移电位测量（第二节14.3）	GB 50150—2016	—	—

表 3-1-2　1kV 以上架空电力线路试验的清单

序号	试验名称	试验依据
1	测量绝缘子和线路的绝缘电阻（第三节 1.1）	GB 50150—2016
2	测量 110（66）kV 及以上线路的工频参数（第三节 1.2）	
3	检查相位（第三节 1.3）	
4	冲击合闸试验（第三节 1.4）	
5	测量杆塔的接地电阻（第三节 1.5）	

表 3-1-3　电力电缆线路试验的清单

序号	试验名称	试验依据
1	主绝缘及外护层绝缘电阻测量（第三节 2.1）	GB 50150—2016
2	主绝缘直流耐压试验及泄漏电流测量（第三节 2.2）	
3	主绝缘交流耐压试验（第三节 2.3）	
4	外护套直流耐压试验（第三节 2.4）	
5	检查电缆线路两端的相位（第三节 2.5）	
6	交叉互联系统试验（第三节 2.6）	
7	电力电缆线路局部放电测量（第三节 2.7）	

第二节 变电站电气试验应用

1. 变压器试验

变压器（Transformer）是利用电磁感应的原理来改变交流电压的装置，是发电厂、变电站和用电部门最重要的电力设备之一。随着电力工业的发展，变压器数量不断增长，质量也稳步提高，尤其是国内变压器的生产工艺已逐步占据主流，广泛应用于超特高压电力系统中。作为变电站的核心设备，其稳定运行直接关系变电站的主体功能，因此，电力建设过程中对电力变压器进行系统全面的预防性试验是确保其安全运行的重要措施。

1.1 绝缘油试验或 SF_6 气体试验

变压器油是油浸式变压器内部绝缘最重要的组成部分，也是变压器内部散热的主方式，其中有载调压开关内的绝缘油还起到了灭弧作用。因此变压器内部绝缘油应具备绝缘、散热、灭弧三大功能。近年来，随着大城市对不燃变压器的需求和研究，SF_6气体绝缘变压器（gas-insulatedtransformer，GIT）也在配电领域获得了开发和应用，该类变压器使用 SF_6 气体作为绝缘介质和冷却介质的变压器，其在防火、安全、用电可靠性等方面具有优异性能，同时具备节能化、小型化、低噪声、高阻抗、防爆等优点。利用以上两类介质制造的变压器如图 3-2-1、图 3-2-2 所示。

图 3-2-1 油浸式变压器

为确保变压器的安全投运和稳定运行，绝缘油和 SF_6 气体均应开展交接试验和例行试验，以满足变压器对于内部介质的绝缘、散热、灭弧等性能需求，绝缘油具体试验方法及要求参考本章节第 11 部分绝缘油与 SF_6 气体试验专述。

图 3-2-2 SF_6 气体绝缘变压器

1.2 测量绕组连同套管的直流电阻

对于变压器来说，直流电阻测试的目的是检查线圈绕组、引出线的连接情况，通过直流电阻测试能很好地反映制造或运行中因振动、发热等引起的导线断裂，焊接头断开、匝间短路，以及变压器引出线与套管固定不可靠等缺陷。同时，也能判定出分接开关是否接触不良，分接开关的实际位置与指示位置是否不符等缺陷。试验仪器为直流电阻测试仪，试验方法为：

（1）低压侧直流电阻：分别测试 ab、bc、ca 的绕组直流电阻。

（2）高压侧直流电阻：分别测试 1～5 挡位的 Ao、Bo、Co 绕组直流电阻。

C—o 直阻测试接线如图 3-2-3 所示。测量应在各分接头的所有位置上进行，分接开关变位后恢复完成应重新进行额定挡位的试验，1600kVA 及以下电压等级三相变

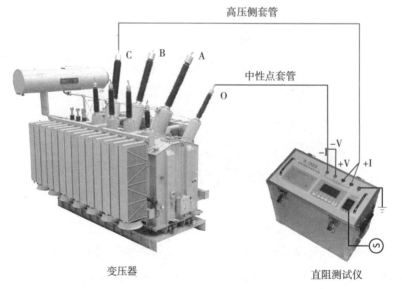

图 3-2-3 变压器 C—o 直阻测试接线图

压器，各相测得值的相互差值应小于平均值的 4%，线间测得值的相互差值应小于平均值的 2%，1600kVA 以上三相变压器，各相测得值的相互差值应小于平均值的 2%，线间测得值的相互差值应小于平均值的 1%。同时，应注意不同温度测试的数值进行比较应换算成同一温度下再进行比较，变压器的直流电阻与同温下产品出厂实测数值比较，相应变化不应大于 2%。不同温度下电阻值按照公式换算如下：

$$R_2 = R_1 \frac{T+t_2}{T+t_1}$$

式中：R_1、R_2 分别为温度在 t_1、t_2 时的电阻值。T 为计算用常数，铜导线取 235，铝导线取 225。

1.3　检查所有分接的电压比

变压器的电压比，是指变压器在空载运行时，一次侧电压 U_1 与二次侧电压 U_2 的比值，简称为变比，现场测量变比的目的主要是检查变压器绕组匝数比是否正确，检查分接开关的位置是否正确，变压器故障跳闸后利用变比试验判断是否存在匝间短路，判断变压器可否并列运行。试验所需仪器为全自动变比测试仪（能测试平衡变压器）。

试验方法为根据测试仪的高、低压侧接线分别对应接到变压器的高、低压侧上。变压器的中性点不接仪器，也不接大地。接好仪器地线，将电源线的一端插入仪器面板上的电源插座，另一端与交流 220V 电源相连，接线如图 3-2-4 所示。

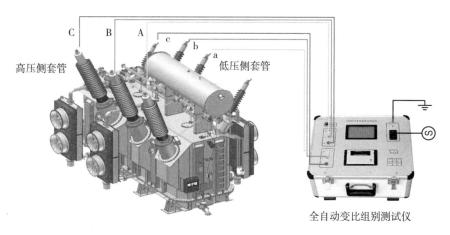

图 3-2-4　变压器变比测试接线图

完成接线后，根据变压器技术参数（铭牌）设置变比参数。开机预热 5 分钟后，可开始测量，每次测量完成后，自动保存数据。检查所有分接头的电压比，与制造厂铭牌数据相比应无明显差别，且应符合电压比的规律；电压等级在 220kV 及以上的电力变压器，其电压比的允许误差在额定分接头位置时为 ±0.5%。

1.4　检查变压器的三相接线组别和单相变压器引出线的极性

（1）三相变压器的连接组别

三相变压器可以是由三个单相变压器通过外部连线组成，也可以制成一个整体的三相变压器。在国家标准中把用于连接电网络导线的端子称为线路端子。高压绕组的线路端子通常是用大写的 A、B、C 或 U、V、W 表示；低压绕组的线路端子通常是用小写 a、b、c 或 u、v、w 表示。

三相变压器常见的联结方式有星形（Y 形）、三角形（△ 形）。也有开口三角形（V 形）、自耦形和曲折形（Z 形）。最常见的是星形和三角形。因三相绕组的连接方式和引出端子标号的不同，一次绕组和二次绕组之间对应的线电压相位差也会不一致。通常是采用线电压矢量图对三相变压器的各种联接组别进行接线和识别，总体上对应的相位差有 12 种不同的情况，且都是 30°的倍数，几种常见的连接组别举例说明如图 3－2－5 所示。

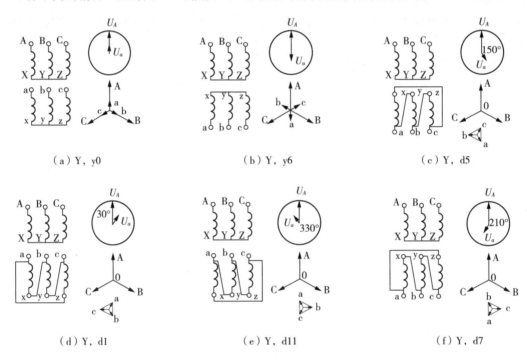

（a）Y，y0　　　　　　　　（b）Y，y6　　　　　　　　（c）Y，d5

（d）Y，d1　　　　　　　　（e）Y，d11　　　　　　　　（f）Y，d7

图 3－2－5　变压器绕组连接组别举例

我们用钟表系统来确定接线组别，分针代表一次电压相量，固定在 12 点的位置，时针代表二次电压相量，所指位置钟表读数即为接线组别数。Yyn0 组别的三相电力变压器多用于三相四线制配电系统中，供电给动力和照明的混合负载；Yd11 组别的三相电力变压器用于低压高于 0.4kV 的线路中；YNd11 组别的三相电力变压器用于 110kV 以上的中性点需接地的高压线路中；YNy0 组别的三相电力变压器用于原边需接地的系统中；Yy0 组别的三相电力变压器用于供电给三相动力负载的线路中。在变电站中，接于主变低压侧的站用变常用 Dyn11 组别的变压器。变压器接线组别是否一致，是变压器能否并列运行的重要条件之一，若并列运行的变压器组别不一致，将会产生影响安全运行的环流。

（2）单相变压器的引出线极性

当一个通电绕组中有磁通变化时，会产生感应电动势，感应电动势为正的一端，称为正极性端，感应电动势为负的一端，称为负极性端。如果磁通的方向改变，则感应电动势和端子的极性都发生改变。因此，交流电路中正极性端和负极性端都是相对某一个时刻而言的。在变压器中，我们用"极性"的概念来说明同一铁心上两个绕组感应电动势之间的关系。因此变压器的极性也就是指瞬间电流流入绕组的方向。譬如图3-2-4中同一瞬间a端是流入方向，A端也是流入方向，则A，a是同极性（减极性），如果在同一瞬间a端是流入方向，A端是流出方向则A，a是反极性（加极性）。变压器极性判定方法包括观察法、直流法和交流法。

观察法：如图3-2-6所示，观察一、二次绕组的方向，左图中当电流从1和3流入时，它们所产生的磁通方向相同，因此1、3端是同名端，同样2、4端也是同名端。右图中当电流从1、4流入时，则1、4是同名端。

交流、直流判定法：如图3-2-7所示，1、2为变压器原绕组，3、4为副绕组。交流法中，将2和4点连起来，在它的原绕组上加适当的交流电压，副绕组开路。工厂中常用36V照明变压器输出的36V交流电压进行测试，用电压表分别测出原边电压 U_{12}、副边电压 U_{34} 和 $1\sim3$ 两端电压 U_{13}。当 $U_{13}=U_{12}-U_{34}$ 时1和3是同名端；$U_{13}=U_{12}+U_{34}$ 时1和4是同名端。采用这种方法，应使电压表的量限大于 $U_{12}+U_{34}$。直流判定法中，接通开关，在通电瞬间，注意观察电流计指针的偏转方向，如果电流计的指针正方向偏转，则表示变压器接电池正极的端头和接电流计正极的端头为同名端（1、3）；如果电流计的指针负方向偏转，则表示变压器接电池正极的端头和接电流计负极的端头为同名端（2、4）。

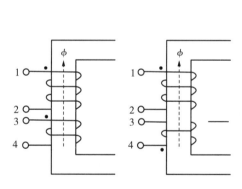

图3-2-6　观察法判定级性图

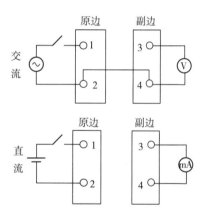

图3-2-7　交、直流法判定极性

现场常用变压器变比测试仪来进行主变试验，一般其变比、极性、接线组别数据可在一次测试下读出数据。

1.5　测量铁心及夹件的绝缘电阻

电力变压器在运行时，铁心和夹件等金属构件处在交变的电场中，会产生悬浮电位，若未接地则会使绝缘放电或击穿，因此，铁心和夹件必须一点接地。若铁心或夹件再产生另一点或多点的接地，则接地点间就会形成闭合回路，感应电动势形成环流，使得接地点附近局部过热，有时甚至会烧损铁心。为了预防此类事故，必须保证铁心和夹件对地绝缘良好。

测量方法为现场解开变压器铁芯及夹件与地的连接，分别采用2500V兆欧表测量，持续时间应为 1min，应无闪络及击穿现象。铁心及夹件的绝缘电阻测量的相关要求如下：

（1）应测量铁心对地绝缘电阻、夹件对地绝缘电阻、铁心对夹件绝缘电阻。

（2）进行器身检查的变压器，应测量可接触到的穿心螺栓、轭铁夹件及绑扎钢带对铁轭、铁心、油箱及绕组压环的绝缘电阻。当轭铁梁及穿心螺栓一端与铁心连接时，应将连接片断开后进行试验。

（3）在变压器所有安装工作结束后应进行铁心对地、有外引接地线的夹件对地及铁心对夹件的绝缘电阻测量。

（4）对变压器上有专用的铁心接地线引出套管时，应在注油前后测量其对外壳的绝缘电阻。

1.6 非纯瓷套管的试验

非纯瓷套管试验主要包括套管的主绝缘、末屏、抽压端子进行介质损耗测量，并与出厂值进行对比分析，对套管开展绝缘电阻及交流耐压测试，有益于及早发现套管问题，确保安装后可靠安全运行。目前，主要在 20kV 及以上套管中开展此类试验，具体试验可参考本节后面叙述的非纯瓷套管试验。

1.7 有载调压切换装置的检查和试验

由于电网运行方式的调整和负荷的不断变化，电网电压也出现波动，除无功系统调整电压外，还可以通过变压器的调压开关改变变压器绕组的抽头来调整匝数，从而达到调整系统节点电压的目的。变压器调压开关分为无励磁调压开关和有载分接调压开关，无励磁调压开关是指需要变压器在停电状态下，改变分接开关挡位和绕组匝数，从而改变变比。有载分接调压开关是指适合在变压器励磁或负载下进行操作的、用来改变变压器绕组分接连接位置的调压装置，其基本原理就是在保证不中断负载电流的情况下，实现变压器绕组中分接头之间的切换，从而改变绕组的匝数，即变压器的电压比，最终实现调压的目的。有载分接调压开关与无励磁调压开关内部结构部件如图 3-2-8、图 3-2-9 所示。

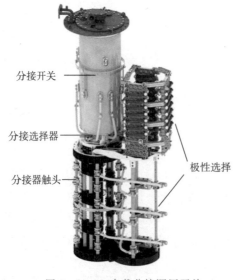

图 3-2-8 有载分接调压开关

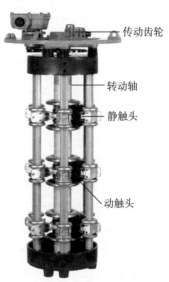

图 3-2-9 无励磁调压开关

根据国标及有载分接开关行标中的规定，在新建输变电工程中调压开关的交接试验项目中，检查项目如下：

（1）对分接开关的安装（检修）资料及调试报告、记录等进行检查与验收，并应有合格可以投运的结论。

（2）外观检查。分接开关储油柜的阀门应在开启位置，油位指示正常，吸湿器良好，外部密封无渗漏油，电动机构箱应清洁、防尘、防雨、防小动物、密封措施完好，进出油管标志明显，过压力的保护装置完好，电动机构箱与分接开关的分接位置指示正确一致。

（3）电气控制回路检查。电气控制回路接线正确，接触良好，接触器动作灵活，不应发生误动、拒动和连动。控制回路的绝缘性能应良好。

（4）检查分接开关的电动机构箱安装是否水平、垂直转轴是否垂直、动作是否灵活、加热器是否良好。电动机构箱如图 3-2-10 所示。

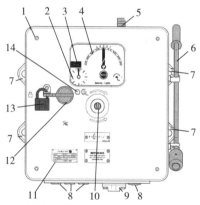

1.保护机箱盖　　　8.电缆套管用螺丝塞
2.分接变换指标器　9.通风设备
3.操作计数器　　　10.传动轴
4.位置指示器　　　11.铭牌
5.输出轴　　　　　12.开锁杆
6.手摇把　　　　　13.挂锁
7.固定片　　　　　14.开锁杆的终点止动装置

（a）实物图　　　　　　　　　　　　（b）部件说明

图 3-2-10　分接开关操动机构与部件说明

（5）触头动作顺序测量。手摇操作一个循环，检查传动机构是否灵活，电动机构箱中的联锁开关、极限开关、顺序开关等动作是否正确，极限位置的机械止动及手摇与电动闭锁是否可靠。检查分接开关和电动机构联结的正确性，正向操作和反向操作时，两者转动角度与手摇转动圈数是否符合产品说明书要求，电动机构和分接开关每个分接变换位置及分接变换指示灯的显示是否一致，计数器动作是否正确。

（6）电动操作检查。先将分接开关手摇操作置于中间分接位置，接入操作电源，然后进行电动操作，判别电源相序及电动机构转向。确认转向正确后逐级分接变换一个循环，检查启动、紧急停车、电气闭锁、手摇闭锁电动、远控操作均应准确可靠。每个分接变换的远方位置、电动机构分接位置与分接开关位置应一致，动作计数器动作正确。

试验项目包括切换选择开关油室内绝缘油试验、分接变换时电流连续性及同步性测试、辅助回路绝缘测试。

① 切换选择开关油室内绝缘油试验是针对分接开关投运前进行油品的试验，其要求应与变压器本体油相同，满足《运行中变压器油质量》（GB/T 7595—2017）中相关要求。

② 分接变换时电流连续性及同步性测试是指分解开关动作过程中，利用仪器自动进行测量电流并在屏幕上显示波形，试验分接变换程序的波形、电流曲线应连续、圆滑，除桥接时间交流试验因调压绕组短路出现的电流有规律变化外，无断流、无跳跃现象，且三相开断的不同步时间不应大于3ms。

③ 辅助回路的绝缘电阻测试。使用1000V的绝缘电阻表测量辅助回路，测量1分钟，绝缘电阻不小于1MΩ。

1.8　测量绕组连同套管的绝缘电阻、吸收比或极化指数

绝缘通常指设备内夹层的绝缘，其在直流电压作用下会产生多种极化，且极化从开始到完成需要相当长的时间。通常用夹层绝缘的绝缘电阻随时间的变化关系作为判断绝缘状态的依据。夹层绝缘体上施加直流电压后，会产生电导、电容和吸收三种电流，这三种电流的变化能反映出绝缘电阻值的大小。随着加压时间的增长，这三种电流的总和下降，而绝缘电阻值则相应增大。设备容量越大，吸收现象越明显。需经过很长的时间后，才趋于电导电流的数值，因此通常要求加压1min（或10min）后，读取兆欧表的数值。

对于不同的一次设备，在同电压下总电流下降的时间曲线是不同的。而即使是同一设备，当绝缘受潮或有设备缺陷时，电流吸收现象不明显，总电流随时间变化曲线将会有变化，我们可以初步判断绝缘的状况，加压60s时的绝缘电阻 R_{60} 与加压15s时的绝缘电阻 R_{15} 的比值称之为吸收比，测量这一比值的试验称之为吸收比试验。当然，对于吸收过程较长的大容量设备，有时吸收比值不足以反映绝缘介质的电流吸收过程，为了更好地判断绝缘情况，可以采用较长时间的绝缘电阻比值进行衡量，称为绝缘的极化指数，定义为加压10min（600s）时的绝缘电阻值 R_{600} 与加压1min（60s）时的绝缘电阻值 R_{60}。通常使用数字型绝缘电阻测试仪（绝缘摇表），以高对低及地为例，将高压侧短接，低压侧短接并且接地。读取60秒时的电阻值记录（吸收比是指60秒绝缘电阻值比15秒绝缘电阻值），变压器高对地及地的绝缘电阻测试接线如图3-2-11所示。

电气交接试验标准中对变压器绕组连同套管的绝缘值、吸收比和极化指数的相关要求如下：

（1）绝缘电阻值不应低于产品出厂试验值的70％或不低于10000MΩ（20℃）。

（2）当测量温度与产品出厂试验时的温度不符合时，油浸式电力变压器的绝缘电阻值应换算到同一温度时的数值进行比较。

（3）变压器电压等级为35kV及以上且容量在4000kVA及以上时，应测量吸收比。吸收比与产品出厂值相比应无明显差别，在常温下不应小于1.3，当 R_{60} 大于3000MΩ

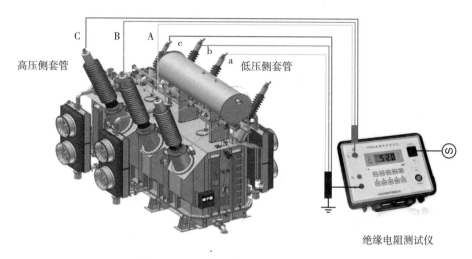

高压侧套管　　低压侧套管

绝缘电阻测试仪

图 3 - 2 - 11　高对低及地绝缘电阻测试

（20℃）时，吸收比可不作考核要求。

（4）变压器电压等级为 220kV 及以上或容量为 120MVA 及以上时，宜用 5000V 兆欧表测量极化指数。测得值与产品出厂值相比应无明显差别，在常温下不应小于 1.5。当 R_{60} 大于 10000MΩ（20℃）时，极化指数可不作考核要求。

1.9　测量绕组连同套管的介质损耗因素（tanδ）与电容量

介质损耗角是在交变电场下，电介质内流过的电流向量和电压向量之间的夹角，介损角的变化可反映受潮、劣化变质或绝缘中气体放电等绝缘缺陷，因此测量介损角是研究绝缘老化特征及在线监测绝缘状况的一项重要内容，通常用介损角的正切值 tanδ（即介质损耗因素）表示，主要用于检查变压器是否受潮、绝缘老化、油质劣化、绝缘上附着油泥及严重局部缺陷等。因测量结果常受试品表面状态和外界条件，如电场干扰、空气湿度等的影响，故测试时应采取对应措施使得测量数据准确真实。一般是测试绕组连同套管一起的 tanδ 值，有时为了检查套管的绝缘状态，也可单独测试套管的介损值。

测试仪器可使用全自动抗干扰介质损耗测量仪，测试方法分为正接线、反接线，正接法适用于电容试品两端对地绝缘，反接法适用于电容试品一端无法与地断开的情况，套管有末端屏蔽端子（即末屏），可以实现两端对地绝缘，铁芯、夹件也可以解开接地端子，因此绕组对铁芯夹件介损测量可以使用正接法，而高、中、低绕组同套管对地介损和电容量时，非测量绕组和外壳必须短接接地，因此无法实现两端对地绝缘，可使用反接线法测量。

高电压介损适用于发现变压器套管在高电压下的绝缘缺陷，随着目前套管生产工艺的成熟，该试验项目在目前的交接试验中已不作为必做项，交接试验时测量绕组连同套管整体的介质损耗角正切值 tanδ 和电容量，反接线测量绕组对地及其他绕组的介损测试接线如图 3 - 2 - 12 所示，测试完成后应留存记录并与出厂实验数据做比对分析。

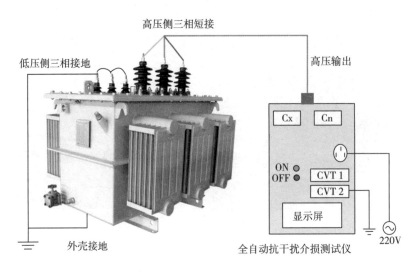

图 3-2-12　反接线法测量变压器连同套管介损

1.10　变压器绕组变形试验

变压器绕组变形是指绕组受机械力和电动力的作用，绕组的尺寸和形状发生了不可逆转的变化，如：轴向和径向尺寸的变化，器身的位移，绕组的扭曲、鼓包和匝相间短路等，变压器在运输安装过程中也可能受到碰撞冲击。常规电气试验如直流电阻测量、变比测量及电容量测量等很难发现绕组的变形，由于绝缘距离发生变化或绝缘纸受到损伤，当遇到过电压时，绕组会发生匝间短路，或者在长期工作电压的作用下，绝缘损伤逐渐扩大，最终导致变压器损坏。变压器绕组变形后，机械性能下降，再次遭受短路事故时，有可能承受不住巨大的冲击力的作用从而发生损坏事故。因此，变压器绕组试验是一项非常重要的试验。

目前，现场普遍采用的绕组变形诊断方法有频率响应分析法、短路阻抗法、低压脉冲法、电容量变化法、超声波检测法、振动法等。根据《国家电网公司十八项电网重大反事故措施》中要求：110（66）kV 及以上变压器在出厂和投产前，应用频响法和低电压短路阻抗测试绕组变形以留下原始记录。后面四种方法因在现场应用时易受测试过程中各种电磁干扰的影响，可重复性较差、灵敏性差、介质关联性偏大。若从安全因素考虑，可作为补充试验方法或不纳入实际应用范畴，本文不作详细介绍。下面介绍短路阻抗法和频响分析法的基本试验原理。

（1）短路阻抗法

变压器的短路阻抗是指变压器的负荷阻抗为零时变压器输入端的等效阻抗，反映了绕组之间或绕组和油箱之间漏磁通形成的感应磁势。短路阻抗可分为电阻分量和电抗分量，对于大型变压器，电阻分量在短路阻抗中所占的比例非常小，短路阻抗值是电抗分量的数值。变压器的短路电抗分量，就是变压器绕组的漏电抗。在频率一定的情况下，变压器的漏电抗值是由绕组的几何尺寸所决定的，变压器绕组结构状态的改变势必引起变压器漏电抗的变化，从而引起变压器短路阻抗数值的改变。

短路阻抗法的基本思想就是基于测试变压器绕组中漏感的变化，其原理接线如图 3-2-13所示。绕组的高压侧接到工频交流电源上，低压侧短接。利用测得的电流和电压值即可计算出绕组的短路阻抗（漏抗）值。通过比较变压器绕组变形前后的短路阻抗值，即可判断绕组是否发生变形或位移。利用短路阻抗法测量变压器绕组变形大多是在低电压、小电流的条件下进行，测量比较方便。但到目前为止仍没有确切的判别标准，因此通常将其试验结果与出厂试验结果开展对比分析。

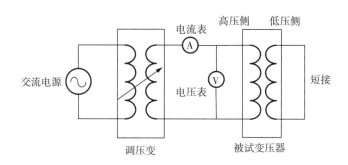

图 3-2-13 短路阻抗法测绕组变形原理接线

（2）频响分析法（Frequency Response Analysis）

频响分析法的原理是在频率较高的情况下，变压器绕组可以等值为一个由电容、电感等分布参数所组成的两端口网络，将输入激励与输出响应建立函数关系，并逐点描绘，就得到了反映变压器绕组特性的传递函数特性曲线。变压器结构一定时，变压器绕组的参数和函数曲线也就随之确定，当变压器内部发生变化时，其绕组的分布参数就会发生改变，相应的函数曲线也会随之改变，常见测试接线如图 3-2-14所示。

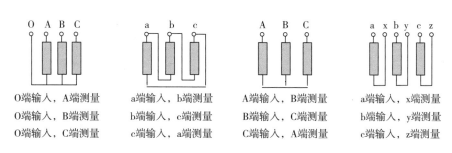

图 3-2-14 频响法绕组变形测试常见测量接线方式

频响分析法的具体实施过程为：将一稳定的正弦扫频信号施加于被试变压器绕组的一端，同时记录该端子和其他端子上的电压幅值及相位，从而得到被试绕组的一组频响特性。实践证明，低频段（1kHz～100kHz）的谐振峰发生明显变化时，通常预示着绕组的电感变化或发生整体变形现象；中频段（100kHz～600kHz）的谐振峰发生明显变化时，通常预示着绕组发生扭曲和鼓包等局部变形现象；高频段（600kHz）的谐振峰发生明显变化时，通常预示着绕组的对地电容改变。

频率响应法能够为变压器绕组变形的诊断提供一个较为准确的依据。频响分析法对比于低压脉冲法，避免了仪器笨重和测试结果重复性差等缺点，降低了电磁干扰的影响，可重复性较好，且可以较为直观地分析频率响应曲线，测试灵敏度较高。

1.11 绕组连同套管的交流耐压试验

主变压器的交流耐压试验，主要有外施耐压试验、感应耐压试验和冲击耐压试验。

1.11.1 外施耐压试验

外施耐压试验是对被试变压器加 1 分钟的工频高压的试验，也称工频耐压试验。测试接线如图 3-2-15 所示，它是考核不同侧绕组间和绕组对地间的绝缘性能，也就是考核变压器主绝缘的水平，所以只适用于全绝缘变压器。因此，试验时被试变压器的不同侧绕组各自连在一起，一侧绕组施加电压，另一侧绕组接地。

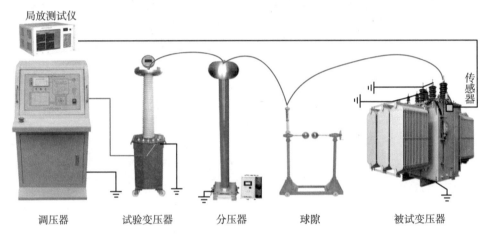

局放测试仪　　　　　　　　　　　　　　　　　传感器

调压器　　　　试验变压器　　　　分压器　　　　球隙　　　　　被试变压器

图 3-2-15　外施耐压试验接线示意图

1.11.2 感应耐压试验

全绝缘变压器的感应耐压试验是高压绕组开路，向低压上施加 $100 \sim 250\mathrm{Hz}$ 的两倍额定电压的耐压试验。由于频率增高，铁心在不饱和时能保证两倍感应电压，从而试验了绕组匝间、层间和相间的绝缘性能，即考核了变压器的纵绝缘水平。对于分级绝缘的变压器，把中性点电压抬高，就可以考核主绝缘水平了。

1.11.3 冲击耐压试验

冲击耐压试验分雷电冲击试验（包括全波冲击试验和截波冲击试验）和操作波冲击试验，是考察变压器耐受雷电过电压和操作过电压的绝缘能力的试验，使用雷电全波和截波作为模拟冲击波形进行试验，如图 3-2-16 所示，自左至右分别为冲击电压发生器、分压器、变压器。本试验必须有产生冲击波的装置，该装置称为冲击电压发生器，相应的一些测量仪器，主要有测量球极、分压器和观察冲击波形现象用的高压示波器等。根据《电力变压器绝缘水平、绝缘试验和外绝缘空气间隙》（GB 1094.3—2003）标准规定，冲击试验应逐相进行，非被试相应短接接地，油箱接地。在冲击试验中，绝缘如果有扭伤，可从示波图畸变中进行判断。即可用对比试验电压波形变化和绕组中性点电流波形及低压侧电容电流波形的方法来判断绝缘是否已损伤。

图 3 - 2 - 16　冲击耐压试验装置

1.12　局部放电测试

局部放电是指当外加电压在电气设备中场强足以发生放电，但在放电区域未形成固定放电通道的放电现象。它是由于设备内部存在弱点或生产过程中遗留的缺陷在高强电场下发生重复击穿和熄灭的现象。这种放电的能量通常很小，在短时间内并不会影响到变压器的绝缘强度。局部放电可能出现在固体绝缘空隙中，也可能出现在液体绝缘气泡中，或发生在不同介电特性的绝缘层间、金属表面的边缘、尖锐部位。绝缘结构中由于设计或制造商的原因，会使某些区域的电场过于集中，在此电场集中的地方，可能使局部绝缘（如油隙或固体绝缘）击穿或沿固体绝缘表面放电。另外，产品内部金属接地部件之间、导电体之间的电气连接不良，也会产生局部放电。如果高电压设备的绝缘在长期工作电压的作用下产生局部放电，并且局部放电不断发展，就会造成绝缘的老化和破坏，以及降低绝缘的使用寿命，从而影响电气设备的安全运行。为了高电压设备的安全运行，就必须对绝缘中的局部放电进行测量，并保证其在允许的范围内。

目前，在变压器、开关柜、环网柜、电缆头、绝缘子、断路器、母线套管、电流互感器、电压互感器、电抗器、组合电器等电力设备的出厂试验及运行过程中均开展了局放检测，局放带电检测技术手段也日趋丰富多样，如图 3 - 2 - 17（a）、（b）所示，在变压器中安装局放传感装置开展局放检测。

由于局放过程中会产生一系列的光、声、电气和机械振动等物理现象和化学变化，为检测手段提高了信号的来源。局放检测过程中，局放信号应具备三要素相关性：工作频率、电压、设备种类。目前，变压器局放类型包括：内部油中气体放电、悬浮电

 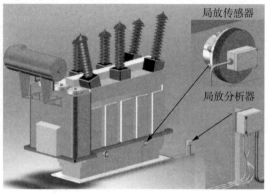

（a）变压器现场局放检测   （b）局放传感器安装

图 3-2-17 局放带电检测示意图

极放电、油纸隔板放电、针板电极放电等。局放检测手段包括超声波检测、脉冲电流法、UHF 检测法、光测法、化学法、射频法及超高频检测法。以脉冲电流法为例，对变压器开展局放检测，在示波器上观测局放图谱，通过多年工作积累，形成了如图3-2-18所示的四类典型图谱，以便现场通过对局放信号开展综合判断和缺陷定位。

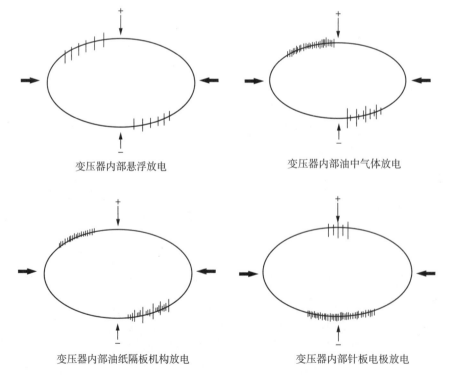

变压器内部悬浮放电   变压器内部油中气体放电

变压器内部油纸隔板机构放电   变压器内部针板电极放电

图 3-2-18 变压器内部局放典型波形

1.13　额定电压下的冲击合闸试验

变压器正式投入运行前应开展冲击合闸试验，即从变压器电源侧对变压器进行投退试验，其目的为：

（1）带电投入空载变压器时，会产生励磁涌流，其值可超过额定电流，且衰减时间较长，甚至可达几十秒。由于励磁涌流产生很大的电动力，为了考核变压器各部的机械强度，需做冲击合闸试验，即在额定电压下合闸若干次。

（2）切空载变压器时，有可能产生操作过电压。对不接地绕组此电压可达 4 倍相电压；对中性点直接接地绕组，此电压仍可达 2 倍相电压。为了考核变压器绝缘强度能否承受须做开断试验，有切就要合，亦即需多次切合。

（3）由于合闸时可能出现相当大的励磁涌流，为了校核励磁涌流是否会引起继电保护误动作，需做冲击合闸试验若干次。

根据交接验收试验标准要求，额定电压下的冲击合闸试验需符合下列规定：

（1）在额定电压下对变压器的冲击合闸试验，应进行 5 次，每次间隔时间宜为 5min，应无异常现象，其中 750kV 变压器在额定电压下，第一次冲击合闸后的带电运行时间不应少于 30min，其后每次合闸后带电运行时间可逐次缩短，但不应少于 5min；

（2）冲击合闸宜在变压器高压侧进行，对中性点接地的电力系统试验时变压器中性点应接地；

（3）发电机变压器组中间连接元操作断开点的变压器，可不进行冲击合闸试验；

（4）无电流差动保护的干式变可冲击 3 次。

1.14　检查相位

变压器的相位检查是指其相位应与电网中实际相位一致，目前，在新建输变电工程中，变压器三侧均有相色标志，用来区分 A、B、C 三相，部分变压器投运前还对套管顶部进行染色处理。值得一提的是，在 500kV 主变的低压侧，采用三角形接法，投运前应将低压侧出线与低压侧母线逐一核对，确保主变低压侧接入系统的三角形顺序满足设计方案。

1.15　测量噪音

变压器在运行过程中会产生不同程度的噪音，其声源主要来自变压器本体振动和冷却系统两个方面。其中，变压器本体振动产生噪音源于以下三方面：

（1）硅钢片的磁致伸缩引起的铁心振动。

（2）硅钢片接缝处和叠片之间因漏磁而产生电磁吸引力，引起了铁心的振动。

（3）当绕组中有负载电流通过时，负载电流产生的漏磁引起线圈、油箱壁的振动。

近年的变压器噪声研究显示，因负载电流造成的振动远小于铁芯的振动形成的噪声，可以说变压器本体的振动完全取决于铁心的振动，而铁心的振动可以看作完全是由硅钢片的磁致伸缩引起的。

变压器噪音的另一个主要来源是冷却器，风扇在 500Hz 至 2000Hz 频率会产生人耳可识别的噪音。主导频率取决于多种因素，包括风扇速度、叶片数和叶片外形；音功率级则取决于风扇的数量以及转速。

变压器油泵在运行过程中也会产生噪声，与冷却器噪声相互叠加，变压器本体的振动通过绝缘油、管接头及其装配零件传递给冷却装置，使冷却装置的振动加剧，噪音加大。而运行现场的环境（如周围的墙壁、建筑物及安装基础等）对噪音也有影响。随着电力工业发展中环境保护的重要性日益凸显，在变压器投运前开展噪声测试十分必要，测试原理如图 3-2-19 所示，如不能满足标准要求，则应采取生产工艺优化或噪声隔离措施。交接试验标准中对主变噪音测量提出以下要求：

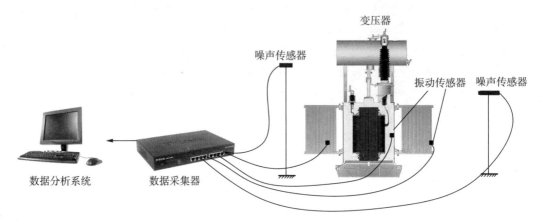

图 3-2-19　变压器振动及噪声测试原理图

（1）电压等级为 750kV 的变压器的噪声，应在额定电压及额定频率下测量，噪声值声压级不应大于 80dB（A）；

（2）测量方法和要求应符合现行国家标准《电力变压器第 10 部分：声级测定》的规定；

（3）验收应以出厂验收为准；

（4）对于室内变压器可不进行噪声测量试验。

1.16　防治电力生产事故二十五项重点要求

1.16.1　气体继电器的校验

气体继电器又称为瓦斯继电器，是利用变压器内部故障时邮箱气体的变化和油的运动而构成的保护装置，如图 3-2-20 所示。当变压器内部故障产生的气体流入瓦斯继电器内时，可以压迫其内部浮球，使内部节点接通，向外部发出信号或动作跳闸，通常安装于变压器箱体和油枕之间的连接管道中，新投运变压器的瓦斯继电器校验的目的就是确保变压器故障时，瓦斯继电器能够正确的发出信号或动作于开关跳闸，保护变压器。

瓦斯继电器校验内容包括：

（1）机械外部检查：外壳完好，密封垫准确，螺丝无松动，焊接良好，干簧触点、永磁铁紧固。

（2）动作可靠性检查：轻、重瓦斯动作时，必须保证干簧触点可动长片重接触面对准永久磁铁吸合面，严禁装反。动作行程应终止时，干簧触点应保持在永久磁铁吸合面的中间位置，两者之间应有 0.5～1mm 的距离，干簧触点要接通。

（3）绝缘检查：对其二次回路进行 1kV 的 1min 耐压试验，也可用 2.5kV 摇表代

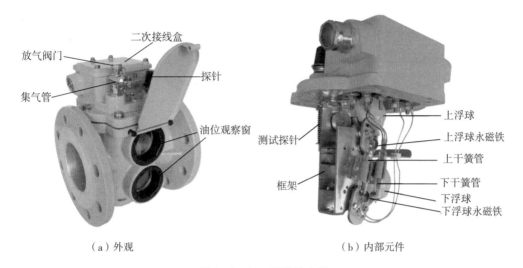

（a）外观　　　　　　　　　　（b）内部元件

图 3 - 2 - 20　瓦斯继电器

替。定期检验时，使用 1kV 摇表测量出线端子对地和出线端子之间的绝缘电阻，均应大于 10MΩ。

（4）整定试验

① 密封性能试验：常温下向充满油的继电器加压 0.15MPa，持续 20min，检查壳体有无渗漏，干簧触点有无渗漏。

② 轻瓦斯动作容积整定：继电器气体容积要求为 250～300cm³，调节输入气体体积测量动作气体容积。

③ 重瓦斯动作流速整定：瓦斯继电器至于 80mm 管径流速台上，针对不同型号模拟故障，每个整定点试验 3 次，观察瓦斯是否动作。

④ 保护整组检验：将合格继电器装在出入口连接管，打开油阀充油，排出内部空气，用打气法检查轻瓦斯是否可靠动作，用按动探针法检查重瓦斯是否可靠动作。

1.16.2　压力释放阀的校验

压力释放阀是用来保护油浸电气设备的装置，即在变压器油箱内部发生故障时，油箱内的油被分解、气化，产生大量气体，油箱内压力急剧升高，此压力如不及时释放，将造成变压器油箱变形，甚至爆裂。安装压力释放阀可使变压器在油箱内部发生故障、压力升高至压力释放阀的开启压力时，压力释放阀在 2ms 内迅速开启，使变压器油箱内的压力很快降低。当压力降到关闭压力值时，压力释放阀便可靠关闭，使变压器油箱内永远保持正压，有效地防止外部空气、水分及其他杂质进入油箱，如图 3 - 2 - 21 所示。

压力释放阀校验内容为：

（1）开启压力试验：常温下，向试验罐内充压缩空气，进气压力增量控制在 25～40kPa/s。当压力增量达动作值时压力释放阀应连续间歇跳动，周期为 1～4s。每次跳动，信号开关的机被信号和二次信号应可靠动作。压力释放阀连续动作 10 次无异常为合格。

图 3-2-21 压力释放阀

（2）关闭压力试验：关闭压力试验压力释放阀动作后，应立即关闭进气阀。由于罐内压力仍大于压力释放阀的关闭压力，压力释放阀将缓慢关闭。当压力表指针完全停止时，说明已经完全关闭，此时指针读数即为压力释放阀的关闭压力值。关闭压力应符合有关规定，试验次数不少于 3 次，取其最低值作为关闭压力值。

（3）时效开启性能试验：常温下，合格压释放阀应静止 24 小时，再开展（1）试验。

（4）信号功能绝缘检查：信号节点在 2kV 电压下，1min 内应不出现闪络、击穿现象。

（5）高温开启试验：将装有压力释放阀的试罐置于恒温箱内，加热至 100℃，保持30 分钟，取出试验罐进行高温开启试验，试验方法同（1），全部试验不超过 2min。

2. 电抗器及消弧线圈试验

电抗器也称电感器，其中，由导线绕成螺线管形式的称空心电抗器，在螺线管中插入铁心使其具备更大电感称铁心电抗器，放置于油中，简称油抗。通常将电抗器归类为线圈类设备。电抗器按照接入电网的形式分为并联电抗器和串联电抗器。电抗器的试验项目与变压器类似，其试验方法和原理可参考变压器相应试验原理和方法。

消弧线圈是一种带铁芯的电感线圈，它接于变压器（或发电机）的中性点与大地之间，构成消弧线圈接地系统，如图 3-2-22 所示。其作用是当电网发生单相接地故障后，故障点流过电容电流 i_C，消弧线圈提供电感电流进行补偿 i_L，使故障点电流 i_D 降至 10A 以下。这将有利于防止短路弧光过零后重燃，达到灭弧的目的，并降低高幅值过电压出现的概率，是防止事故进一步扩大而安装的线圈类设备。

考虑到电抗器和消弧线圈同变压器类似，同为线圈类设备，因此，电抗器与消弧线圈的基础试验原理、接线与变压器也基本类似，试验内容可参考本节变压器试验内容所述。交接试验标准中规定电抗器及消弧线圈类电气试验包括：

2.1 测量绕组连同套管的直流电阻

可参考本节 1.2 中内容所述。

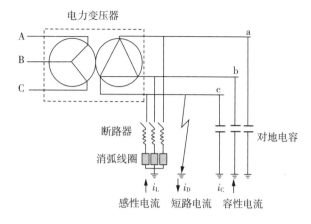

（a）消弧线圈 （b）应用原理示意

图 3-2-22 消弧线圈及其在应用原理图

2.2 测量绕组连同套管的绝缘电阻、吸收比或极化指数

可参考本节 1.8 中内容所述。

2.3 测量绕组连同套管的介质损耗因数（tanδ）及电容量

可参考本节 1.9 中内容所述。

2.4 绕组连同套管的交流耐压试验

可参考本节 1.11 中内容所述。

2.5 测量与铁心绝缘的各紧固件的绝缘电阻

可参考本节 1.5 中内容所述。

2.6 非纯瓷套管的试验

可参考本节 8.2 中内容所述。

2.7 额定电压下冲击合闸试验

可参考本节 1.13 中内容所述。

2.8 测量噪声

可参考本节 1.15 中内容所述。

2.9 测量箱壳的振动

可参考本节 1.15 中内容所述。

2.10 测量箱体的温度。

由于电抗器投入运行即为满载状态，因此无论是干式电抗器还是油浸电抗器，其磁饱和引起的铁损和涡流损耗形成的发热量均较大，温升试验的目的是验证电抗器主体总损耗产生的热量与散热装置达到热平衡的能力是否满足技术要求。

试验时，首先对电抗器的直流电阻和电感进行测量，在电抗器具有代表性的测温点布置温度传感器，随后对电抗器通以额定电流，按时间节点进行发热量计算，同时记录对应时刻的温升，通过电阻法进行温升点预测，并与实际温升进行对比分析，确认试品温升满足技术规范要求。

3. 互感器试验

互感器又称为仪用变压器，是电流互感器和电压互感器的统称，能将高电压变成低电压、大电流变成小电流，用于测量或保护系统。其内部构造如图 3-2-23 所示。其功能主要是将高电压或大电流按比例变换成标准低电压（100V）或标准小电流（5A或 1A），以便实现测量仪表、保护设备及自动控制设备的标准化、小型化。同时互感器还可用来隔开高电压系统，以保证人身和设备的安全。

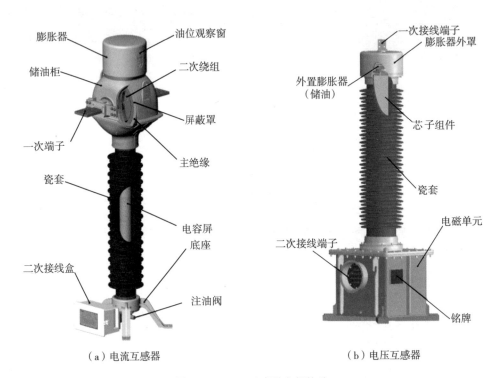

（a）电流互感器　　　　　　　（b）电压互感器

图 3-2-23　互感器内部构造

3.1 绝缘电阻测量

测量互感器绝缘电阻的目的主要是检查其绝缘是否有整体受潮或老化现象发生。测量时，使用 2500V 绝缘电阻表测量一次绕组，用 1000V 或 2500V 绝缘电阻表测量二次绕组。测量时非被测绕组应接地。通过将试验结果与历次试验数据比较进行综合分析判断。

根据标准要求，一次绕组的绝缘电阻不低于历次测量值或出厂值的 60%，二次绕组一般不低于 10MΩ。测量绝缘电阻时还应考虑空气湿度、互感器表面脏污、温度等对测量结果的影响，必要时可在套管下部外表面用软铜线围绕几圈引至绝缘电阻表的"G"端子，以消除表面泄漏的影响。

3.2 测量 35kV 及以上电压等级的互感器介质损耗因素（tanδ）及电容量

测量互感器绕组的介质损耗及电容量的目的在于可以灵敏的发现绝缘受潮、劣化及套管绝缘损坏等缺陷。

3.2.1　电压互感器介损 tanδ 测量

电容式电压互感器由电容分压器、电磁单元和接线盒子组成，电压互感器的试验方法可分为常规试验法、自激法、末端屏蔽法、末端加压法等，根据变压器的结构形式选择合适的试验方法。试验时利用数字高压介损测试仪开展测试。

测试后对结果进行分析，当常规法测量的 tanδ 值大于规定值。这既可能是互感器内部缺陷，如进水受潮等引起的，也可能是由于外瓷套或二次端子板的影响引起的。一般多注意二次端子板的影响，若试验时相对湿度较大，瓷套表面脏污，就应注意外瓷套表面状况对测量结果的影响。如确认没有上述影响，则可认为互感器内部存在绝缘缺陷。若 tanδ 小于规定值，一般认为线圈间和线圈对地绝缘良好。而此时测得的 tanδ 还包括与其并联的绝缘支架的介质损。由于支架电容量仅占测量时总电容的 1/100 ～1/20。因此实测 tanδ 将不能反映支架的绝缘状况，因此即使总体 tanδ（一次对二、三次及地）合格也不能表明支架绝缘良好，而运行中支架受潮和分层开裂所造成的运行中爆炸相对较多，必须监测支架在运行中的绝缘状况，可选取其他的试验方法进行论证。

3.2.2　电流互感器介损 tanδ 测量

电流互感器介损测试是检验电流互感器绝缘受潮、套管绝缘损坏的重要手段，使用升压装置、电容介损电桥（或自动测量仪）及标准电容器（有的自动介损测量仪内 10kV 标准电容器和升压装置），现场用测量仪应选择具有较好抗干扰能力的型号，并采用倒相、移相等抗干扰措施。

测量电容型 CT 的主绝缘时，二次绕组、外壳等应接地，末屏（或专用测量端子）接测量仪信号端子，采用正接线测量，测量电压 10kV。无专用测量端子，无法进行正接线测量时则用反接线。

当末屏对地绝阻低于 1000M 时应测量末屏对地的 tanδ，测量电压 2kV。试验时应记录环境温度、湿度。拆末屏接地线时要注意不要转动末屏结构。测量完成后恢复末屏接地及二次绕组各端子的正确连接状态，避免运行中 CT 二次绕组及末屏开路。

测量主绝缘 20℃时的 tanδ 值不应大于规程要求，且与历年数据比较不应有显著变化。油纸电容型绝缘的 CT 的 tanδ 一般不进行温度换算。末屏对地的 tanδ 不大于 2%。复合外套干式电容型绝缘 CT、SF$_6$ 气体绝缘 CT 的 tanδ 值的限值参阅其出厂技术条件；固体绝缘 CT 一般不进行 tanδ 测量。当 tanδ 与出厂值或上一次测量值比较有明显变化或接近上述限值时，应综合分析 tanδ 与温度、电压的关系，必要时进行额定电压下的测量。当 tanδ 随温度升高明显变化，tanδ 增量超过 0.3% 时不应继续运行。电容型 CT 的主绝缘电容量与出厂值或上一次测量值的相对差别超过 5% 时应查明原因。

3.3　局部放电试验

互感器新投运前开展局放测试有利于准确发现内部隐患，确保安全投运。测试时使用局放高电压试验变压器及测量装置（电压测量总不确定度≤3%）、局部放电测量仪。

局部放电试验可结合耐压试验进行，即在耐压 60s 后不将电压回零，直接将电压

降至局放测量电压停留 30s 进行局放测量。如果单独进行局放试验，则先将电压升至
预加电压，停留 10s 后，将电压降至局放测量电压停留 30s 进行局放测量。局部放电预
加电压、测量电压及局放量限值查表，必须正确地应用数据。局放的判断分析可参考
典型局放图谱。

3.4　交流耐压试验

互感器交流耐压试验一般采用 50Hz 交流耐压 60s，应无内外绝缘闪络或击穿，一
次绕组交流耐压值根据相应规程，二次绕组之间及对地交流耐压 2kV（可用 2500V 兆
欧表代替），全部更换绕组绝缘后应按出厂值进行耐压。对于 110kV 以上高电压等级的
互感器的主绝缘现场交接试验时，可随所连断路器进行变频耐压试验。

试验时应记录环境湿度，相对湿度超过 75% 时不应进行本试验。升压设备的容量
应足够，试验前应确认升压等设备功能正常。充油设备试验前应保证被试设备有足够
的静置时间：500kV 设备静置时间大于 72h，220kV 设备静置时间大于 48h，110kV 及
以下设备静置时间大于 24h。耐压试验后宜重复进行局部放电测试、介损及电容量
测量。

3.5　绝缘介质性能试验

目前电流互感器及电压互感器的绝缘介质有绝缘油和 SF_6 两种，具体试验方法可参
考本节 1.11 中所述。

3.6　测量绕组的直流电阻

绕组的直流电阻测试目的是为了检测绕组接头的焊接质量和绕组有无匝间短路、
引线接触不良等缺陷。测试时可以使用压降法或者电桥法，现场使用直阻测试仪进行
测量。

先将直流电阻测试仪的接地端子进行接地，将测试仪上正极电流线、电压线与一
次绕组一侧相连，用试验专用接线钳连接正极电流线和正极电压线夹至一次绕组一侧，
注意先连仪器线，后连被试设备线，将测试仪上负极电流线、电压线与一次绕组另一
侧和连，用试验专用接线钳连接负极电流线和负极电压线夹至一次绕组另一侧，二次
绕组直阻测试方法类似。

根据规程要求，电压互感器一次绕组直流电阻测量值与换算到同一温度下的出厂
值比较，相差不宜大于 10%；二次绕组直流电阻测量值与换算到同一温度下的出厂值
比较，相差不宜大于 15%。同型号、同规格、同批次电流互感器绕组的直流电阻和平
均值的差异不宜大于 10%。

3.7　误差及变比测量

理想的互感器变比就是线圈绕组的匝数比，但由于互感器存在励磁电流和铁损，
会导致互感器出现比差和角差。这里分别介绍电流互感器和电压互感器的比差和角差
测试。

3.7.1　电流互感器比差和角差测试

电流互感器的误差可分为比差、角差，电流互感器在测量电流时，由于实际电流
比与额定电流比不相等所造成的误差称为比差；互感器的一次电流与二次电流相量的
相位之差称为角差。误差试验接线和接线原理如图 3 - 2 - 24 所示。

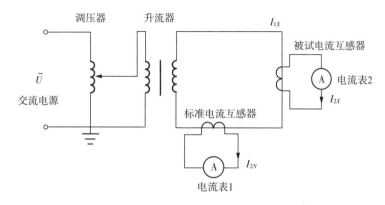

图 3-2-24　电流互感器比差、角差测试原理图

如被测电流互感器实际的电流比为：$K_X = \dfrac{I_{1X}}{I_{2X}}$，标准电流互感器的变比为：$K_N = \dfrac{I_{1N}}{I_{2N}}$。已知被试电流互感器的铭牌标定电流比为 K_{1X}，因为测试时 I_{1X} 于 I_{2X} 在同一回路，因此 $I_{1X} = I_{1N}$，实际被测电流互感器的电流比又为：$K_X = \dfrac{I_{1X}}{I_{2X}} = \dfrac{I_{1N}}{I_{2X}}$

因此，电流比误差为：

$$\gamma_k = \frac{K_{1X} - K_X}{K_X} \times 100\% = \frac{K_{1X}I_{2N} - K_N I_{2N}}{K_N I_{2N}} 100\%$$

试验时如果标准电流互感器选用与被试互感器相同的变比时，有 $K_{1X} = K_N$，电流比误差就为：$\gamma_K = \dfrac{I_{2X} - I_{2N}}{I_{2N}}$。上面的测试回路中，电流表的准确级必须大于电流互感器的准确级，标准电流互感器的准确级应大于被试互感器的准确级。

电流互感器角误差是一次电流和旋转 180° 后的二次电流的相量之间的差角 δ。角差 δ 的测试通过电流互感器测试仪可直接读出。通常来说，影响电流互感器误差的因素包括铁芯磁导较差，铁损增加，励磁电流也会变大；铁芯集合尺寸不当导致漏磁偏大，这些都将影响互感器的角差；二次回路阻抗和负载功率因素会影响 δ 的大小，其变化也会引起 δ 的变化；二次电流和频率的大小将导致二次阻抗压降的变化，进而使二次电流与一次电流产生角差和比差。

3.7.2　电压互感器比差测试

电压比差的测量和变压器一样，也可以用双电压表法进行。但要一次侧施加稳定的额定电压，用标准 TVN 测量一次电压，二次侧要加规定的负荷，所用电压表要比电压互感器的准确度高，试验接线如图 3-2-25 所示。

一次的实际电压对二次的实际电压比，叫作实际电压比 k，二次侧测出的电压为 U_1，标准电压互感器二次侧电压 U_2，变比 k_n，由两只表的一次侧电压相同可知：

$$k U_2 = k_n U_1, \quad k = k_n \frac{U_1}{U_2}$$

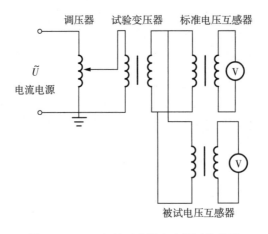

图 3-2-25 电压互感器变比测试接线图

电压变比误差为：

$$\gamma = (\frac{k-k_x}{k_x}) \times 100\%$$

式中，k_x 是测试压变的额定变比。电压角差测试原理和电路与电流角差测试回路类似，仅回路内的阻抗较大，电流较小。影响电压互感器误差的主要因素是二次回路负载的大小，若二次回路负载过大，将导致角差变大。

3.8 检查接线绕组组别和极性

变电站内互感器减极性的，即对于电流互感器来说，一次侧的 P1 极和二次侧的 S1 极在铁芯上起始是按同一方向绕制的，原理如图 3-2-26 所示。电压互感器一次 A 与二次 a、一次 N 与二次 n 为同名端。现场极性检查一般采用直流感应法。

当开关 K 闭合瞬间，毫伏表 mV 的指示为正，指针右摆后回零，则 P1 与 S1 同极性（减极性）。交接试验标准要求互感器的接线绕组组别和极性，应符合设计要求，并应与铭牌和标志相符。

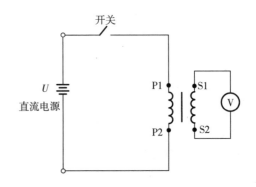

图 3-2-26 电流互感器极性测试

3.9 电流互感器的励磁特性曲线

励磁特性又叫伏安特性，从字面解释，"伏"就是电压，"安"就是电流，伏安特性就是电流互感器二次绕组的电压与电流之间的关系。试验接线如图 3-2-27 所示。

如果从小到大调整电压，将所加电压对应的每一个电流画在一个坐标系中（电压为纵坐标，电流为横坐标），所组成的曲线就称为伏安特性曲线。由于电流互感器铁心具有逐渐饱和的特性，在短路电流下，电流互感器的铁心趋于饱和，励磁电流急剧上升，励磁电流在一次电流中所占的比例大为增加，使比差逐渐移向负值并迅速增大。由于继电器的动作电流一般比额定电流大好几倍，所以作为继电保护用的电流互感器应该保证在比额定电流大好几倍的短路电流下能够使继电器可靠动作。

根据继电保护的运行经验，在实际运行条件下，保护装置所用的电流互感器的电流误差不允许超过 10%，而角度误差不超过 7°。为满足使用要求，在电流互感器使用前，要作"电流互感器的 10% 误差曲线"，以确定其是否能够投入运行。实际工作中常常采用伏安特性法先测量电流互感器的伏安特性曲线，如图 3-2-28 所示，再绘出电流互感器的 10% 误差曲线。此外通过测量电流互感器的伏安特性曲线，还可以检查二次线圈有没有匝间短路。

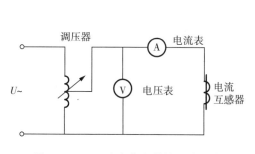

图 3-2-27　流变伏安特性试验接线

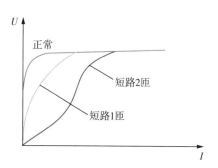

图 3-2-28　电流互感器绕励磁特性曲线

伏安特性试验时将互感器的一次线圈开路，在其二次线圈加电压，电压从零开始上升，以电流为基准，读取电压值，直至输出到额定电流，用电流表测得在该电压作用下流入二次线圈的电流，就得到电流与电压的关系曲线，通入的电流或电压以不超过制造厂技术条件的规定为准。当电压稍微增加一点而电流增大很多时，说明铁芯已接近饱和，应极其缓慢地升压或停止试验。试验后，根据试验数据绘出伏安特性曲线。测量电流互感器的伏安特性可以计算 10% 的误差曲线，校核用于保护的电流互感器特性是否符合要求，也可以发现电流互感器是否存在匝间短路。

电流互感器励磁特性曲线应符合电气交接试验标准第 10.0.11 中的要求。

3.10　电压互感器的励磁特性测量

电压互感器励磁特性是把一次绕组末端出线端子接地其他绕组均开路的情况下，在二次绕组施加电压 U，测量出相应的励磁电流 I，U 和 I 之间的关系就是电压互感器励磁特性。以 U 为横坐标，I 为纵坐标做出的曲线就是电压互感器励磁特性曲线，其试验目的为：

（1）检定互感器铁芯性能；

（2）为判断和消除系统中发生铁磁谐振现象提供依据；

（3）通过不同时间多次的励磁特性试验可以检测出二次绕组是否存在匝间绝缘问题。

其中，铁磁谐振产生的原因主要由于电磁式电压互感器一次绕组可以看作感性元件，感抗一般是由带铁芯的线圈产生的，铁芯饱和时感抗会变小。因此，常因铁芯饱和而与电力系统内各类对地电容、相间电容形成串联耦合，从而出现 $w_L = 1/w_C$ 的等效谐振回路，造成谐振现象，这种谐振称为铁磁谐振。为避免谐振现象出现造成饱和过电压、励磁涌流以及继电保护误动作，有必要开展互感器励磁特性试验。试验接线原理如图 3 - 2 - 29 所示。

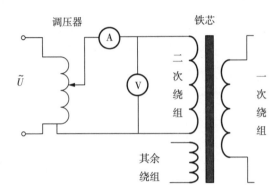

图 3 - 2 - 29　压变励磁特性试验原理接线

　　试验时，在电压升高至额定电压过程中先读取几组空载损耗和空载电流值，电压升至 1.3 倍额定电压并耐受 40s 后，重新读取几组空载损耗与空载电流值。结果与型式试验相比差异不应大于 30%。电压互感器的励磁特性的试验要求应满足电气试验交接验收标准中 10.0.12 相关要求。

3.11　电容式电压互感器（CVT）的检测

　　电容式电压互感器是由串联电容器分压，再经电磁式互感器降压和隔离，作为表计、继电保护等的一种电压互感器，电容式电压互感器还可以将载波频率耦合到输电线用于长途通信、远方测量、选择性的线路高频保护、遥控等。因此和常规的电磁式电压互感器相比，电容式电压互感器器除可防止因电压互感器铁芯饱和引起铁磁谐振外，在经济和安全上还有很多优越之处。

　　在电网建设中，电容式电压互感器（CVT）的检测包括外观检查、密封性试验、精度试验、绕组极性检查、工频耐压、雷电冲击、电容量及介损试验等，由于篇幅有限，本文不再赘述，试验应满足交接试验标准与二十五项要求，以及国家电网公司十八项反事故措施中关于电容式电压互感器的要求：

　　（1）CVT 电容分压器电容量与额定电容值比较不宜超过 5%～10%，介质损耗因数 $\tan\delta$（%）不应大于 0.2%；

　　（2）叠装结构 CVT 电磁单元因结构原因不易将中压连线引出时，可不进行电容量和介质损耗因数 $\tan\delta$（%）的测试，但应进行误差试验。当误差试验结果不满足误差限值要求时，应断开电磁单元中压连接线，检测电磁单元各部件及电容分压器的电容量和介质损耗因数 $\tan\delta$（%）；

　　（3）CVT 误差试验应在支架（柱）上进行；

　　（4）当电磁单元结构许可，电磁单元检查应包括中间变压器的励磁曲线测量、补偿电抗器感抗测量、阻尼器和限幅器的性能检查，交流耐压试验按照电磁式电压互感器，施加电压应按出厂试验的 80% 执行。

3.12　密封性检查

互感器的密封性检查目的主要是防止设备在安装或运行过程中受到损坏发生渗漏油和漏气，一旦发生快速渗漏油或漏气，设备绝缘将受到严重威胁，应及时停运。通常检查方法为：油浸式电流互感器可打开头部防护罩，观测波纹管周边有无渗漏油现象，油浸式电压互感器可以观测底部油位观察窗有无油位下降现象或底部法兰有无油迹。对于 SF_6 类互感器，观测额定 SF_6 压力下，根据表计压力有无持续下降的现象就可以判断其密封性是否良好。

4. 真空断路器试验

真空断路器因其灭弧介质和灭弧后触头间隙的绝缘介质都是高真空而得名，其具有体积小、重量轻、适用于频繁操作、灭弧不用检修的优点，在配电网中应用较为普及。真空断路器主要包含三大部分：真空灭弧室、电磁或弹簧操动机构、支架及其他部件。其试验原理与 SF_6 断路器基本一致，内容包括：

4.1　测量绝缘电阻

可参考本节 5.1 内容所述。

4.2　测量每相导电回路的电阻

可参考本节 5.2 内容所述。

4.3　交流耐压试验

可参考本节 5.3 内容所述。

4.4　测量断路器的分、合闸时间，测量分、合闸的同期性，测量合闸时触头的弹跳时间

可参考本节 5.4 内容所述。

4.5　测量分、合闸线圈及合闸接触器线圈的绝缘电阻和直流电阻

可参考本节 5.6 内容所述。

4.6　断路器操动机构

可参考本节 5.7 内容所述。

5. 六氟化硫断路器试验

我国运行的高压开关设备（交流）应用广泛，从 10kV 至 1000kV 各电压等级均有对应多种型号，其中，1000kV、500kV、220kV 断路器均为 SF_6 断路器（包括 GIS）；110kV、35kV 断路器大部分为 SF_6 断路器（包括 GIS），部分地区仍有少油断路器；10kV、6kV 断路器主要为真空断路器，如图 3-2-30 所示。

真空断路器因其灭弧介质和灭弧后触头间隙的绝缘介质都是高真空而得名，其具有体积小、重量轻、适用于频繁操作、灭弧不用检修的优点，在低压配电网中应用较为普及。少油断路器以密封的绝缘油作为开断故障的灭弧介质的一种开关设备，有多油断路器和少油断路器两种形式，它较早应用于电力系统中，目前已逐步退出电力系统设备。六氟化硫断路器是利用六氟化硫（SF_6）气体作为灭弧介质和绝缘介质的一种断路器，因该气体的绝缘、灭弧优异特性，使该断路器单断口在电压和电流参数方面

（a）35kV真空断路器　　　　　（b）110kV SF₆断路器　　　　（c）500kV SF₆断路器

图 3-2-30　常见断路器

大大高于压缩空气断路器和少油断路器，目前已广泛用于超高压大容量电力系统中。

5.1　测量绝缘电阻

对于各型式的断路器，均应测量其绝缘电阻，主要包括控制回路（辅助回路与控制回路）绝缘电阻与一次回路绝缘电阻（一次回路绝缘电阻包括断口间绝缘电阻与绝缘拉杆对地电阻），分别说明如下：

（1）回路测量通常采用 500V 或 1000V 绝缘电阻表测量，一次回路使用 2500V 绝缘电阻表进行测量，摇表的 L 端接辅助回路和控制回路的引出线端子，E 端接地。按照绝缘摇表说明书进行测量。要注意电气连接的回路中只需要测量一个端子的对地绝缘，储能电动机属于辅助回路中设备也需测量，测量完毕应该放电。

（2）测量断口间绝缘电阻方法是开关处于检修状态，在分闸位置，开关地刀打开，绝缘摇表的 L 端接被测断口一端，E 端接另一端，挡位选择 2500V 进行测量。测量绝缘拉杆的绝缘电阻方法是开关处于检修状态，在分闸位置，开关地刀打开，绝缘摇表的 L 端接开关断口的动触头侧，E 端接地，挡位选择 2500V 进行测量。根据电气试验交接验收标准要求，断路器绝缘电阻应满足产品的技术规定。

5.2　测量导电回路的电阻

断路器导电回路直流回阻包括套管导电杆电阻、导电杆与触头连接处电阻和动、静触头之间的接触电阻等，导电杆电阻一般不会变化，其他两处的连接电阻和接触电阻由于受各种因素的影响（如触头间残存有机械杂物或碳化物、触头表面氧化、接触面积减小和短路电流烧伤、接触压力下降等）而有所增加。因此每相导电回路电阻测量时，实际上是检查动、静触头之间的接触电阻和连接电阻的变化，主要是判断动、静触头是否接触良好。运行中动、静触头之间的接触电阻往往会增大，使正常运行工作电流下发生过热，尤其是通过短路电流时，触头发热更严重，可能烧伤周围绝缘或造成触头烧熔黏结，严重时可造成断路器无法跳闸。所以规程规定，断路器在安装后、定期（包括大小修）和开断短路电流一定次数后，都要进行此项试验。

断路器导电回路电阻测量采用电流不小于 100A 的直流压降法进行试验，试验接线如图 3-2-31 所示。试验结果参照断路器厂家规定，必要时应测量每个断口回路的电阻，如图中右断口测量时可将蓝色线按虚线接入动触头，左断口原理相同。关于回路电阻的测试，值得注意的是，在现场测量开关回路电阻时，开关两侧地刀可不必打开。在测前应该将断路器跳合几次，以消除触头之间氧化膜的影响。如果断路器有主、辅触头或并联支路，应对并联的每一对触头分别进行测量，在非被测的触头间垫以薄的绝缘物。

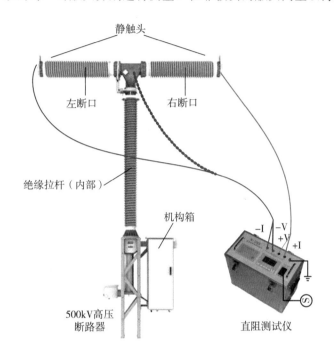

图 3 - 2 - 31　断路器回路电阻测量

5.3　交流耐压试验

交流耐压试验是鉴定开关设备绝缘强度最有效和最直接的方法，是预防性试验的一项重要内容。由于交流耐压试验电压一般比运行电压高，耐压试验可确保设备有较大的安全裕度，因此交流耐压试验是保证电力设备安全运行的一种重要手段。

断路器交流耐压试验应在分闸、合闸状态下分别进行，合闸状态下主要鉴定相对地以及相间的绝缘状况。分闸状态下主要鉴定断口间的绝缘状况。具体试验方法可参照本章节 1.11 中所述的内容。断路器耐压试验应注意以下三个方面：

（1）在 SF_6 气压为额定值时进行。试验电压按照出厂试验电压的 80%。

（2）110kV 以下电压等级应进行合闸对地和断口间耐压试验。

（3）罐式断路器和 500kV 定开距瓷柱式断路器应进行合闸对地和断口间耐压试验。

5.4　断路器的分、合闸时间及同期性测试

断路器机械特性中开断动作能力可用触头动作时间和运动速度作为特征参数来表示的，在机械特性试验中最主要的是分闸速度、合闸速度（下节介绍）、分闸时间、合闸时间及三相同期性测试，其长短关系到分合故障电流的性能。如果分合闸严重不同期，将造成线路或变压器的非全相接入或切断，从而可能出现危害绝缘的过电压。目前现场一般采用高压开关测试仪测试上述参数，试验原理接线如图 3 - 2 - 32 所示。

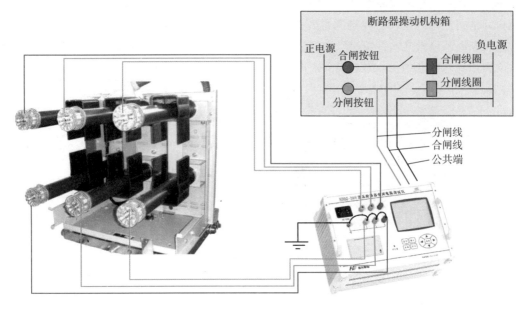

图 3 - 2 - 32 　真空断路器特性试验原理接线图

分闸时间是指从断路器分闸操作起始瞬间（接到分闸指令瞬间）起到所有极的触头分离瞬间为止的时间间隔。合闸时间是指处于分位置的断路器，从合闸回路通电起到所有极触头都接触瞬间为止的时间间隔。分闸与合闸操作同期性是指断路器在分闸和合闸操作时，三相分断和接触瞬间的时间差，以及同相各灭弧单元触头分断和接触瞬间的时间差，前者称为相间同期性，后者称为同相各断口间同期性。

目前，断路器时间特性测试方法可分为单端接地测试和双端接地测试，后者常用于单端断路器触头接地不易解除或无法引出的情况（如 GIS、HGIS 设备），单端接地测试原理为通过二次回路触发断路器进行分合，检测不接地端实现充分接地的时间并记录与计算，双端接地测通过在断路器一段发射电磁信号，另一端在分合过程中检测接收或断开电磁信号来检测断路器的分合时间。

标准中关于断路器分合闸时间特性的要求为：分闸、合闸时间与主、辅触头的配合时间应满足制造厂的技术标准，相间合闸不同期不大于 5ms，相间分闸不同期不大于 3ms；同相各断口合闸不同期不大于 3ms，同相分闸不同期不大于 2ms。

5.5　断路器分、合闸速度测试

断路器的分、合闸速度，直接影响断路器的关合和开断性能。断路器只有保证适当的分、合闸速度，才能充分发挥其开断电流的能力，以及减小合闸过程中预击穿造成的触头电磨损及避免发生触头烧损、喷油，甚至发生爆炸。而刚合速度的降低，若合闸于短路故障时，由于阻碍触头关合电动力的作用，将引起触头振动或使其处于停滞状态，同样容易引起爆炸，特别是在自动重合闸不成功情况下更是如此。反之，速度过高，将使运动机构受到过度的机械应力，造成个别部件损坏或使用寿命缩短。同时，由于强烈的机械冲击和振动，还将使触头弹跳时间加长。真空和 SF_6 断路器的情况相似。因此，准确计算该参数对断路器的设计及性能分析有着重要意义。

断路器速度测试通过在断路器运动部件（旋转拐臂、拉杆等）安装行程传感器（直线传感器、旋转传感器），如图 3-2-33 所示。通过断路器动作特性测试仪给出分合闸信号控制断路器分合，传感器将行程数据传输至特性仪，特性仪根据速度的定义，计算特定时间区域内断路器的行程，并最终得出速度。下面以 LW6 型 SF_6 断路器为例说明断路器分合闸速度测试原理。

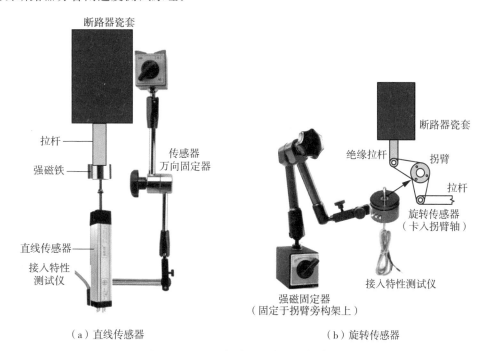

（a）直线传感器　　　　　　　　　（b）旋转传感器

图 3-2-33　断路器速度测试传感器

（1）速度定义

刚分点：断路器在分闸时从开始运动到运 48mm 时的位置。

刚合点：断路器在合闸时从开始运动到运动至 104mm 时的位置。

分闸速度：从刚分点至刚分点后 72mm 处运动的平均速度。

合闸速度：从刚合点至刚合点前 35mm 处运动的平均速度。

（2）速度计算

利用示波器记录动作速度曲线，如图 3-2-34 所示，根据触头行程 152mm，结合示波器速度曲线中实际高度，找出特征点（刚分点、刚合点）计算分闸速度与合闸速度定义区间内行程与时间的比值即为测试出的分闸（合闸）速度。

5.6　测量分、合闸线圈及合闸接触器线圈的绝缘电阻和直流电阻

分、合闸线圈是高压断路器中的电动分、合闸部分的核心部件，使用铜线绕成的有空心的圆柱形线圈。在高压断路器中，利用给线圈通电后的电磁作用，把电能转化为机械能，使分合闸线圈的衔铁来撞击断路器的分、合闸操动机构，达到使断路器合闸的目的。

今年来频繁出现断路器分合闸线圈烧毁、变形等失效情况发生，其中就存在线圈绝缘偏小、直阻偏大的情况，为避免断路器发生拒分或误动的情况发生，在检修的过

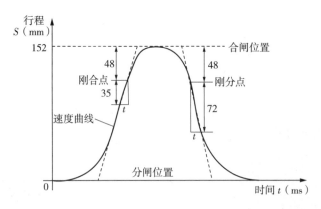

图 3-2-34　断路器动作速度曲线

程中，应对分合闸线圈开展绝缘电阻测试和直阻测试，测试结果应比其出厂值偏差小于 5%。绝缘电阻试验方法可见本节第 1.5 内容，直流电阻的测试方法可见本节第 1.2 内容。

5.7　断路器操动机构试验

作为断路器特性测试的一个重要的内容，断路器操动机构动作的测试主要是为了验证断路器线圈是否灵敏和可靠，并且还能够测试整个操作机构在非额定动作电压下的性能。根据规程要求，操动机构在 85%～110% 额定电压下应可靠合闸，动作电压大于 65% 额定电压下应可靠分闸。同时，当存在小于 30% 额定电压作用于线圈时，分、合闸电磁铁线圈均不应该动作。该规定制定的原因是由于二次直流系统在绝缘不良，高阻接地的情况下，会在断路器分合闸线圈两端引入一个数值不大的直流电压，当线圈动作电压过低时，会引起断路器误分闸，俗称"偷跳"，同时，在强电的环境下，很容易造成强电磁的干扰，在线圈周围形成弱电压。为确保断路器能准确实现分合闸，线圈必须具备抗干扰的能力。

利用断路器动作特性试验仪器，对分合闸线圈施加测试电压，可在不同电压、液压条件下，对断路器进行就地或远方操作，每次断路器均应可靠动作，联锁及闭锁装置回路的动作应符合产品技术文件及设计规定。具体按表 3-2-1 执行。

表 3-2-1　断路器特性测试操动要求

机构类别	直流电磁、永磁或弹簧机构		液压机构		
试验要求	试验电压	操作次数	试验电压	操动液压	操作次数
合、分	110% $U_{额}$	3	100% $U_{额}$	最高压力	3
			110% $U_{额}$	额定压力	3
合闸	85（80）% $U_{额}$	3	85（80）% $U_{额}$	最低压力	3
分闸	65% $U_{额}$	3	65% $U_{额}$	最低压力	3
合、分、重合	100% $U_{额}$	3	100% $U_{额}$	最低压力	3
注：$U_{额}$ 为断路器额定操作电压，括号内数字适用于装有自动重合闸装置的断路器					

模拟操动试验应在液压的自动控制回路能准确、可靠动作状态下进行，具有两个分闸线圈的回路，应分别进行模拟操动试验。

5.8 套管式电流互感器试验

在 SF_6 断路器中，罐式断路器是一款集电流互感器和断路器为一体利用复合套管与相邻设备连接的断路器，罐式电流互感器的电流互感器试验按本节中互感器试验方法和标准执行。

5.9 测量断路器内 SF_6 气体的含水量

断路器内的微量水分是其绝缘气体 SF_6 的一项重要技术指标，首先是因为当微量水分严重超标时，有可能使开关绝缘件受潮或产生凝露，从而大大降低其绝缘性能。其次由于 SF_6 被电弧分解后产生 HF、SO_2、SOF_2 等有毒气体，会对金属件、绝缘件产生腐蚀作用，而水分的存在会加重腐蚀作用。因此，微量水分为 SF_6 开关设备出厂和投运前的必试项目。

SF_6 气体试验方法参照本节 1.11 中所述。根据标准要求，与灭弧室相通的气室，含水量应小于 $150\mu L/L$，不与灭弧室相通的气室，应小于 $250\mu L/L$，且 SF_6 气体的含水量测定应在断路器充气 24h 后进行。

5.10 密封性试验

SF_6 断路器试验原理及方法参照本节 6.3 具体内容所述。

5.11 气体密度继电器校验

SF_6 开关是电力系统广泛使用的高压电器，其可靠运行已成为供用电部门最关心的问题之一。SF_6 气体密度继电器是用来监测运行中 SF_6 开关本体中 SF_6 气体密度变化的重要元件，其性能的好坏直接影响到 SF_6 开关的运行安全。现场运行的 SF_6 气体密度继电器因不常动作，经过一段时期后常出现动作不灵活、触点接触不良等现象，有的还会出现密度继电器温度补偿性能变差，当环境温度突变时常导致 SF_6 密度继电器误动作。因此《电力设备预防性试验规程》（DL/T 596—2005）规定：各 SF_6 开关使用单位应定期对 SF_6 气体密度继电器进行校验。从实际运行情况看，对现场运行中的 SF_6 密度继电器、压力表进行定期校验也是非常必要的。现场一般采用气体密度继电器测试仪对气体密度继电器进行校验，实物接线如图 3-2-35 所示，原理接线如图 3-2-36 所示。

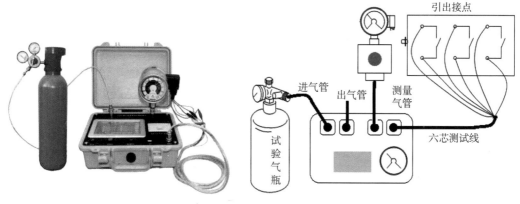

图 3-2-35 密度继电器校验实物图　　　图 3-2-36 密度继电器校验原理图

在封闭容器中，一定温度下的 SF_6 气体压力可代表 SF_6 气体的密度。为了能够统一，习惯上常把 20℃时 SF_6 气体压力作为标准值。在现场校验时，在不同的环境温度下，测量的压力值都要换算成其对应 20℃时的压力值，从而判断 SF_6 密度继电器的性能。

闭锁回复值校验：在环境温度下，当 SF_6 密度继电器为零压力时，给 SF_6 密度继电器一定的速度缓慢充气，当 SF_6 密度继电器的闭锁继电器动作时，记录当前的环境温度下的压力值，并换算成 20℃时的等效压力值，这个 20℃时的等效压力值就是 SF_6 密度继电器的闭锁回复值。

报警回复值校验：继续给 SF_6 密度继电器以一定的速度缓慢充气，当密度继电器的报警继电器动作时，记录当前的环境温度下的压力值，并换算成 20℃时的等效压力值。

报警值校验：在环境温度下，当 SF_6 密度继电器内压力大于报警回复值时，以一定的速度缓慢放气，当 SF_6 密度继电器的报警继电器动作时，记录当前环境温度下的压力值，并换算成 20℃时的等效压力值，这个 20℃时的等效压力值就是 SF_6 密度继电器的报警值。

闭锁值校验：继续给 SF_6 密度继电器以一定的速度缓慢放气，当 SF_6 密度继电器的闭锁继电器动作时，记录当前的环境温度下的压力值，并换算成 20℃时的等效压力值，这个 20℃时的等效压力值就是 SF_6 密度继电器的闭锁值。

交接试验验收标准要求：气体密度继电器及压力动作阀的动作值，应符合产品技术条件的规定。

5.12 防治电力生产事故的二十五项重点要求

（1）六氟化硫密度继电器与开关设备本体之间的连接方式应满足不拆卸校验密度继电器的要求，通常使用三通阀来连接断路器本体和表计，其目的为：正常运行时，三通阀连通本体和表计之间；校验密度继电器时，关闭到本体的阀门，连通继电器与充气口之间，实现独立校验表计的目的。

密度继电器应装设在与断路器或 GIS 本体同一运行环境温度的位置，以保证其报警、闭锁触电正确动作，因此密度继电器通常是装在户外环境下，带有温度补偿功能，避免温度不一致造成的监测不准确现象。

220kV 及以上 GIS 分相结构的断路器每相应安装独立的密度继电器，其目的是防止单独一相漏气造成三相气体流失的现象发生，同时也便于故障的迅速处理。户外密度继电器应设置防雨罩，其目的是为了防止二次回路受潮发生接地或短路，误发信号。

（2）为防止真空度计水银倒灌进设备中，禁止使用麦氏真空计，目前均使用电子式真空计，确保设备安全运行。

（3）六氟化硫气体注入设备后必须进行湿度试验，且应对设备内气体进行六氟化硫纯度检测，必要时进行气体成分分析。

（4）断路器安装后必须对其二次回路中的防跳继电器、非全相继电器进行传动，并保证在模拟手合于故障条件下断路器不会发生跳跃现象，试验方法为：开关处于合闸状态，按住合闸按钮，再同时按分闸按钮，此时断路器分闸后不再合闸可认为该功能满足要求。

6. 六氟化硫封闭式组合电器试验

6.1　测量主回路的导电电阻

封闭式组合电器回路电阻的测量方法与 SF$_6$ 断路器测试基本一样，利用回路电阻仪器即可测量。但是由于 GIS 设备结构的特殊性，测量方式需要进行分类，由于闸刀、断路器、互感器都被封闭在罐体内，通常采用分段测量的方法来对主回路电阻进行测量，以便确认各接触电阻有无异常之处。

以图 3－2－37 中接线方式为例，A、B 之间的电阻包含了两台断路器和四台隔离开关以及母线。如果回路电阻异常很难找出缺陷部位。利用接地闸刀以及与地刀与地面的可拆连片即可实现分段测量，如合上接地闸刀 C、D，解开连片可测出 1 号断路器接触电阻。一般有以下三类分段测量方式：

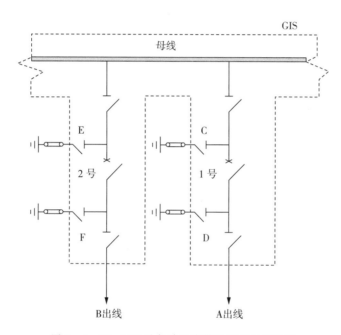

图 3－2－37　GIS 设备单母线带双线路主接线图

（1）如果有引出套管可利用该套管注入电流，地刀与套管之间测量闸刀主回路电阻 R。

（2）如果接地开关导电杆与组合电器外壳绝缘，如图 3－2－38（a）所示。测量时先拆开接地刀可拆连片，使接地开关导电杆不接地，再测量 a—b—c—d 环路的直阻 R。

（3）如果接地开关导电杆与外壳不绝缘，如图 3－2－38（b）所示。此时 a—b—c—d 环路的直阻 R_0 是主回路电阻 R 和外壳电阻 R_1 的并联电阻。测试时，先测地刀合闸时直阻 R_0，再分开地刀，测外壳电阻 R_1，主回路电阻 $R = \dfrac{R_0 R_1}{R_1 - R_0}$。

根据标准要求，主回路电阻应符合产品的技术条件，不得超过出厂实测值的120%，还应注意三相平衡比较。

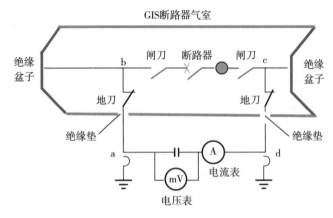

（a）地刀与GIS罐体绝缘时

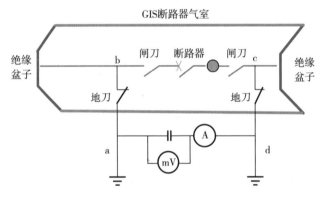

（b）地刀与GIS罐体不绝缘时

图 3-2-38　GIS 绝缘电阻测量原理示意图

6.2　封闭式组合电器内各元件的试验

装在封闭式组合电器内的断路器、隔离开关、负荷开关、接地开关、避雷器、互感器、套管、母线等元件的试验，应按对应独立设备的试验项目全面进行，并按要求记录相关数据和分析。

6.3　密封性试验

GIS 发生 SF$_6$ 泄漏不仅会影响设备的正常运行，更会给检修人员带来身体上，甚至生命上的危害。GIS 密封试验是检验 GIS 密封性能是否良好的一项重要试验项目，安装完成后的 GIS 或 HGIS 设备，应对其拆装对接的每一处密封环节要进行严格的密封试验，如果存在漏点则必须返工处理，直至合格，以保证整个气室的年漏气率符合标准。

《电气设备交接试验标准》提出两种试验方法和控制标准：

（1）采用灵敏度不低于 1×10^{-6}（体积比）的检漏仪对气室密封部分、管道接头等处进行检测时 SF$_6$ 检漏仪不能发生报警，如图 3-2-39（a）所示；

（2）采用局部包扎法对设备进行测量，待 24h 后检测包扎腔内 SF$_6$ 含量不大于 30ppm（体积比），每一个气室年漏气率不能大于 0.5%，如图 3-2-39（b）所示。

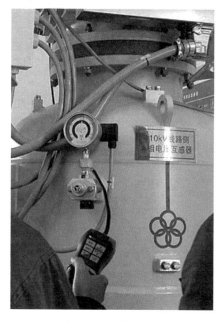

（a）SF₆检漏仪检漏法　　　　　　　　　（b）局部包扎检漏法

图 3-2-39　GIS 的 SF₆ 气体检漏

检漏仪检漏部位包括外壳焊缝、接头结合面、法兰密封、转动密封、滑动密封面、表计接口等部位，用不大于 2.5mm/s 的速度在上述位置缓慢移动，检漏仪无反应，则认为密封合格。还可以通过抽真空检漏进行初判，当试品抽真空到真空度达到 133Pa 开始计算时间，维持真空泵运转至少在 30 分钟以上，停泵并与泵隔离，静观 30 分钟后读取真空度数值 A，再静观 5 小时以上，读取真空度数值 B，当 $B-A\leqslant67Pa$ 时，则认为抽真空合格，试品密封良好。

6.4　测量六氟化硫气体含水量

六氟化硫气体含水量测试方法和试验要求参考本节第 11 部分的内容所述。

6.5　主回路的交流耐压试验

交流耐压试验是发现组合电器绝缘缺陷最为有效的手段，可能出现的绝缘缺陷包括位置不固定的缺陷和位置固定的缺陷两个方面。位置不固定的缺陷主要是由自由微粒侵入造成的。位置固定的缺陷可能由多方面的原因造成，如安装工艺不良，如电极安装不良、错位或装配工具和零部件等遗留在设备内部等。绝缘件制造缺陷、电极表面损伤、运输中的损坏如零件松动脱落、触头、弹簧、屏蔽罩等移位变形等。

（1）主回路对接地外壳的耐压试验

试验时，将规定的试验电压应施加到每相主回路和外壳之间，每次一相，其他相的主回路应和接地外壳相连，试验电源可接到被试相导体任一方便的部位选定的试验程序应使每个部件都至少施加一次试验电压。但在编制试验方案时，必须同时注意要尽可能减少固体绝缘重复耐压的次数，如尽量在 GIS 主回路的不同部位引入试验电压。

（2）断口间的耐压试验

由于断路器断口在运输、安装过程中可能受到损坏或解体，应做断口间的耐压试验，试验时，将试验电压应加到断路器断口间，断口的一侧与试验电源相连，另一侧与其他相导体和接地的外壳相连。应避免固体绝缘多次重复，在电压均匀升高到规定的电压值下耐受1后迅速降回到零。

试验方法、接线与主变耐压试验类似，可参照本节1.11相关内容。

6.6 组合电器的操动试验

组合电器的操动试验内容与试验方法可参考本节5.7中所述。

6.7 气体密度继电器、压力表和压力动作阀的检查

组合电器的气体密度继电器、压力表和压力动作阀的检查试验原理及试验方法参考本节5.11中所述。

7. 隔离开关、负荷开关及高压熔断器

7.1 测量绝缘电阻

根据标准要求，应测量隔离开关与负荷开关的有机材料传动杆的绝缘电阻，有机材料传动杆如图3-2-40所示。通常使用数字式绝缘电阻表进行测量。隔离开关与负荷开关的有机材料传动杆的绝缘电阻值，在常温下不应低于表3-2-2中的规定。

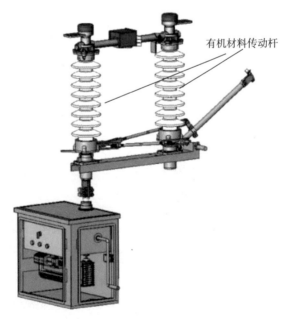

有机材料传动杆

图3-2-40 隔离开关有机材料传动杆

表3-2-2 有机材料传动杆的绝缘电阻值

额定电压（kV）	3.6～12	24～40.5	72.5～252	363～800
绝缘电阻（MΩ）	1200	3000	6000	10000

7.2　测量高压限流熔丝管熔丝的直流电阻

高压限流熔丝管作用是对电路及设备进行短路保护及运载保护，如图3-2-41所示。它是利用低熔点的金属丝（片）（也称为熔件）的熔化而切断电路的。其结构简单，造价低，且容易维护。熔丝管一般用于户内居多，但不宜使用在低于熔断器额定电压的电网中，以避免熔断器熔断的截流所产生的过电压超过电网允许的2.5倍工作相电压。对其进行直流电阻测量有利于确认熔丝是否完好，测试出的直流电阻值，与同型号产品相比不应有明显差别。

高压限流熔丝管

图3-2-41　高压限流熔丝

7.3　测量负荷开关导电回路的电阻

负荷开关是介于断路器和隔离开关之间的一种开关电器，具有简单的灭弧装置，能切断额定负荷电流和一定的过载电流，但不能切断短路电流。高压负荷开关可分为固体产气式高压负荷开关、压气式高压负荷开关（图3-2-42）、油浸式高压负荷开关、压缩空气式高压负荷开关、SF₆式高压负荷开关（图3-2-43）、真空式高压负荷开关，前三类用于35kV及以下，后三类主要用于60kV至220kV电压等级。

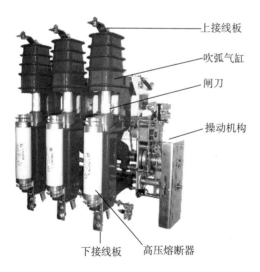

上接线板

吹弧气缸

闸刀

操动机构

下接线板　高压熔断器

图3-2-42　压气式高压负荷开关

图3-2-43　SF₆式高压负荷开关

负荷开关的导电回路电阻是负荷开关安全运行的基本保障，测量时应用回路电阻测试仪测试，将上下接线板一并纳入测量范围内，确保回路电阻负荷产品技术要求，如果发现回路电阻偏大，可通过分段测量电阻偏大位置，若是接线板处，则应打开接线板重新处理，若为闸刀处，应检查闸刀接触是否良好，触头是否氧化。若回路电阻不合格，将造成负荷开关长期运行发热，设备老化甚至烧毁等故障发生。

7.4 交流耐压试验

三相同一箱体的负荷开关，应按相间及相对地进行耐压试验，还应按产品技术条件规定进行每个断口的交流耐压试验。35kV 及以下电压等级的隔离开关应进行交流耐压试验，可在母线安装完毕后一起进行，试验电压可按照交接试验验收标准执行。

选择合适位置将工频耐压装置平稳放置，将接地端可靠接地。试验过程中应观察仪表变化情况，如出现闪络、冒烟、击穿等异常情况，应立即降压，做好安全措施并进行检查，根据检查情况确定是否重新试验或终止试验。最后读取并记录测量数据及试验电压、加压时间，断开电源，短路放电并接地，实验接线原理可参考本节第11部分所述。

7.5 检查操动机构线圈的最低动作电压

检查操动机构线圈的最低动作电压，应符合制造厂的规定。

7.6 操动机构的试验

（1）动力式操动机构的分、合闸操作，当其电压或气压在下列范围时，应保证隔离开关的主闸刀或接地闸刀可靠地分闸和合闸。

① 电动机操动机构：如图 3-2-44 所示，当电动机接线端子的电压在其额定电压的 80%～110%范围内时；

② 压缩气体操动机构：如图 3-2-45 所示，当气压在其额定气压的 85%～110%范围内时；

图 3-2-44 隔离开关电动机构

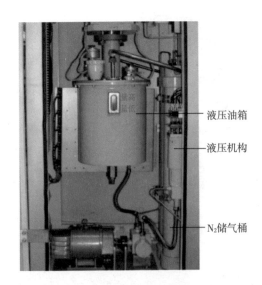

图 3-2-45 氮气储能的液压机构

③ 二次控制线圈和电气闭锁装置：如图 3-2-46、图 3-2-47 所示，当其线圈接线端子的电压在其额定电压的 80%～110%范围内时。

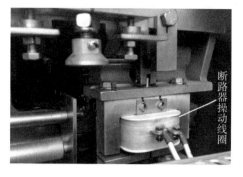

图 3-2-46　断路器操动线圈

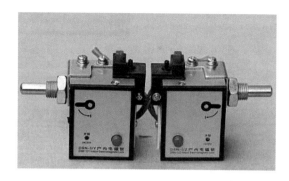

图 3-2-47　电气闭锁装置

（2）隔离开关、负荷开关的机械或电气闭锁装置应准确可靠。

为确保电网的安全运行，提升设备操作可靠性，减少或避免误操作的发生，隔离开关、负荷开关均在制造过程和安装过程中引入了闭锁，一般而言，闭锁的目的是确保"五防"的实现，即：防带负荷分合隔离开关，防误分、误合断路器，防带负荷合接地闸刀，防接地闸刀闭合时送电，防误入带电间隔。目前防误闭锁方式主要有机械闭锁、电气闭锁、后台防误闭锁。

① 机械闭锁是一种使用较广泛的防误闭锁方式，通常在一个单元内实现，方式也多种多样，主要通过部件间的机械联锁来实现，在设备转动或运动到某一位置时，形成"挡"或者"卡"的制动关系。以常见的闸刀——地刀闭锁为例，原理如图 3-2-48 所示。闸刀机械闭锁地刀时，通过钢闭锁联板上的地刀转轴挡块卡住了地刀的转轴，从而实现闸刀运动时，地刀不可动作。当地刀机械闭锁闸刀时，又通过运动过程中钢闭锁联板上的闸刀转轴挡块卡住了闸刀的转轴，使其无法动作，这样就实现了本单元闸刀与地刀的机械联闭锁。

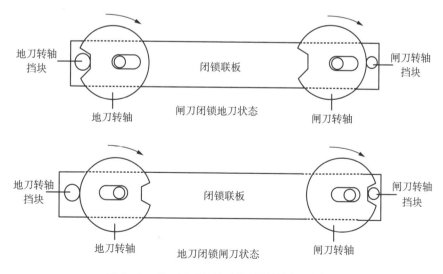

图 3-2-48　闸刀与地刀机械闭锁原理示意图

② 电气闭锁则是通过断路器、隔离开关、接地刀闸等设备的辅助开关上的节点，在二次电气控制回路中有条件地接入彼此的控制回路，形成"与"和"或"的逻辑关系，控制电源回路的接通与断开，从而达到一次设备相互闭锁的目的。例如，在隔离开关的闸刀与地刀电气闭锁回路中，会从接地闸刀的辅助开关引入一个常闭（对应地刀处于分位）的节点串接到闸刀的控制回路中常闭节点，这样，当接地闸刀处于合闸位置时，该常闭节点断开，闸刀控制回路断开，闸刀无法合闸，实现了地刀对闸刀的电气闭锁。同样的原理可应用于断路器、隔离开关、接地闸刀、线路压变等间隔内设备相互间的电气闭锁。

7.7　瓷瓶探伤试验

支柱绝缘子及瓷套是变电站和升压站大量使用的绝缘部件，属于脆性材料，没有固定的型变能力，且韧性较差，工作环境恶劣，一旦发生断裂或失效，将严重影响电网的安全稳定运行。目前国内大多采用超声波重点探测支柱绝缘子与瓷套埋藏在沿圆周铸铁法兰内侧或与瓷体相交的砂层下的裂纹。

现场使用数字式超声波探伤仪的"爬波探头"进行探伤，如图 3-2-49 所示。"爬波探头"适用于各种类型的支柱瓷绝缘子探伤，操作简便，且缺陷易于判定。实际探伤过程中只需径向旋转一周，通过比对爬波探伤的标准"DAC 曲线"（即超声距离—回声幅度曲线），探测瓷瓶时缺陷波波形和标准的"DAC 曲线"同呈在荧光屏上，如图 3-2-50 所示，可清晰判别瓷瓶是否存在缺陷。

图 3-2-49　数字式超声波探伤仪

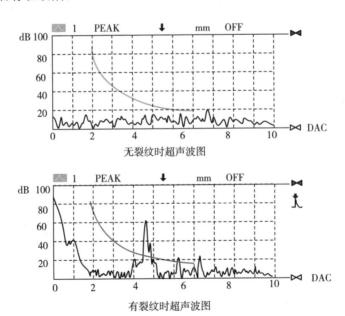

图 3-2-50　瓷瓶超声波探伤曲线对比图

8. 套管

在电力工业领域，高压套管是用来供一个或几个导体穿过墙壁或箱体等隔断，从而起绝缘和支撑作用的器件，是电力系统中的重要设备。套管在制造、运输和检修过程中，有可能因各种原因而残留有潜伏性缺陷，在长期运行过程中也会因受到电场和导体发热作用、化学腐蚀与机械类损伤以及环境影响而逐渐产生积累缺陷。

110kV 以上的套管通常是油纸电容型，这种套管是依据电容分压原理卷制而成的，电容芯子是以电缆纸和油作为主绝缘，其外部是瓷绝缘，电容芯子必须全部浸在优质的变压器油中。110kV 级以上的电容型套管，在其法兰上有一只接地小套管，接地小套管与电容芯子的最末屏（接地屏）相连，运行时接地，检修时供试验（如测量介损、绝缘电阻等）用。

8.1　测量绝缘电阻

绝缘电阻可反映出套管本体受潮程度、瓷套是否有裂纹以及测量小套管（末屏）绝缘劣化和接地等缺陷。高压导电杆对地绝缘电阻时应连同变压器本体一起，测量小套管（末屏）绝缘电阻时可单独进行，考虑到套管受潮通常由内而外，逐层向内部电容层渗透，因此，小套管的绝缘电阻测量十分有意义。

根据交接试验规程规定，小套管（末屏）对地绝缘电阻应使用 2500V 绝缘电阻，阻值不应低于 1000 兆欧。套管主绝缘的绝缘电阻不应低于 10000 兆欧。

8.2　测量 20kV 及以上非纯瓷套管的介质损耗因数（tanδ）与电容量

套管的介质损耗因数（tanδ）和电容量是判断套管绝缘状况的重要手段，介质损耗因数可以灵敏的反映套管劣化受潮及局部缺陷，电容量则可以反映出电容芯层局部击穿严重漏油、测量小套管断线及接触不良等缺陷。

目前电力设备中广泛使用 35kV 及以上的油纸电容型或胶纸电容型套管，通常使用西林电桥法进行测量，测量接线如图 3-2-51 所示。全自动抗干扰介损测试仪高压输出接套管内导电杆桩头，套管末屏接入电桥 C_x，法兰面接地。

测量时，测试结果的影响因素包括试验接线（正接线、反接线）、温湿度、表面脏污，因此测量前应注意排除以上因素的干扰，获得准确的试验数据并与出厂值进行比对分析，偏差不应高于 5%。

8.3　交流耐压试验

新设备投运前或大修后，套管应做交流耐压试验，以考验主绝缘的绝缘强度。根据多年的试验经验，通过交流耐压试验可以发现电容套管电容芯棒局部爬电、胶纸电容套管下部绝缘表面擦痕、充油纯瓷套管瓷质裂纹等缺陷。

穿墙套管、断路器套管、变压器套管、电抗器及消弧线圈套管，均可随母线或设备一起进行交流耐压试验。试验原理接线可参考本节第 1.11 内容所述。

8.4　绝缘油的试验（有机复合绝缘套管除外）

作为套管内最重要的绝缘介质，绝缘油可反应套管内部是否存在局放、过热等异常情况的出现以及套管的运行工况，通常可不在现场开展套管内油样试验，但是在套管介损超标、套管密封损坏、末屏绝缘不合格或重新补油后，均应开展试验。试验方

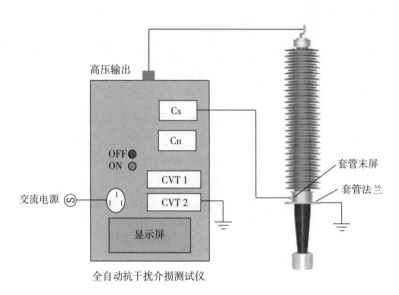

图 3-2-51　套管介损测量接线图

法可参考本节 1.11 所述，试验标准及要求参考交接试验标准中 15.0.5 所述。

8.5　SF₆套管气体试验

SF_6套管内气体试验方法可参考 1.11 中所述，试验标准及要求按照交接试验标准中 10.0.7 中执行。

9. 悬式绝缘子和支柱绝缘子

悬式绝缘子，由绝缘件（如瓷件、玻璃件、复合瓷套）和金属附件（如钢脚、铁帽、法兰等）用胶合剂胶合或机械卡装而成，如图 3-2-52 所示。架空输电线路、发电厂和变电所的母线和各种电气设备的外部带电导体均须用悬式绝缘子挂起，并使之与大地（或接地体）或其他有电位差的导体绝缘。

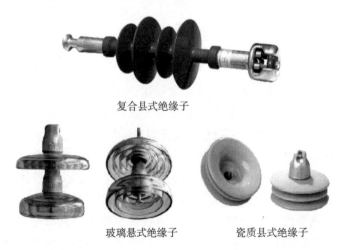

图 3-2-52　悬式绝缘子

支柱绝缘子由绝缘件（如瓷件、复合瓷套）和金属附件（如钢脚、铁帽、法兰等）用胶合剂胶合或机械卡装而成，如图 3-2-53 所示。绝缘子在电力系统中应用很广，可以在大气条件下工作。架空输电线路、发电厂和变电所的母线和各种电气设备的外部带电导体均须用支柱绝缘子支持，并使之与大地（或接地体）或有电位差的导体间绝缘。对各类绝缘子，除了应有良好的绝缘性能以外，还应该有相当高的机械强度。

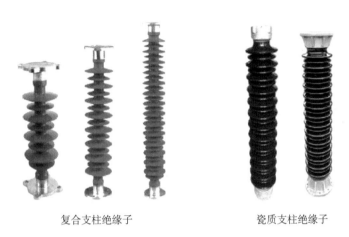

复合支柱绝缘子   瓷质支柱绝缘子

图 3-2-53 支柱绝缘子

9.1 测量绝缘电阻

在绝缘子的运行过程中，由于受到电压、温度、机械力以及化学腐蚀的作用，绝缘性能会劣化，出现一定数量的零值绝缘子（绝缘电阻低于 300 兆欧），零值绝缘子在电网的安全隐患，当电力系统出现过电压及工频电压升高情况时，零值绝缘子的绝缘子串易形成闪络，因此应测量其绝缘电阻。

绝缘子裂纹或瓷质受潮、复合瓷套劣化等缺陷，用绝缘电阻表即可检查出来。由于绝缘子在系统中应用较多，因此一般在带电检测出零值绝缘子后，更换零值绝缘子前才开展绝缘电阻试验。

交接规程要求用 2500V 及以上绝缘电阻表摇测绝缘子的绝缘电阻，每片悬式绝缘子的绝缘电阻不应低于 300 兆欧。对于支柱绝缘子，将绝缘电阻表接地端与被试品接地端连接，将带屏蔽的连接线连接到被试品的高压端，启动绝缘电阻表测量，记录 60 秒时电阻值，试验结束后应放电接地，绝缘电阻应大于 10000 兆欧。

9.2 交流耐压试验

交流耐压试验是考验绝缘子绝缘水平的最直接办法，尤其是对支柱绝缘子进行交流耐压试验，检验效果十分明显。试验时，可以根据试验变压器容量选择一只或多只绝缘子同时试验，耐压时间为 1 分钟，过程中绝缘子无闪络、异常声响为合格。试验要求可按照交接试验标准中 16.0.3 的要求执行。

9.3 支柱瓷瓶的超声探伤

支柱瓷瓶的超声探伤可参考本节第 7.7 所述。

10. 电容器

常见的高压电容器有并联电容器、耦合电容器、断路器均压电容器。并联电容器一般用作无功补偿和发电机过压保护；耦合电容器则用于电力系统载波通信和高频保护；断路器均压电容器并联于断路器断口，起到均压和增加断流容量的作用。电容器内部由油浸纸绝缘电容元件组成，电容元件由铝箔极板和电容器纸卷制而成，一台电容器由数百个电容元件组成，充以绝缘油，引线由瓷套管引出，以方便连接，如图 3-2-54 所示。

（a）并联电容器　　　　　（b）耦合电容器　　　　（c）断路器均压电容器

图 3-2-54　高压电容器

10.1　测量绝缘电阻

测量绝缘电阻的目的是判断耦合电容器的两极、并联电容器的两极对外壳之间的绝缘状况，500kV 及以下电压等级的应采用 2500V 兆欧表，750kV 电压等级的应采用 5000V 兆欧表，测量并联电容器、耦合电容器的绝缘电阻应在二极间进行，测量接线如图 3-2-55、图 3-2-56 所示。

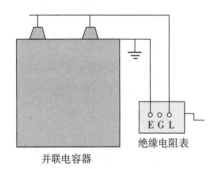 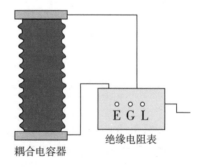

图 3-2-55　并联电容器绝缘电阻测量　　　　图 3-2-56　耦合电容器绝缘电阻测量

测量结果应与历次测量结果比对分析，并进行判断，根据规程要求，绝缘电阻均不应低于 500 兆欧。值得注意的是，作为大容量储电元件，电容器绝缘电阻测量后应先进行两级之间、两级对地充分放电后才能进行拆接线工作，否则有触电风险。

10.2　测量耦合电容器、断路器电容器的介质损耗因数（tanδ）与电容量

测量耦合电容器介损和电容量可以观察电容器内部是否存在受潮老化及局部缺陷等现象，通过比较测量结果可以分析出内部原件是否有短路或击穿。断路器电容器是断路器重要的均压部件，还可以抑制暂态恢复电压，因此其介损测试十分重要。

耦合电容器和断路器并联电容器介损和电容量测量均可以西林电桥正接线进行测量，测量方法与接线可参考本节 8.2 相关内容。耦合电容器电容量偏差范围为 $-5\%\sim$ $+10\%$，断路器并联电容器电容量偏差为 $\pm5\%$。

10.3　电容量测量

由于并联电容器电容量较大，因此一般不采用西林电桥法进行测量，而采用交流阻抗计算法，接线如图 3-2-57 所示。按图接好线后，用调压器升高电压，读取电流表、电压表、频率表指示值，当外加电压为 U、流过试品电流为 I、频率为 f 时，$I=U\times2\pi fC_x$，故被测电容量 C_x 为：

$$C_x=\frac{1}{2\pi fU}\times10^6\ (\mu F)$$

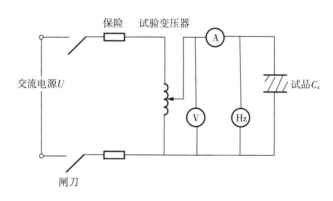

图 3-2-57　电容量测量接线原理图

10.4　并联电容器交流耐压试验

根据规程要求，并联电容器交接试验应做交流耐压试验，交流耐压试验可有效发现油面下降、内部受潮、瓷套损坏以及机械损伤等各类缺陷，试验时，两极对外壳的耐压试验时设备容量不宜太大，试验方法相对简单，交接试验标准参考 GB 50150—2016 中相关要求。

10.5　冲击合闸试验

并联电容器投入运行之前应进行冲击合闸试验，其目的在于检查电容器组补偿容量是否合适，电容器所用熔断器是否合适，以及三相电流是否平衡。

电容器组、相对应断路器及控制保护回路电流、电压测量装置等安装完毕后，在额定电压下对电容器组进行三次合、分闸冲击试验。冲击合闸试验后，断开断路器、隔离开关，合上电容器组接地闸刀并对极间充分放电，检查熔断器有无熔断，如有熔断，应查明原因，消除后电容器方可正式投运。

冲击试验时，应观察系统电压的变化及电容器组每相电流的大小，三相电流是否

平衡及合闸、分闸时是否给系统造成较高的过电压和谐振等现象。三相电流不平衡率一般不应超过 5%，超过时应查明原因并予以消除。

11. 绝缘油和 SF_6 气体试验

在变压器、油断路器、电力电缆、电容器、互感器等高压电气设备中，长期以来一直广泛地大量使用着矿物绝缘油。绝缘油起着加强绝缘、冷却、灭弧和浸渍的作用。用油浸渍的纤维性固体绝缘，能有效地防止潮气的直接进入并填充了固体绝缘中的空隙，显著地加强了纤维性材料的绝缘。在油纸绝缘体系中，绝缘油不仅是重要的组成部分，也是了解油纸绝缘体系内部运行工况的信息载体。

绝缘油的质量好坏，直接影响发、供电充油设备的安全和经济运行，所以对绝缘油质量有严格规定和要求，主要要求如下：

（1）要有良好的电气性能。评定电气性能的指标主要是绝缘强度（击穿电压）高、介质损耗因数小、体积电阻率高和吸气性好等；

（2）要有良好的抗氧化安定性。绝缘油在运行中一般温度在 60℃ 至 80℃，并与空气接触，同时受到电场、电晕等作用，所以会产生热气化和电气化（劣化或氧化），为保证绝缘油 20 年的使用寿命，必须具有良好的抗氧化安定性能；

（3）高温安全性好。绝缘油的高温安全性以闪点高低来衡量，闪点愈低，挥发性愈大，则安全性愈小，反之亦然。绝缘油的闪点有严格要求和规定。

如图 3-2-58 所示，目前有成套绝缘油检测分析装置来开展各类油化和物理特性试验。

图 3-2-58　绝缘油与成套检测全分析装置

11.1 外观检查

（1）油的颜色：新油一般为浅黄色，氧化后颜色变为深暗红色。运行中油的颜色迅速变暗，表示油质变坏。

（2）气味：变压器油应没有气味，或带一点煤油味，如有别的气味，说明油质变坏。例如，烧焦味说明油干燥时过热，酸味说明油可能严重老化，乙炔味说明油内产生过电弧，其他味可能是随容器产生的。

（3）透明度分析：新油在玻璃瓶中是透明的，并带有蓝紫色的荧光，如果失去荧光和透明度，说明有水分、机械杂质和游离碳。

11.2　水溶性酸（pH值）

油品的水溶性酸是油品中溶于水的低分子有机酸和无机酸（硫酸及其衍生物如磺酸及酸性硫酸酯等）。对于变压器油来说，水溶性酸不仅会腐蚀设备，而且使变压器内部绝缘下降。一般新油几乎不含酸性物质，pH值在6～7范围内，当酸值≤4.0时，变压器运行过程中析出油泥的可能性增加；当酸值≤3.8时，油质将显著劣化，会有较多油泥产生。

新安装变压器的绝缘油，水溶性酸（pH值）应按现行国家标准《运行中变压器油水溶性酸测定法》（GB/T 7598—2008）中的有关要求进行试验，pH值应＞5.4。

11.3　酸值

绝缘油的酸值是表明油品中含有酸性物质，即有机酸和无机酸的总值，一般以中和1g绝缘油中酸性物质所需的氢氧化钾的mg数来表示。

未使用过的新变压器油几乎不含酸性物质，其酸值相当小，但油品在长期储存下，或是充入电气设备投入运行后，难免会与空气中的氧接触，导致油品被氧化。氧化初期主要生成低分子有机酸，进一步氧化则产生高分子有机酸及酸阶产物，使得油品的导电性能增强，降低了油品的绝缘性能，同时可能产生对金属的腐蚀。在运行温度较高（＞80℃）的情况下，促使固体纤维纸绝缘材料发生老化，进而缩短设备的使用寿命。因此要严格控制新安装变压器油绝缘油的酸值，应按现行国家标准《石油产品酸值测定法》（GB/T 264—1983）中的有关要求进行试验，其数值应≤0.03mg/g。

11.4　闪点

闪点是绝缘油在储存和使用过程中的一项安全指标。尤其是对运行中变压器油的监控，闪点是一项不可或缺的项目。闪点的下降表示油中有挥发性可燃物产生，这些低分子碳氢化合物往往是由于电气设备局部故障，造成过热使绝缘油在高温下热裂解时产生的，因此通过闪点可及时发现电器设备是否有过热故障出现，对于新充入设备及检修处理后的油来说，测量闪点可以发现是否有轻质馏分油品混入，闪点过低会导致电器设备发生火灾，甚至爆炸。因而在各国变压器油的新油标准中均有严格的闪点控制指标，交接试验标准中要求，绝缘油的闪点（闭口）值应按现行国家标准《闪点的测定宾斯基-马丁闭口杯法》（GB 261—2008）中的有关要求进行试验，闪点（闭口）值要求≥135。

11.5　水含量

绝缘油在包装运输和储存管理过程中，如保管不妥有可能进入水分，此外石油产品有一定程度吸水性，能从大气中或与水接触时，吸收和溶解一部分水，绝缘油的吸水能力与其组成以及所处温度环境均有关。水分对绝缘介质的电气性能和理化性能都有极大的危害，首先水分会降低油品的击穿电压。当油中含水量为0.01%时，击穿电压约为15kV；当水含量增加到0.03%时，击穿电压降到6kV左右，同时水分对介质损耗因数也有明显的影响。随油品内水分增加，介质损耗因数增加，当油中水含量为0.02%时，介质损耗因数为1×10^{-6}。当水含量增加15倍，即0.1%时，介质损耗因数

增至 $2.1×10^{-6}$。此外，水分还能促进有机酸对铜、铁等金属的腐蚀作用，产生的皂化物会恶化油的介质损耗因数，增加油的吸潮性，并对油的氧化起催化作用。通常受潮的油比干燥的油老化速度要增加 2～4 倍，所以长期以来人们对绝缘油中的水的存在给予极大的关注。

水在绝缘油中以 3 种方式存在：

（1）悬浮状：水分以水滴形态悬浮于油中。

（2）浮化状：指水分的极细小的水滴状均匀分散于油中。

（3）溶解状：水分以溶解于油之中形式存在。其测定可通过绝缘油水分检测仪进行测量，如图 3-2-59 所示。

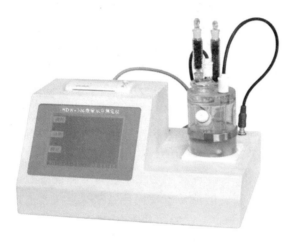

图 3-2-59　绝缘油水分测定仪　　　　图 3-2-60　界面张力测试仪

交接试验标准中要求，绝缘油的水含量应按现行国家标准《运行中变压器油水分含量测定法》（GB/T 7600—2014）或《运行中变压器油、汽轮机油水分测定法（气相色谱法）》（GB/T 7601—2008）中的相关要求进行试验。试验标准如表 3-2-3 所示。

表 3-2-3　变压器绝缘油水分含量标准

电压等级	水含量（mg/L）
330kV～750kV	≤10
220kV	≤15
10kV 及以下	≤20

11.6　界面张力

液体与另一种不相混溶的液体接触，其界面产生的力称为界面张力。绝缘油的界面张力表示绝缘油和不相溶水之间产生的张力。油品因使用后老化变质生成氧化产物、油泥等均对界面张力有影响，未用过变压器油的界面张力一般可达 40～50mN/m，油品老化后，由于生成各种有机酸（—COOH）及醇（—OH）等极性物，使油品的界面张力逐渐下降。通过张力测试可掌握绝缘油老化程度。目前有基于圆环法的绝缘油界面张力测试仪完成测试，如图 3-2-60 所示，可测量出各种液体的表面张力（液-气相界面）及液体的界面张力（液-液相界面）。

绝缘油的界面张力应按现行国家标准《石油产品油对水界面张力测定法》（GB/T 6541）中的有关要求进行试验，其张力值应≥40。

11.7 颗粒度限值

绝缘油中颗粒污染度影响绝缘油的电气性能，因此超高压、特高压绝缘油对颗粒度的要求日益突出，尤其对金属颗粒含量的要求越来越严格。随着即将投入电网建设的超高压变压器设备的增多，为确保设备安全稳定运行，开展绝缘油颗粒污染度分析工作十分必要，对安全生产有着十分重要的意义。绝缘油中杂质颗粒是指油中侵入不溶于油的颗粒状物质，又称颗粒污染度，主要是纤维碳和各种金属杂质。主要有以下几种来源。

（1）固有杂质颗粒

绝缘油在炼制灌装、运输和施工过程中混入的杂质。炼油厂生产的新变压器油，颗粒含量是很高的，又经过装桶、运输和施工等环节，可能混入一些能杂质，这部分杂质称油中固有杂质颗粒。

（2）介质的污染

变压器在制造和装配过程中混入的杂质，如制造过程中空气中粉尘对器身的污染；绝缘材料加工时因摩擦产生的碎屑；绕组、铁心及引线等固体部件上脱落的碎屑及由于电磁线生产、绝缘漆膜及焊接显突等工艺过程中引人的杂质等。

（3）变压器运行过程中产生的杂质

变压器运行过程中产生的杂质是指在变压器运行过程中，内部放电油泵、分接开关触头等机械部件腐蚀、磨损、撞击和纸板上的纤维（因绝缘老化被高速油流冲走）等产生的杂质。

不难理解，金属颗粒对油的绝缘性能影响最大。目前通过激光颗粒计数仪来进行测定，原理是当油样以恒定的流速通过测试区时，被与油流方向垂直的狭窄激光束照射，油中颗粒使激光散射，光强发生变化，散射光通过透镜聚焦后由光敏二极管检测，光敏二极管产生的脉冲的幅值与颗粒直径相对应，脉冲数目代表着颗粒数。传感器主要在 $5\sim15\mu m$、$15\sim25\mu m$、$25\sim50\mu m$、$50\sim1000\mu m$ 以及大于 $100\mu m$ 范围内对油中颗粒进行检测。每个油样测量 3 次，并取平均值。按照《变压器油中颗粒度限值》（DL/T 1096—2008）规定，500kV 变压器油颗粒控制为投运前（热油循环后）100mL 油中大于 $5\mu m$ 的颗粒数小于 2000 个。

11.8 介质损耗因数 tanδ

绝缘油的介质损耗因数用介质损耗角正切值 tanδ（%）来表示，而介质损耗角是外施交流电压与它里面通过的电流之间的相角和余角。

变压器油是在变压器或相类似设备中作为绝缘介质存在，在交流电路产生的变化电场作用下，理论上在介质内部只会通过微弱的电容电流，它与施加电压的相位提前 90℃，因此是无功电流，只影响设备的功率因数，不会产生功率损失，但实际上在油内会或多或少存在能使内部电荷不平衡或由于电场作用而产生的极性分子，它们能起到导体作用,从而产生电阻性的传导电流(或称泄漏电流),此电流与施加电压同相位,因此是有功电流,引起功率损失,称为绝缘油的介质损耗,用传导电流与电容电流的比值来表示,称为介质损耗因数。

介质损耗因数是评定绝缘油电气性能的一项重要指标,特别是油品劣化或被污染对介质损耗因数变化更为明显。通常用绝缘油介质损耗测试仪进行测试,如图 3-2-61 所示。

绝缘油的介质损耗因数 tanδ(%)应按现行国家标准《液体绝缘材料相对电容率、介质损耗因数和直流电阻率的测量》(GB/T 5654)中的有关要求进行试验,要求 90℃时,绝缘油在注入电气设备前应≤0.5;在注入电气设备后前应≤0.7。

图 3-2-61 绝缘油介质损耗测试仪

11.9 击穿电压

击穿电压也是评定绝缘油电气性能的一项重要指标,可用来判断绝缘油含水和其他悬浮物污染的程度,以及对注入设备前油品干燥和过滤程度的检验。对清洁干燥的油施加一个逐渐升高的电压时,在电压的负极端会发射出电子,当电子具有足够能量时,可使油分子微化离解,于是整个离解过程随电压升高而加强,当达到某一个电压后,会产生大量传导电流而形成电弧,这种现象被称为击穿,击穿时电压被称为击穿电压。若油中有水或固体物存在时,则会使击穿电压变小,这时由于水和固体物的导电性均比油大之缘故。

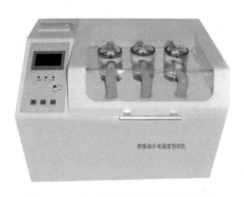

图 3-2-62 绝缘油介电强度测试仪

绝缘油耐压试验是在专用击穿电压试验器中完成,试验器包括一个瓷质或玻璃油杯、两个直径 25mm 的圆盘电极(光滑且无烧焦痕迹),如图 3-2-62 所示。试验时将取出的油样倒入油杯内,然后放入电极,使两个电极相距 2.5mm。试验应在温度为 10℃～35℃和相对湿度不大于 75% 的室内进行,主要步骤是:

(1)将油样混合均匀,尽可能不使其产生气泡。在室内放置几小时,使油温尽量接近室温。

(2)将油样接入试验回路,静置 10～15 分钟,使油内的气泡逸出。

(3)合上电源,以每秒 3kV 的速度加压,至油样被击穿(有明显的火花放电或试验器的脱扣开关跳闸)时,记录该瞬间的电压值。

(4)静置 5 分钟后,重复上述试验,一般每个油样要试验 5 次,取 5 次的平均电压值。

(5)如果将电压加到试验器的最大值(如 50kV),油样仍未击穿,可在最大电压下停留 1 分钟，再不击穿，则认为绝缘油耐压强度合格。

　　绝缘油的击穿电压应按现行国家标准《绝缘油击穿电压测定法》（GB/T 507）中的有关要求进行试验，其指标如表 3-2-4 所示。

表 3-2-4　变压器绝缘油击穿电压标准

电压等级	击穿电压（kV）
750kV	≥70
500kV	≥60
330kV	≥50
66kV～220kV	≥40
35kV 及以下电压等级	≥35

　　上述指标为平板电极测定值，其他电极可参考现行国家标准《运行中变压器油质量》（GB/T 7595）执行。

11.10　体积电阻率

　　绝缘油的体积电阻率是表示两电极间绝缘油单位体积内体积电阻的大小，一般是测定两电极间的电阻 R，再计算电阻与两极板间体积的比值来获得绝缘油的电阻率。绝缘油的体积电阻率应按国家现行标准《液体绝缘材料相对电容率、介质损耗因数和直流电阻率的测量》（GB/T 5654）或《电力用油体积电阻率测定法》（DL/T 421）中的有关要求进行试验，要求数值 $\geqslant 6 \times 10^{10} \Omega \cdot m$。

11.11　油中含气量

　　变压器油中含气量是指溶解在绝缘油中的气体总含量，包括：氧气、氮气、烃类气体、一氧化碳和二氧化碳等。气体在油中的溶解量不是一个常数值，在常温、常压下油中溶解空气的量约为 10%，其主要成分是空气中的氧和氮，但是变压器在运行过程中，由于油温、油压、油流等因素的变化，溶解于油中的气体会释放出来形成气泡，聚集在绝缘层或表面形成局部放电。目前国内有多种含气量测试方法：气相色谱法、二氧化碳洗脱法、真空压差法、振荡脱气法。下面简要介绍气相色谱法。

　　气相色谱法利用样品各组分在流动相和固定相中吸附力或溶解度不同，当两相作相对运动时，样品各组分在两相间进行反复多次的分配，不同分配系数的组分在色谱柱中运动速度就不同，滞留时间也就不一样。这样，当流经一定柱长后，样品中各组分得到分离，当分离后的各个组分流出色谱柱而进入仪器时，记录仪就记录出各个组分的色谱峰。采用气相色谱法测油中总含气量方法简单、方便、易操作，测的数据准确、可靠，油中各种组分能真实地被测定出来，为分析、判断设备是否正常提供了可靠的依据。

11.12　油泥与沉淀物

　　由于油泥在新油和老化油中的溶解度不同，当老化油中渗入新油时，油泥便会沉析出来，油泥的沉积将会影响设备的散热性能，同时还对固体绝缘材料和金属造成严重的腐蚀，导致绝缘性能下降，危害性较大，因此，以大于 5% 的比例混油时，必须进行油泥析出试验。试验方法为：

（1）将油样瓶充分地摇匀，直到所有的沉淀物都是均匀的悬浮在变压器油中。准确称量约 10g（精确到 0.1g）油样，并将其转移至 100mL 的容量瓶中，用正庚烷稀释至容量瓶的刻度线。盖紧瓶盖，将油样与正庚烷溶剂充分地摇匀，放在暗处 18 小时至 24 小时。

（2）观察容量瓶内有无固体沉淀物存在。若能观察到沉淀物时，则用已干燥、恒重过的定量滤纸过滤混合溶液，并用正庚烷少量、多次地洗涤滤纸直至滤纸上无油迹为止。

（3）待滤纸上的正庚烷挥发后，将含固体沉淀物的滤纸放入 100℃～110℃ 的恒温干燥箱中干燥 1 小时。然后将滤纸取出，放入干燥器中冷却到室温后，称重滤纸，并反复此操作，直至滤纸达到恒重为止。将恒重后的质量和扣除滤纸的空白质量后的值，即为变压器油中沉淀物和可析出油泥的总质量 A。

（4）用少量热的（约 50℃）混合溶剂（甲苯、丙酮、乙醇或异丙醇等体积混合）溶解纸上的固体沉淀物，并将溶液过滤收集在已恒重的三角瓶中，继续用混合溶剂洗涤，直至滤纸上无油迹和过滤液清亮为止。

（5）将装有混合溶剂洗出液的三角烧瓶放于水浴上蒸发至干，然后将三角烧瓶移入 100℃～110℃ 的恒温干燥箱中干燥 1 小时，然后放入干燥器中冷却至室温，称重。直至三角烧瓶达到恒重为止，将已恒重的含有沉淀物的三角烧瓶的质量扣除空白三角烧瓶的质量后的值，即为可析出油泥的质量 B。

（6）A－B 的值即为变压器油中沉淀物的质量。

11.13 绝缘油的色谱分析与故障判别

变压器油在使用过程中受到强的电应力作用会发生化学变化产生气体。电气设备大多熏浸在绝缘油中工作，绝缘油在高电压强度下，由于发生瞬间放电或绝缘放电，使油品脱氢。一般绝缘油本身不能吸收氢气，具有一定黏度的大容量绝缘油不会使析出的氢气迅速脱离油相，使得绝缘油中存在游离状态的氢气泡，即气穴。这些气穴的存在严重影响变压器的运行安全。

在电场和电离作用下绝缘油的析气性是用来评价绝缘油在受到其强度足以引起在油、气交界面上放电的电场（或离子场）作用下，吸收或放出气体的趋势，它是目前评定高电压等级变压器油性能的一项重要指标。析气性和油品组成和加工工艺有关。

绝缘油中溶解气体组分含量色谱分析应按国家现行标准《绝缘油中溶解气体组分含量的气相色谱测定法》（GB/T 17623）或《变压器油中溶解气体分析和判断导则》（GB/T 7252）及《变压器油中溶解气体分析和判断导则》（DL/T 722）中的有关要求进行试验，其要求如下：

（1）电压等级在 66kV 及以上的变压器，应在注油静置后、耐压和局部放电试验 24h 后、冲击合闸及额定电压下运行 24h 后，各进行一次变压器器身内绝缘油的油中溶解气体的色谱分析；

（2）试验应符合现行国家标准《变压器油中溶解气体分析和判断导则》（GB/T 7252）的有关规定。各次测得的氢、乙炔、总烃含量，应无明显差别；

（3）新装变压器油中总烃含量不应超过 $20\mu L/L$，H_2 含量不应超过 $10\mu L/L$，C_2H_2 含量不应超过 $0.1\mu L/L$。

11.14　新油腐蚀性硫、结构簇、糠醛检测

根据防止电力生产事故的二十五项重点要求，变压器新油应由厂家提供新油无腐蚀性硫、结构簇、糠醛及油中颗粒度报告，油运抵现场后，应取样在化学和电气绝缘试验合格后，方能注入变压器内。油中颗粒度已在本节 11.7 内容中介绍，下面介绍腐蚀性硫、结构簇、绝缘油糠醛检测。

（1）腐蚀性硫检测

在防治电力安全生产事故的十二五项重点要求中，变压器新油应开展腐蚀性硫检测，其原因在于，当绝缘油中存在腐蚀性硫时，硫可以与在变压器运行中与铜导线发生化学反应，导线表面会产生硫化亚铜并析出，由于硫化亚铜的导电性，造成对绝缘纸产生渗透，导线匝间绝缘受损，进而造成击穿。在高电压等级、大容量、大负荷、高温环境下情况会更严重。

腐蚀性硫测定方法有多种，常用测定方法为：将经过处理的原始铜排在 140° 高温绝缘油中保持 19 小时（不同方法的温度和保持时间不同），根据生成的硫化物腐蚀铜片而变色的原理来判断试验样品是否具有腐蚀性，与标准色板对比后进行定性分析，形成分析报告。

（2）结构簇检测

结构簇测试，也可以称为碳结构测试。从总的概念上讲，变压器油分为从石蜡基原油和环基原油生产的，变压器油也有石蜡基变压器油和环烷基变压器油之分，但随着加氢改质等工艺的发展，石蜡基原油也可以生产性能与环烷基原油相媲美的变压器油。如何判断一个变压器油是环烷基变压器油还是石蜡基变压器油，在国外除常规的理化性质外最简单的方法是碳型结来判断。一般认为石蜡基油倾点高，在抗氧剂消耗以后易快速氧化生成大量的酸性化合物，而且酸性较强，对变压器油的电气性能、工作寿命有很大的影响。因此虽然环烷基原油储量只占世界原油储量约 4%，资源较为稀缺，分布不平衡，加工方法较为特殊，但是国际上主要变压器油生产商仍然尽量选用环烷基原油来生产变压器油。

变压器油的碳结构测试可以通过光谱分析获得，碳结构就是将组成复杂的基础油看成是由芳香环、环烷环口烷基侧链这三种结构组成的单一分子，其中 %C_p 值是指烷基侧链上的碳原子占整个分子总碳数的百分数，%C_p 数值在 $42\sim50$ 时，认为是环烷基油，如克拉玛依油；%C_p 数值在 $50\sim56$ 时，认为是中间基油；%C_p 数值在 $56\sim65$ 时，认为是石蜡基油，可以通过新的生产工艺来改善油品。

（3）绝缘油糠醛检测

变压器中有大量的绝缘纸，绝缘纸的主要成分是纤维素（$(C_6H_{10}O_5)_n$），分子式中 n 为聚合度。当绝缘纸劣化时，纤维素降解生成一部分 D-葡萄糖单体，D-葡萄糖单体在变压器运行条件下易分解，最后产生一系列溶解在油中的氧杂环化合物，其中糠醛（$C_5H_4O_2$）是绝缘纸因老化裂解产生的主要特征产物。因此，测试油中糠醛含量，可以反映变压器纸绝缘的老化情况。

绝缘油糠醛测试分析仪器采用高效液相色谱仪，检测器为可变波长扫描紫外检测器，根据规程要求，正常运行的变压器（含电抗器）油中糠醛含量应小于表3-2-5中的规定值。

表3-2-5　变压器油糠醛含量标准要求

运行年限（年）	1～5	5～10	10～15	15～20
糠醛量（mg/L）	0.1	0.2	0.4	0.75

11.15　SF$_6$气体试验

六氟化硫（SF$_6$）气体已有百年历史，它是法国两位化学家摩森（H. Moissan）和李博（P. Lebeau）于1900年合成的人造惰性气体，由单质氟与硫直接化合而得，无色无臭，不燃烧，无电抗性，相对无毒，仅有窒息性，密度约为空气的5倍，极少溶于水，微溶于醇。SF$_6$化学稳定性极好，其惰性与氮气相似，且具有极好的热稳定性，纯态下即使在500℃以上也不分解，具有卓越的电绝缘性和灭弧特性，相同气压下，其绝缘能力为空气、氮气的2.5倍以上，灭弧能力为空气的100倍，因此广泛应用于电力设备的绝缘介质上，是新一代的超高压绝缘介质材料。

尽管SF$_6$对电器设备中常用的金属及其他有机材料不发生化学作用，然而在大功率电弧、火花放电和电晕放电作用下，六氟化硫气体能分解和游离出多种产物，主要是SF$_4$和SF$_2$，以及少量的S$_2$、F$_2$、S、F等。这些物质与水分可反应出HF、H$_2$SO$_3$等强腐蚀性物质，与无机材料、有机材料和多种金属可发生化学作用，给设备带来不利影响。

基于以上分析，SF$_6$气体实验一方面要开展含水量测试，另一方面也要对分解产物进行分析。目前分析可由SF$_6$气体纯度分析仪完成，如图3-2-63、图3-2-64所示。主要包括测量SF$_6$气体的纯度（SF$_6$气体中的空气含量百分比）、SF$_6$气体分解物含量（SO$_2$、H$_2$S等产物的含量）、SF$_6$气体水分含量，由于成套设备的日益成熟，该类试验可以直接在现场完成。

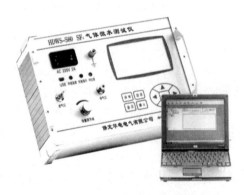

图3-2-63　SF$_6$微水测试仪

图3-2-64　SF$_6$气体纯度分析仪

气体的湿度一般可以用如下几种单位表示：露点（℃）、体积比（μL/L）、质量比（μg/g）、相对湿度（被测气体中水蒸气的分压力与被测气体温度下水的饱和蒸气压之比）、绝对湿度（kg/m³或 g/L）。SF₆气体微水试验方法主要有点解法、露点法和阻容法等，目前现场多采用露点法测试 SF₆气体微水含量，这里对试验原理进行简单介绍。

（1）含水量测量原理

使被测气体在恒定压力下，以一定流量流经露点仪测量室中的抛光金属镜面，该镜面的温度可人为地降低并可精确地测量。当气体中的水蒸气随着镜面温度的逐渐降低而达到饱和时，镜面上开始出现露（或霜），此时所测得的镜面温度即为露点。用相应的换算公式即可得到体积比表示的微水量。

通常的露点仪可以分为两大类即目视露点仪和光电露点仪。由于目视露点仪凭经验操作，人为误差较大，且需要使用制冷剂，不便于现场测量，目前现场已不采用。光电露点仪采用热电效应制冷，由光电传感器检测露的生成与消失，并控制热电泵的制冷功率，用紧贴在冷镜下方的铂电阻温度传感器测量温度。在测量室内，由光源照射到冷镜表面的光经反射后，被光电传感器接受并输出电信号到控制回路，驱动热电泵对冷镜制冷。当镜面出露时，由于漫反射而使光电传感器接受的光强减弱，输出的电信号也相应减弱。此变化经控制回路比较、放大后调节热电泵激励，使其制冷功率减小，镜面温度将上升而消露。如此反复，最终使镜面温度保持在气体的露点温度上。通过镜面冷凝状态观察镜，可以判断镜面上的冷凝物是液态的露（呈圆或椭圆形）还是固态的霜（呈晶形）。如图 3-2-63 所示，光电露点仪有相当高的准确度和精密度，操作简单方便，在现场获得了广泛的应用。

（2）测量操作步骤

① 连接好待测设备的取样口和仪器进气口之间的管路，确保所有接头处均无泄漏。

② 调节待测气体流量至规定范围内。由于气体露点与其流量没有直接关系，所以流量不做作严格要求，按说明书要求控制在一定范围内即可。

③ 打开光电露点仪的测量开关，仪器即开始自动测量。露点示值稳定后即可读数。

交接试验规程中对于 SF₆气体要求为：断路器灭弧气室≤150μL/L，其他气室≤250μL/L。SF₆新气到货后，充入设备前应对每批次的气瓶进行抽检，并应按现行国家标准《工业六氟化硫》（GB 12022）验收，SF₆新到气瓶抽检比例根据每批气瓶数量来确定。《国家电网公司十八项电网重大反事故措施》中要求：SF₆气体必须经 SF₆气体质量监督管理中心抽检合格，并出具检测报告后方可使用。SF₆气体注入设备后必须进行湿度试验，且应对设备内气体进行 SF₆纯度检测，必要时进行气体成分分析。

12. 避雷器试验

避雷器是电力系统中的一种过电压保护装置，连接在被保护设备和大地之间，通常与被保护设备并联。避雷器可以有效地保护一次设备，当一次设备在正常工作电压下运行时，避雷器呈现高电阻状态，仅有微安级电流通过，一旦出现过电压危及被保护设备绝缘时，避雷器立即动作呈现低电阻，将高电压冲击电流导向大地，从而限制电压幅值，保护一次设备，当过电压消失后，避雷器迅速恢复原状，使一次设备得以正常工作。因此，避雷器的主要作用是通过并联放电间隙或非线性电阻的作用，对入侵流动波进行削幅，降低被保护设备所受过电压值，从而起到保护一次设备的作用。

避雷器不仅可用来防护雷电产生的过电压，也可用来防护操作过电压。目前变电站现场避雷器均为金属氧化物避雷器（MOA），具体包括瓷外套金属氧化物避雷器和组合电器的罐式避雷器，如图 3-2-65、图 3-2-66 所示。其阀片是以氧化锌为主并掺以 Sb、Bi、Mn、Cr 等金属氧化物制成。氧化锌的电阻率为 $1\sim10\Omega/cm$，晶界层的电阻率为 $10^{12}\sim10^{14}\Omega/cm$。在系统正常电压下，晶界层接近于绝缘，流过氧化锌避雷器的电流仅 1mA 左右，在过电压的情况下，晶界层由高阻变成低阻，流过的电流急剧增大，迅速降低电压幅值，从而保护设备绝缘不受损害。

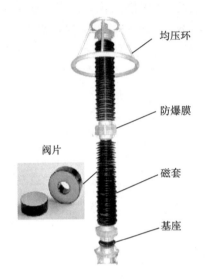

图 3-2-65　500kV 瓷外套金属氧化物避雷器　　　图 3-2-66　GIS 用罐式避雷器

由于避雷器在安装和投运过程中可能发生密封损坏导致内部受潮、安装受到过大冲击造成内部瓷碗破裂、并联电阻断裂、瓷套损坏以及阀片老化等现象，因此有必要对避雷器安装后开展交接试验及投运后开展预防性试验。

交接试验标准中规定金属氧化物避雷器应试验包括绝缘电阻测量、测量直流 1mA 电压 U_{1mA} 及 $75\%\ U_{1mA}$ 电压下的泄漏电流、运行电压下的泄漏电流（全电流）及其有功分量（阻性电流）和无功分量（容性电流）。

12.1　测量金属氧化物避雷器及基座绝缘电阻

具体试验方法可参见本节 1.5 相关内容。交接试验标准要求如下：

（1）35kV 以上电压等级，应采用 5000V 兆欧表，绝缘电阻不应小于 2500MΩ。

（2）35kV 及以下电压等级，应采用 2500V 兆欧表，绝缘电阻不应小于 1000MΩ。

（3）1kV 以下电压等级，应采用 500V 兆欧表，绝缘电阻不应小于 2MΩ。

（4）基座绝缘电阻不应低于 5MΩ。

12.2　测量金属氧化物避雷器直流参考电压和 0.75 倍直流参考电压下的泄漏电流

金属氧化物阀片的电压和电流关系可反映出电阻的特性，电流大时其电阻小，电流小时其电阻大，也就是在正常运行情况下，其电阻很大，流过很小的电流，而当雷击电流流过时，其电阻很小，可以释放电流，起到保护设备的作用。测量其直流电压

U_{1mA} 及 $75\%U_{1mA}$ 电压下的泄漏电流是为了检查其非线性特性及绝缘性能。其试验接线如图 3 - 2 - 67 所示。

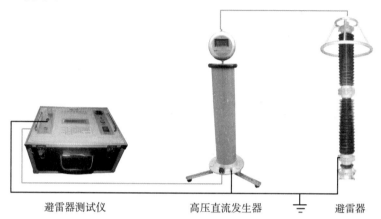

图 3 - 2 - 67　直流参考电压和 0.75 倍直流参考电压泄漏电流试验接线

试验步骤：先升压，注意观察直流微安表显示的泄漏电流，升至 1mA，记录此时显示屏上的电压值即为直流 1mA 下参考电压。随机按下 0.75 按钮，操作台自动计算并将电压降至刚刚 1mA 下参考电压的 75％，读取此时直流微安表显示的泄漏电流即为 0.75 倍直流参考电压下的泄漏电流。

若 U_{1mA} 电压下降或 $0.75U_{1mA}$ 下泄漏电流明显增大，可能是避雷器阀片受潮老化或瓷质有裂纹。测量时，为防止表面泄漏电流的影响，应将瓷套表面擦净或加屏蔽措施，还应注意气候的影响。

交接试验标准要求：与出厂值相比，其允许偏差应为 ±5％；0.75 倍直流参考电压下的泄漏电流值不应大于 $65\mu A$。

12.3　运行电压下的泄漏电流及其有功分量和无功分量

试验研究表明：当金属氧化物避雷器阀片受潮或老化时，阻性电流幅值增加很快，因此监测阻性电流可以有效地监测避雷器绝缘状况。测量金属氧化物避雷器在避雷器持续运行电压下的持续电流，主要是测其有功分量（阻性电流）和无功分量（容性电流）均应符合产品技术规定。

避雷器持续电流是指在持续运行电压下，流过避雷器的电流，包含了阻性分量和容性分量，如图 3 - 2 - 68 所示为避雷器在持续运行电压下的等值电路图。

通过电阻片的电流是泄漏电流的主要成分，一般被认为是避雷器的总泄漏电流。

在避雷器正常运行时，作用在避雷器上的相电压 U 和通过其中的 I_X 之间有相位差 θ，测出 θ 和 I_X 即可算出有功分量和无功分量。测试接线如图 3 - 2 - 69 所示。

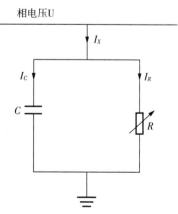

图 3 - 2 - 68　避雷器等值电路图

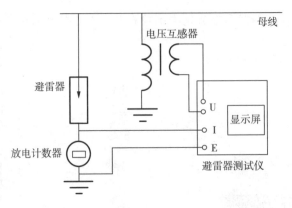

图 3 - 2 - 69　避雷器运行电压下泄漏电流测试接线

12.4　避雷器在线监测仪的校验

避雷器在线监测仪包括放电计数器和泄漏电流指示，放电计数器可以记录避雷器动作次数，以便累计资料，分析电力系统过电压情况，是避雷器重要配套设备，泄漏电流指示可以在线观测避雷器泄漏电流情况，监测避雷器运行工况。目前现场用避雷器校验仪来开展校验。

校验方法：校验接线如图 3 - 2 - 70 所示，校验仪充电后，可以按检测按钮对监测仪进行冲击，每冲击一次，计数器动作一次。可确保计数器准确动作。调节仪器的电流输出旋钮，观测仪器中指针指示数字与监测仪指示数字是否一致，通过比对可观测泄漏电流是否准确。在新计数器投运前三相计数器数字应调整至同一数字，一般为 5 次为宜。

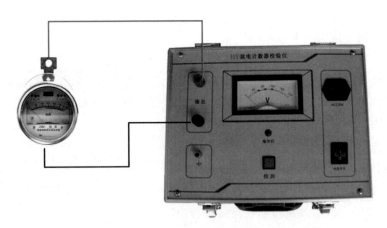

图 3 - 2 - 70　避雷器运行电压下泄漏电流测试接线

13.　二次回路试验

13.1　测量绝缘电阻

二次回路绝缘电阻是确保保护、测控、通信等功能实现的必要保障，如果绝缘电阻不合格，可能导致交直流接地报警甚至造成设备误动作，因此有必要结合设备停电，测量二次回路绝缘电阻。根据规程要求，二次回路的每一支路和断器器、隔离开关的操动机构的电源回路等，均不应小于 $1M\Omega$；在比较潮湿的地方，不可小于 $0.5M\Omega$。

13.2 交流耐压试验

二次回路交流试验是考验二次回路绝缘水平的试验，经过长时间运行后，部分二次回路已出现局部破损、老化、龟裂等现象，若不能发现，可能导致线间短路、控制回路断线等情况发生，通过开展耐压试验，可以发现隐患部位，并及时消除。根据规程要求，试验电压应为 1000V，当回路绝缘电阻值在 $10M\Omega$ 以上时，可采用 2500V 兆欧表代替，试验持续时间应为 1 分钟，应符合产品技术文件规定，48V 及以下电压等级回路可不做交流耐压试验，回路中有电子元器件设备的，试验时应将插件拔出或将其两端短接。

14. 接地装置试验

接地装置是确保电气设备在正常和事故情况下安全可靠运行的主要保护措施之一，可靠的接地可以确保运维人员的人身和电气设备的安全。近年来电力设备接地问题引起的设备事故时有发生。电力设备与接地装置连接起来，称为接地。接地按其作用分为三类：保护接地、工作接地、防雷接地。

接地装置由接地体和接地线构成。接地体多由圆钢、角钢等组成一定形状埋入地中。接地线是指电力设备的接地部分与接地体连接用的金属导线，对不同容量、不同类型的电力设备，其接地线的截面均有不同的要求。接地线多用钢筋、扁铁、裸铜线等。接地阻抗是指电流通过接地装置流向大地受到的阻碍作用，它是电力设备的接地体对接地体无穷远处的电压与接地电流之比，影响接地阻抗的主要因素有土壤电阻率、接地体的尺寸形状及埋入深度、接地线与接地体的连接等。以每边长 1m 或 1cm 的正方体的土壤电阻来表示的数值叫土壤电阻率 ρ，土壤电阻率与土壤本身的性质、含水量、化学成分、季节等有关。一般来讲，我国南方地区土壤潮湿，土壤电阻率低一点，而北方地区尤其是土壤干燥地区，土壤电阻率高一些。

14.1 接地网电气完整性测试

接地装置的接地引下线截面积一般小于接地网主干线截面积，而在发生短路故障时，流过接地引下线的电流是全部故障电流，接地网干线有分流作用，通过的电流比接地引下线的电流小，所以，截面积小的接地引下线成为接地装置中的薄弱环节。另外，接地引下线部分处于大气中，另一部分处于土壤中。由于大气与土壤电化学腐蚀机理差别，使得接地引下线更易于腐蚀。如果引下线腐蚀不能及时发现，在事故电流时烧断造成电力设备失地运行，对人身和设备造成危险。

因此除了接地阻抗以外，还要进行电气完整性测试，应测量同一接地网的各相邻设备接地线之间的电气导通情况，只有测试结果合格，才能保证接地装置安全运行，以直流电阻值表示。接地完整性测试也称为导通试验。导通试验方法及试验标准有：

（1）万用表测量法，1Ω 及以下为良好，大于 1Ω 不良，大于 30Ω 严重腐蚀，甚至已断，应开挖检查。

（2）接地摇表测量法，小于 0.2Ω 为良好。

（3）专用仪器测量法，在 $50m\Omega$ 以下良好，$20m\Omega \sim 1\Omega$ 为不良，重要设备应尽快开挖检查。1Ω 以上应立即开挖处理。

14.2　接地阻抗

测量接地阻抗一般采用伏安法或接地电阻表法，其原理接线如图 3-2-71 所示。在接地电极 A 与辅助电极 B 之间，加上交流电压 u 后，通过大地构成电流回路。当电流从 A 向大地扩散时，在接地体 A 周围土壤中形成电压降，A 到 B 的电位分布如图（b）中所示。由图可知，距离接地极 E 越近，土壤中电流密度越大，单位长度的压降也越大。而距 A、B 越远的地方，电流密度小，沿电流扩散方向单位长度土壤中的压降越小。如果 A、B 两极间的距离 C 足够大，则就会在中间出现压降近于零的区域 C。根据以上原理分析，接地极 E 工频接地阻抗值 Z 可计算为：

$$Z=\frac{U_{AC}}{I}$$

其中，U_{AC} 是接地极 E 对大地零电位 C 处的电压；I 是流入接地装置的工频电流。

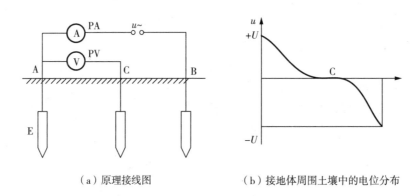

（a）原理接线图　　　　　　　　（b）接地体周围土壤中的电位分布

图 3-2-71　接地阻抗示意图

注：E-接地体；C-电位探针；B-电流探针；

PA-测量通过接地体电流的电流表；PV-测量接地体电位的电压表

为了能够准确地测定接地阻抗，必须先确定 C 点的位置，通常可采用电压观察法，即先保证 AB 间的距离足够大，对于变电站来说，通常为接地网对角线距离的 4 倍至 5 倍，然后接通电源，将电位探针 C 在 A、B 之间区域移动，当 U_{AC} 基本不变或变化很小时，即可认为 C 点电位进入零压区或近似零电位点。

测量接地阻抗一般采用电压—电流表法或专用接地电阻表（俗称接地摇表）进行测量。电压—电流表法原理接线图与图 3-2-71（a）基本一致，交流电压源 u 必须通过升压变压器获得，防止相线端直接接入接地极造成电源短路。接地电阻表测试接线如图 3-2-72 所示。

测量接地阻抗时电极的布置有直线布置式和三角形布置式，本文介绍常见的直线布置，如图 3-2-73 所示。一般选电流线 d_2 等于（4~5）D，D 为接地网最大对角线长度，电压线 d_1 为 0.618 d_2 左右，测量时还应将电压极沿接地网与电流极连线方向前后移动 d_2 的 5%，各测一次。若 3 次测得的阻抗值接近，可以认为电压极位置选择合适。若 3 次测量值不接近，应查明原因（如电流极、电压极引线是否太短等）。

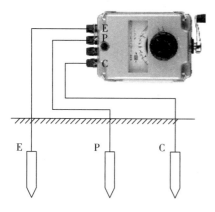

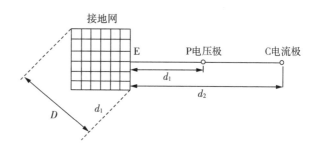

图 3-2-72　接线电阻表测量接线　　　　图 3-2-73　直线布置式接地阻抗测量

14.3　场区地表电位梯度、接触电位差、跨步电压和转移电位测量

对于大型地网，"接地电阻"呈现出较明显的"复数阻抗"性质，即包含电阻分量、电抗分量，所以应当采用"接地阻抗"的概念取代"接地电阻"。另外，接地阻抗也不是判断接地网是否安全的唯一指标。如在高土壤电阻率地区，欲降低变电所地网的接地阻抗值，不仅十分困难，而且往往很不经济，也很不合理。而在低土壤电阻率地区，即使地网的接地阻抗值达到了电力行业标准《交流电气装置的接地》（DL/T 621—1997）规定的要求，变电所内的接触电压和跨步电压，也不一定处处都能满足人身安全和设备安全的要求。随着人们对地网科学认识和评判水平进一步提高，不能仅以接地阻抗作为接地系统的安全判据已成为行业专家共识。

在电压等级较高的电力系统中，单相接地故障电流显著增大。众多行业专家认为，对于大型地网来说，应把对"接触电压"和"跨步电压"的要求提到首要上来。这样，无论从保证人身安全和设备安全，还是从经济技术指标方面考虑，都会更加适用与合理。至于接地阻抗的绝对值，根据变电站当地的具体土壤条件，可以而且应当允许在一定的范围内变动。

目前，通常使用大型地网变频大电流接地阻抗特性测量系统进行测量，可以精确测量大型接地网接触电位差、接触电压、跨步电位差、跨步电压，由于原理较为复杂，本书不作详细介绍。

第三节 输电线路电气试验应用

1. 1kV 以上架空电力线路试验

1.1 绝缘子和线路绝缘电阻测量

为了检查线路绝缘状况，应在线路投运前测量绝缘电阻，判断有无接地或相间短路等缺陷。一般应在沿线天气良好情况下（不能在雷雨天气）进行测量。首先将被测线路三相对地短接，以释放线路电容积累的静电荷，从而保证人身和设备安全。

测量时，应拆除三相对地的短路接地线，然后测量各相对地是否还有感应电压（测量表计用高内阻电压表，最好用静电电压表），若还有感应电压，应采取措施消除，以保证测试工作的安全和测量结果的准确。

测量线路各相绝缘电阻接线图如图 3-3-1 所示。测量线路的绝缘电阻时，应确认被测线路上无人工作，并得到现场指挥允许工作的命令后，将非测量的两相短路接地，用 2500～5000V 兆欧表，轮流测量每一相对其他两相及地间的绝缘电阻。若线路长，电容量较大时，应在读取绝缘电阻值后，先拆去接于兆欧表 L 端子上的测量导线，再停止兆欧表，以免反充电损坏兆欧表。测量结束后应对线路进行放电。

1.2 110（66）kV 及以上线路的工频参数测量

高压输电线路工频参数值是计算系统短路电流、保护定值整定、潮流分布推算、故障定位和选择合理运行方式的重要依据，新建高压输电线路一般在投运前应测试相关工频参数。应测的参数有直流电阻、正序阻抗、零序阻抗、相间电容、正序电容和零序电容。对于同杆塔架设的多回路或距离较近、平行段较长的线路，还需测量耦合电容和互感阻抗。

工频参数测试前，应收集线路的有关设计资料，如线路名称、电压等级、线路长度，杆塔型式、导线型号和截面等，了解线路电气参数设计值，并根据资料和现场情况做出测试方案，常用工频参数测试仪开展测试，如图 3-3-2 所示。

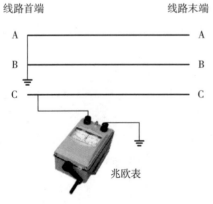

图 3-3-1 线路绝缘电阻测量接线图

图 3-3-2 输电线路工频参数测试仪

（1）测量正序阻抗

正常时采用如图 3-3-3 所示接线方式进行测试。

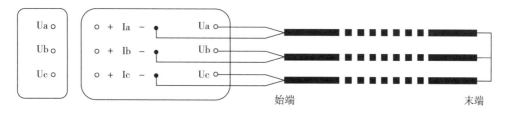

图 3-3-3　正序阻抗测量接线

若现场感应电压较高，从安全角度考虑，可采用如图 3-3-4 接线方式进行接线。在测试仪中设置相关 CT 和 PT 的变比，可直接测出各项电流、三相线电压、三相总功率，自动计算处正序阻抗、正序电阻、正序电抗、正序电感。

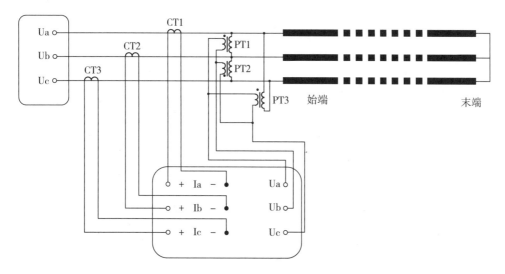

图 3-3-4　互感器法测量正序阻抗

（2）测量零序阻抗

零序阻抗测试接线如图 3-3-5 所示，将线路末端三相短路接地，始端三相短路接单相交流电源，可测出电流、电压、功率，并自动计算出零序阻抗、零序电阻、零序电抗、零序电感。

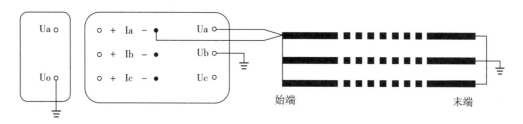

图 3-3-5　零序阻抗测量接线

（3）测量正序电容

线路测试端接线方法和正序阻抗完全相同，线路末端三相短路悬浮。在仪器测试项目菜单中选择"正序电容"，即可测出线路正序电容。

（4）测量零序电容

线路测试端接线方法和零序阻抗完全相同，线路末端三相独立悬浮。在仪器测试项目菜单中选择"零序电容"，即可测出线路零序电容。

（5）测量互感阻抗

互感阻抗测试接线如图 3-3-6 所示。在测试仪菜单中选择互感阻抗测试，即可测出两条线路互感阻抗。

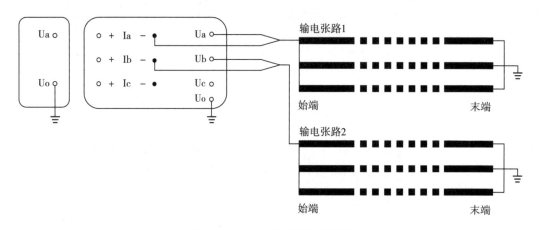

图 3-3-6　互感阻抗测量接线

1.3　检查相位

相位检查的目的是确保新建线路两端相位一致，避免投运时造成短路事故。现场一般采用兆欧表法来核对相位，接线如图 3-3-7 所示。

线路始端的一相接兆欧表 L 端，兆欧表 E 端接地；线路末端逐相接地测量，若兆欧表的指示为零则说明此时末端接地与始端测量属于同一项。按此方法确定出线路始末两端的 A、B、C 相。

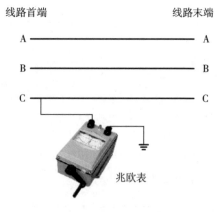

图 3-3-7　相位测量接线示意图

1.4　冲击合闸试验

新线路投产之前开展冲击合闸试验，其目的是利用操作过电压来检验线路绝缘水平。空载线路操作过电压的大小与系统容量及参数、运行方式、断路器的开断性能、中性点接地方式及操作方式有关，全电压冲击合闸是新线路竣工投产的验收项目之一。交接试验标准规定，在额定电压下对空载线路的冲击合闸试验应进行 3 次，合闸过程中线路绝缘不应有损坏，一般冲击合闸 3～5 次后仍正常，线路即可投入运行。

1.5　杆塔的接地电阻测量

输电线杆塔接地装置接地电阻的测量方法的原理与发电厂和变电所接地装置接地电阻的测量方法的原理基本相同，但由于输电线杆塔离城乡较远，没有交流电源，因此输电线杆塔的接地电阻一般是用接地电阻测量仪测量。具体方法可参考第二节第14小节所述方法。

如图3-3-8所示是用接地电阻测量仪测量输电线杆塔接地电阻的原理接线图，电压极P和电流极C离杆塔基础边缘的直线距离 $d_{GP}=2.5l$ 和 $d_{CP}=4l$，l 为接地装置的最大射线的长度。

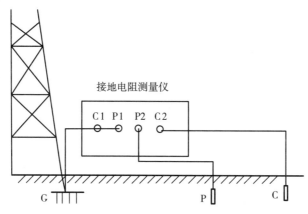

图3-3-8　杆塔接地电阻测试原理接线图

2. 电力电缆线路试验

电力电缆线路多用于城市供电，可以减少占地、增加环境美观。同时，在发电厂、工厂、工矿企业等厂房设备拥挤，引出线多的地方发挥优势，对于严重污染地区，还可用以提高供电可靠性。在跨越江河、海峡的输电线路上，可以解决大跨度问题。还可以满足国防需要，避免暴露目标，总之，电力电缆已成为近代电力系统不可缺少的组成部分。目前较为常见的电力电缆有油浸纸绝缘电缆、充油绝缘电缆、塑料绝缘电缆和交联聚乙烯绝缘电缆等。随着技术的进步，运维和环保要求的提高，交联聚乙烯绝缘电缆目前已逐步取代其他电力电缆。三芯电缆与单芯电缆结构如图3-3-9所示。

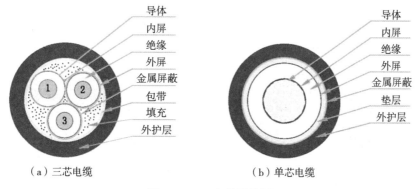

（a）三芯电缆　　　　　　　　　（b）单芯电缆

图3-3-9　电缆结构图

2.1 主绝缘及外护层绝缘电阻测量

主绝缘及外护层绝缘电阻测量的试验目的如下：

（1）初步判断主绝缘是否受潮、老化，检查耐压试验后电缆主绝缘是否存在缺陷；

（2）绝缘电阻下降表示绝缘受潮或发生老化、劣化，可能导致电缆击穿和烧毁。

其测量方法为：

（1）分别在每一相测量，非被试相及金属屏蔽（金属护套）、铠装层一起接地；

（2）采用兆欧表，推荐大容量数字兆欧表（如：短路电流＞3mA），测试电压为：0.6/1kV 电缆测量电压 1000V，0.6/1kV 以上电缆测量电压 2500V，6/6kV 以上电缆也可用 5000V。

2.2 主绝缘直流耐压试验及泄漏电流测量

电力电缆在运行中，主绝缘要承受长期的额定电压，还要承受大气过电压、操作过电压、谐振过电压、工频过电压。因此电力电缆安装竣工后，投入运行前必需考核耐受电压水平，只有在规定的试验电压和持续时间下，绝缘不放电、不击穿，才能保证投入后的安全运行。

直流耐压试验可判断绝缘电缆的好坏，并可获取其内部缺陷的可靠数据。避免交流高电压对绝缘的永久性破坏作用。在直流电压的作用下，电缆绝缘中的电压按绝缘电阻分布，当电缆绝缘存在发展性局部缺陷时，直流电压将大部分加在与缺陷串联的未损坏的部分上，所以直流耐压试验比交流耐压试验更容易发现电缆的局部缺陷。

与交流耐压试验比较，直流耐压及泄漏电流试验的优点如下：

（1）对长电缆线路进行耐压试验时，所需试验设备容量小。

（2）在直流电压作用下，介质损耗小，高电压下对良好绝缘的损伤小。

（3）在直流耐压试验的同时监测泄漏电流及其变化曲线，微安级电流表灵敏度高，反映绝缘老化、受潮比较灵敏。

（4）可以发现交流耐压试验不易发现的一些缺陷。因为在直流电压作用下，绝缘中的电压按电阻分布，当电缆绝缘有局部缺陷时，大部分试验电压将加在与缺陷串联的未损坏的绝缘上，使缺陷更易于暴露。一般说，直流耐压试验对检查绝缘中的气泡、机械损伤等局部缺陷比较有效。

试验接线如图 3-3-10 所示，试验方法如下：

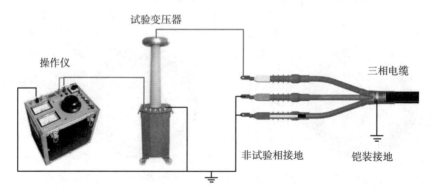

图 3-3-10 电缆直流耐压试验和泄漏电流测试

（1）试验前先对电缆验电，并接地充分放电，将电缆试验时电缆两端所连接设备断开，试验时不附带其他设备。

（2）试验场地设好遮栏，在电缆的另一端挂好警告牌并派专人看守以防外人靠近，检查接地线是否接地、放电棒是否接好。

（3）加压时，应分段逐渐提高电压，分别在 0.25、0.5、0.75、1.0 倍试验电压下停留 1min 读取泄漏电流值；最后在试验电压下按规定时间进行耐压试验，并在耐压试验终了前，再读取耐压后的泄漏电流值。

（4）根据电缆类型不同，微安表有不同的接线方式，一般都将微安表接在高压侧，高压引线及微安表加屏蔽。测量时将开关拉开，测量后放电前将开关合上，避免放电电流冲击损坏微安表。

（5）在高压侧直接测量电压。由于电压波形和变比误差以及杂散电流的影响，低压侧测量可能会使高试验电压幅值产生较大的误差，故应在高压侧直接测量电压。

（6）每次耐压试验完毕，应先降压，切断电源。必须对被试电缆用对地放电数次，然后再直接对地放电，放电时间应不少于 5 分钟。

试验结果的分析判断参考《电气装置安装工程电气设备交接试验标准》（GB 50150—2016）中第 17.0.4 相关标准所述。

2.3 主绝缘交流耐压试验

橡塑电缆在完成安装和新制电缆头后不开展直流耐压试验，应以交流耐压试验完成对绝缘的检验。其原因如下：

（1）电场分布在交流和直流电压下是不相同的，直流电场分布取决于电阻率，而交流电场分布则由介电系数决定。橡塑电缆是由多种介质、多层材料构成的，故在直流耐压试验时不能真实地反映电缆特性。

（2）橡塑电缆的电阻系数既和温度有关，又和电场强度大小有关。在直流电压作用下，由于温度及电场强度的变化，会使电阻系数变化，导致绝缘层各处电场强度分布改变，即在同样厚度下的绝缘层，由于温度上升，其击穿电压下降。

（3）直流耐压试验不能发现机械损伤。

（4）橡塑电缆具有对直流耐压的记忆性，需要长时间来释放直流耐压，一旦电缆运行，叠加到交流电压上远超电缆额定电压，足以损坏电缆。

由于电力电缆线路长度较长，容量较大，工频耐压设备受容量和体积限制，不便于现场进行耐压试验，一般采用变频串联谐振的方式对电力电缆线路进行交流耐压。

电缆主绝缘交流耐压试验接线如图 3-3-11 所示。

电缆耐压的试验电压频率一般要求在 30～75Hz 之间，若频率不符合要求，可以采用串联电感或并联电容的方式进行调节，确保试验电压的频率满足规定。

2.4 外护套直流耐压试验

外护套直流耐压试验实验目的是检测电缆在敷设后或运行中外护套是否损伤或受潮。

规范要求电缆外护套应进行的直流耐压试验值按如下条款执行：

（1）在金属套上的非绝缘型塑料套或者铠装上的非绝缘型塑料套，最高试验电压 25kV。

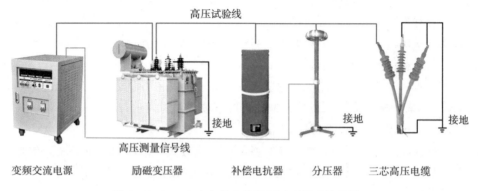

图 3-3-11　电力电缆交流耐压试验原理接线图

（2）绝缘型塑料外套如充油电缆塑料外套，按外套标称厚度每毫米施加直流电压 8kV，要求耐压 1min 不击穿，最高试验电压 25kV。

充油电缆塑料外套的直流耐压试验应在一个制造长度或交货长度的整盘电缆上进行，以塑料套下的金属层（如加强层或铠装层）为负极，外电极接地。外电极可以是半导电石墨涂层，也可以是水，即把整盘电缆浸入水中。

2.5　检查电缆线路两端的相位

试验方法详见本节 15.3 相关内容，并与架空线路相位检查方法一致。

2.6　交叉互联系统试验

交叉互联是长距离单芯高压电缆常采用的接线方式，长度较远时，都采用"交叉互联"的方法，即 A 相的尾与 B 相的头接，B 相的尾与 C 相的头接，C 相的尾与 A 相的头接，把整根电缆分成 3n 段，如图 3-3-12 所示，这样可以把电缆芯线电流对屏蔽层的感应电流相互抵消。高压单芯电缆的屏蔽层接地，每个单相接地回路通过三相单芯电缆，使总的感应电压相互抵消，从而减小接地环流。现场一般采用绝缘中间接头与交叉互联箱实现。

图 3-3-12　交叉互联系统

交叉互联系统试验包括：

（1）电缆外护套、绝缘接头外护套与绝缘夹板的直流耐压试验

试验时必须将护层过电压保护器断开，在互联箱中将另一侧的三段电缆金属套都接地，使绝缘接头的绝缘环也能结合在一起进行试验。

（2）非线性电阻型护层过电压保护器试验

伏安特性或参考电压，应符合制造厂的规定。非线性电阻片及其引线的对地绝缘电阻，用1000V兆欧表测量引线与外壳之间的绝缘电阻，其值不应小于10MΩ。

（3）互联箱闸刀（或连接片）接触电阻和连接位置的检查

连接位置应正确无误，在正常工作位置进行测量，接触电阻不应大于20μΩ。

（4）交叉互联性能检验

要使所有互联箱连接片处于正常工作位置，就要在每相电缆导体中通以大约100A的三相平衡试验电流。在保持试验电流不变的情况下，测量最靠近交叉互联箱处的金属套电流和对地电压。测量完后将试验电流降至零，切断电源，然后将最靠近的交叉互联箱内的连接片重新连接成模拟错误连接的情况，再次将试验电流升至100A，并再测量该交叉互联箱处的金属套电流和对地电压；测量完后将试验电量降至零，切断电源，将该交叉互联箱中的连接片复原至正确的连接位置。最后再将试验电流升至100A，测量电缆线路上所有其他交叉互联箱处的金属套电流和对地电压。

2.7 电力电缆局部放电测量

由于安装方式和制造工艺等原因，电缆绝缘材料内部可能存在一些杂质，使得出现电缆绝缘材料表面或内部区域所承受的电场不均匀的现象。电缆运行过程中，在电场作用下绝缘体内部或表面就会出现一些区域的电场强度比平均电场强度要高，一些区域的击穿场强比平均击穿场强要低，因此在这些区域便会首先出现放电现象，而其他区域仍然保持着正常的绝缘特性，这便形成了局部放电。

电力电缆局放测量接线原理如图3-3-13所示。通过局部放电监测，可以在早期有效的发现电缆中存在的薄弱环节和隐患，便于及时更换缺陷部位，从而确保电缆长期安全稳定运行。

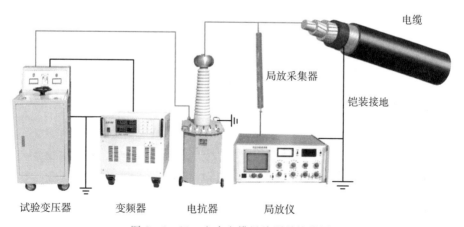

图3-3-13 电力电缆局放测量接线图

变电站调试专业知识应用

第一节　变电站调试专业概述

1. 常规变电站与智能变电站的区别与联系

随着智能电网概念的提出和技术的发展，智能变电站作为智能电网重要的和关键的一环，承担为智能变电站提供数据和控制对象的功能。目前新建变电站多为智能变电站，它与传统变电站有着明显的区别。

当前的常规变电站通常指综合自动化变电站。这种变电站利用先进的计算机技术、现代电子技术、通信技术和信息处理技术等实现对变电站二次设备的功能进行重新组合、优化设计，对变电站全部设备的运行情况进行监视、测量、控制和协调的一种综合性自动化系统。通过变电站综合自动化系统内各设备间相互交换信息，数据共享，完成变电站运行监视和控制任务。它具有以下特点：

（1）功能实现综合化。它综合了变电站内除一次设备和交、直流电源以外的全部二次设备。

（2）系统构成模块化。保护、控制、测量装置的数字化利于把各功能模块通过通信网络连接起来，便于接口功能模块的扩充及信息的共享。

（3）结构分布、分层、分散化。综合自动化系统是一个分布式系统，保护、测控等子系统都是按分布式结构设计的，每个子系统完成一定的功能，形成一个有机综合系统。

（4）操作监视屏幕化及测量显示数字化。

智能变电站是指变电站信息采集、传输、处理、输出过程全部智能化，其基本特征为设备智能化、通信网络化、模型和通信协议统一化、运行管理自动化。智能变电站运用先进的计算机技术、通信技术、控制技术，采用低碳、环保的智能设备与材料，融入绿色环保的理念，以全站信息数字化、通信平台网络化、信息共享标准化为基本要求，自动完成信息采集、测量、控制、保护、计量和监测等基本功能，并可根据需要支持电网实时自动控制、智能调节、在线分析决策、协同互动等高级功能的变电站。

在功能上，智能变电站应具备以下功能：

（1）要紧密联系和支撑智能电网。智能变电站的设计和运行水平应与智能电网保持一致，满足智能电网安全、可靠、经济、高效、清洁、透明、环保、开放等运行性能的要求。

（2）高电压等级的智能变电站应满足特高压网架的要求，中低压电压等级的智能变电站允许分布式电源的接入。

（3）要实现远程可视化。智能化变电站的状态监测与操作运行均可利用多媒体技术实现远程可视化与自动化，以实现变电站真正的无人值班，并提高变电站的安全运行水平。

智能变电站由常规变电站发展而来，其过程经历了传统变电站、综合自动化站、数字化变电站等发展过程。从功能上来看，它们有着相同的功能和作用。从结构上看，智能变电站有着与常规变电站相同的一次设备和保护配置，区别仅在于实现方式上的不同。从设备类型上看，许多智能组件与常规变电站有着对应的关系。比如，智能终端可以想象成常规站中的继电器操作箱，合并单元和光缆相当于常规站中的电缆，而智能站中的"三层两网"在常规站中同样有相关的网络与之对应。

所谓"三层两网"，通常是把智能变电站自动化系统划分为站控层、间隔层和过程层三层，各层之间通过站控层网络（MMS 网）和过程层网络（SV 网和 GOOSE 网）进行信息传输交互，即构成"三层两网"的系统构架。过程层设备包括变压器、断路器、隔离开关、电流/电压互感器等一次设备及其所属的智能组件（合并单元及智能终端）以及独立的智能电子装置；间隔层设备指继电保护装置、系统测控装置、监测装置等二次设备；站控层包括自动化站级监视控制系统、站域控制、通信系统、对时系统等，实现面向全站设备的监视、控制、告警及信息交互功能，完成数据采集和监视控制（SCADA）、操作闭锁以及同步相量采集、电能量采集、保护信息管理等相关功能。

常规变电站电气二次图包括电流电压回路图、控制信号回路图、端子排图、电缆清册等，所有不同设备间的连接均通过端子之间的电缆连接来实现。这些图反映了一次、二次设备间的连接关系。二次设备的原理及功能，是施工二次接线和调试的依据。而智能变电站各层设备通过网络进行连接，设备间的连接是基于网络传输的数字信号。间隔层和站控层通过 MMS 网络交换信息和数据，间隔层内部和间隔层与过程层之间通过 GOOSE 网交换控制信号和数据，过程层和间隔层之间交换采样数据用 SV 网。GOOSE 网和 SV 网二者结合起来就相当于常规变电站的二次回路部分，是智能变电站的核心。

智能变电站电气二次设计与传统综合自动化站比较发生了很大的变化。智能变电站将原有二次回路中点对点的电缆连接被网络化的光缆连接所取代，已不再有传统的端子的概念。在现在的智能变电站设计中，设计院必须提供虚端子联系表、基于虚端子的二次接线图、过程层 GOOSE 配置表、全站网络结构图、交换机端口连接图等，在设计层面上实现智能变电站的透明性和开放性，为智能变电站调试和运行打下坚实的基础。

传统变电站只要保证电缆连接正确可靠就可保证回路正确，而智能变电站靠的是全站二次设备的配置文件，以及大量的调试工作，仅保证光缆连接正确并不能保证通信正常。常规变电站与智能变电站的差异如图 4-1-1 所示。

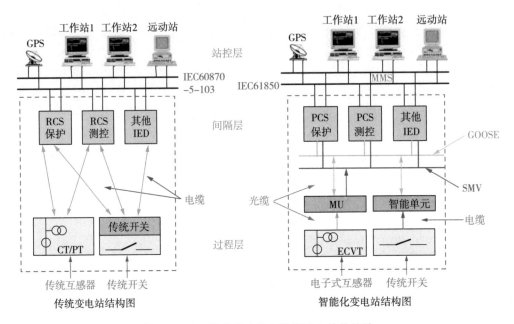

图 4-1-1 传统变电站与智能变电站的差异

2. 智能变电站二次设备和常用术语

2.1 智能变电站二次设备

（1）智能电子设备（IED，Intelligent Electronic Device）：它包含一个或多个处理器，具备以下全部功能的一种电子装置：采集或处理数据；接受或发送数据；接受或发送控制指令；执行控制指令。数字保护、电子多功能仪表等都属于智能电子设备。

（2）电子式互感器（Electronic instrument transformer）：它由连接到传输系统和二次转换器的一个或多个电流（电压）互感器组成，用于传输正比于被测量的量，供给测量仪器、仪表和继电保护或控制装置。

电子式互感器根据转换原理分为有源电子互感器和无源电子互感器两类。有源电子互感器：基于线圈测量方式的有源电子式电压/电流互感器（EVT/ECT）。无源电子互感器（纯光学互感器）：采用电-光/磁-光效应的无源纯光学电压/电流互感器（OVT/OCT）。

电子式互感器不是智能变电站的必备要素。由于电子式互感器的可靠性和稳定性暴露出不少技术上仍需解决的问题。目前新设计的智能站一般不选用电子式互感器，而采用常规互感器。此外继电保护装置采用就地安置方式时，宜采用常规互感器，应采用电缆跳闸。

（3）智能终端（Smart terminal）：它是一种智能组件。它与一次设备采用电缆连接，与保护、测控等二次设备采用光纤连接，实现对一次设备（如主变压器、断路器、隔离开关等）的监视、测量、控制功能。

（4）合并单元（MU，Merging Unit）：合并单元将采集到的模拟量处理换算成IEC 61850标准以光信号形式输出，将多个互感器采集单元输出的数据进行同步合并处理，为二次系统提供时间同步的电流数据和电压数据，是将互感器与变电站二次系统连接起来的关键环节。合并单元时将三相电流、电压合并同步，并按特定协议向间隔层设备发送采样值。

（5）采样测量值（SMV，Sampled Measured Value）：也称作采样值（SV，Sampled Value），是一种用于实时传输数字采样信息的通信服务，相当于常规站的交流采样。

变电站中的SV网络用于连接间隔层内保护、测控装置与过程层的合并单元。

（6）GOOSE（Generic Object Oriented Substation Event）：GOOSE是一种面向通用对象的变电站事件，是一种通信服务机制。主要用于实现在多IED之间的信息传递，包括传输条合闸信号，相当于常规变电站的开入开出回路。变电站中的GOOSE网络用于连接间隔层内保护、测控装置与过程层的智能终端。

（7）MMS（Manufacturing Message Specification）：MMS，即制造报文规范，是ISO/IEC 9506标准所定义的一套用于工业控制系统的通信协议。MMS规范了具有通信能力的智能传感器、智能电子设备（IED）、智能控制设备的通信行为，使出自不同制造商的设备之间具有互操作性。

（8）ICD（IED Capability Description，IED能力描述文件）：它由装置厂商提供给系统集成厂商的文件，用于描述IED提供的基本数据模型及服务，但不包含IED实例名称和通信参数。

（9）SSD（System Specification Description，系统规格文件）：它是全站唯一系统规格文件，按DL/T 860配置文件要求格式描述了变电站一次系统结构以及相关联的逻辑接点，最终包含在SCD文件中。

（10）SCD（Substation Con ration Description，全站系统配置文件）：它是全站唯一系统配置文件，该文件按DL/T配置文件要求格式描述了所有IED的实例配置和通信参数、IED之间的通信配置及变电站一次系统结构，由系统集成商完成。SCD文件应包含版本修改信息，描述修改时间、修改版本等内容。

（11）CID（Configuration IED Description，IED实例配置文件）：它由装置供应商（集成商）根据SCD文件中本IED相关配置生成，再应用于各IED设备，确定各IED设备实际引出哪些开出接点，引入哪些开入接点。

（12）IEC 61850规约：这是国际电工委员会（IEC）TC57工作组制定的《变电站通信网络和系统》系列标准，是基于网络通信平台的变电站自动化系统唯一的国际标准。IEC 61850规范了数据的命名、数据定义、设备行为、设备的自描述特征和通用配置语言。IEC 61850规约使不同智能电气设备间的信息共享和互操作成为可能。

3. 调试的仪器仪表

一次设备智能化和保护测控装置结构的变化、网络的变化、通信规约的变化引起变电站的调试方式和调试工具也发生了很大变化。智能变电站的调试工具是基于 ICE 61850 标准，适用于智能变电站测试、调试和现场检验的继电保护测试仪，能够通过配置实现智能变电站各种保护装置的输入输出方式的测试，监控设备报文的监视和分析等。调试配备的主要仪器仪表见表 4-1-1 所示。

表 4-1-1　现场调试配备的仪器仪表

序号	仪器仪表名称	主要用途
1	光数字式继电保护测试仪	保护、测控、智能终端装置测试
2	手持光数字测试仪	保护、测控、智能终端装置测试
3	光功率计	光纤链路测试
4	光源	校准光功率计及配合光功率计进行光衰测试
5	光衰耗器	测试设备光功率裕度
6	光时域反射仪 OTDR	光纤链路测试、故障查找
7	光万用表	报文直显
8	网络报文分析仪	网络报文分析
9	GPS 时间测试仪	全站时钟同步系统测试
10	合并单元（MU）测试仪	电压、电流通道角比差测试

3.1　数字式继电保护测试仪

传统数字式继电保护测试仪采用单片微机技术，由自动同期数字毫秒表，逻辑控制单元，多功能数显单元，高精度数据采集及处理单元，电流、电压输出单元，过载及超量程保护单元等部分组成，如图 4-1-2 所示，是变电站二次设备调试的重要仪器。目前，智能变电站大规模建设对光数字式继电保护测试仪提出了应用需求，光数字继电保护测试仪产品采用高性能 PowerPC 处理器、大规模 FPGA、以太网通信等技术，可支持 IEC 60044-8（FT3）、IEC 61850-9-1、IEC 61850-9-2 及 GOOSE 光数字信号接入，为 IEC 61850 继电保护装置、智能电子设备等提供全面的测试解决方案，如图 4-1-3 所示。

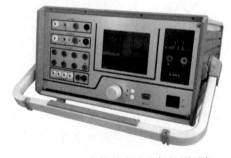

图 4-1-2　传统数字继电保护测试仪　　　　图 4-1-3　光数字继电保护测试仪

光数字式继电保护测试仪的功能丰富，以 LMR－01B16 型光数字保护测试仪为例，其特点包括：

（1）易于携带，装置重量轻，便于现场测试；

（2）内置双核 CPU 工控机、大容量 SSD 固态硬盘，Windows XPE 操作系统。进口真彩 LED 液晶屏，1024×768 分辨率，轨迹球鼠标加按键操作，既可脱机工作，也可联机操作。

（3）提供 16 对 LC 光口，可收发 16 组 IEC 61850－9－1、IEC 61850－9－2 帧格式采样值，具备光功率测试功能；

（4）提供 16 个 ST 输出光口和 2 个 ST 接收光口，可输出 16 组符合 IEC 60044－7/8（FT3）格式的采样值报文，可接收 2 组 IEC 60044－7/8 规范的 FT3 格式的采样值报文；

（5）可订阅、发布 GOOSE 信息或输出、接收开关量，实现保护的闭环测试；

（6）13 路模拟小信号输出，可测试小信号输入的保护；

（7）可模拟 IED 主动发布 GOOSE、采样值信号，以消除试验停止后链路中断所引起的被测装置复归过程；

（8）光口输出为采样值或 GOOSE 可自由定义，可订阅/发布多个不同 GOOSE 控制块信息；

（9）采样值通道功能、通道数目可自由设置，最多可配置高达 64 个通道；

（10）自动解析 SCL（SCD、ICD、CID、NPI）文件，实现对采样值、GOOSE 信息的自动配置，并可将采样值、GOOSE 配置信息可保存为一配置文件，方便测试；

（11）可自动探测来自 MU、保护装置、智能操作箱的光数字信号，实现对采样值、GOOSE 信息的自动配置功能；

（12）可进行异常状况模拟（丢帧、错序、品质异常、报文重发、数据异常、失步等）；

（13）内置 GPS 对时模块，具有 GPS、光 IRIG－B 码、IEEE1588 同步对时功能。

3.2 手持光数字测试仪

手持光数字测试仪基于 IEC 61850 标准研制，采用手持式结构工艺，功能丰富、携带方便，测试简单快捷。适用于 35kV 及以上电压等级智能变电站需要对光数字继电保护装置、合并单元、智能终端、光纤链路、遥信/遥测对点校核等需要快速简捷测试的场合；适用于变电站安装调试、送电验收、日常运行维护、故障检修等阶段，如图 4－1－4 所示。

以 DM5000 手持光数字测试仪为例，其功能包括：

（1）支持变电站全站 SCD 配置文件导入与修改，提取需要的装置实例配置信息，无须再对装置 APPID、MAC 地址、通道参数等进行

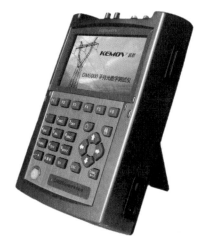

图 4－1－4　手持光数字测试仪

设置，可经 SD 卡导入多个全站配置文件。

（2）支持 SCD 配置文件修改，如修改 SV 控制块、GOOSE 控制块参数、通道参数等，方便现场测试修改、完善。

（3）支持采样值 SV 发送，可模拟 MU 输出：IEC 61850 - 9 - 1，IEC 61850 - 9 - 2，IEC 60044 - 7/8（FT3）光数字报文，对光数字保护 IED、测控 IED 等进行测试，MU 延时、检修/运行状态、通道品质可设定。

（4）支持 GOOSE 发送，可模拟保护、测控、智能终端发送相应的 GOOSE 报文，T0、T1 参数可设置。

（5）支持网络报文侦听，可侦听网络上 SV、GOOSE、GMRP、对时报文信息，对 SV、GOOSE，能根据侦听到信息选择 APPID，自动与选定的全站配置文件进行匹配，并自动标记与 SCD 配置有差异的参数。

（6）支持电压电流输出测试，可同时输出多个 SV 采样值控制块。支持双 AD 配置，输出 SV 采样率 4kHz/12.8kHz 可选，通道品质可设，支持按 GPS 时间联合同步输出测试。

（7）支持 SV 多个状态按预先设定的状态序列输出测试，并具有短路故障计算功能，可模拟各种短路故障、叠加谐波功能，支持按 GPS 时间同步测试，GOOSE 动作以列表方式给出。

（8）支持智能变电站电压、电流核相功能。

（9）支持智能变电站电流互感器极性校核功能，经合并单元校核光电互感器或传统电磁式互感器保护及测量绕组极性。

（10）支持光功率测试，可测试波长 850nm/1310nm 光信号光功率，结合光衰减器，测试光功率裕度。

（11）接收 SV 采样值报文，显示电压、电流有效值、波形、相量、序量、功率、谐波、双 AD 等信息，支持 SV 报文丢帧统计、时间均匀性分析（SV 报文离散度）和 MU 延时测试。

（12）接收 GOOSE 报文，显示 GOOSE 通道值、变位列表，支持图形化 GOOSE 参数测试，测试 GOOSE 发送机制是否正确。

（13）支持智能变电站时间同步系统信号测试，可监测光 IRIG - B 码、IEEE1588 PTP 报文时间，支持智能变电站组播 GMRP 的发送与监测。

（14）支持网络报文记录，报文格式为标准 PCAP 格式，可记录智能变电站 SV、GOOSE、IEEE1588、MMS、GMRP 等网络报文。

3.3 光功率计

光功率计（optical power meter）是指用于测量不同波长光的绝对光功率或通过一段光纤的光功率相对损耗的仪器，如图 4 - 1 - 5 所示。在光纤系统中，测量光功率是最基本的，非常像电子学中的万用表；在光纤测量中，光功率计是重负荷常用表。通过测量发射端机或光网络的绝对功率，一台光功率计就能够评价光端设备的性能。用光功率计与稳定光源组合使用，则能够测量连接损耗、检验连续性，并帮助评估光纤链路传输质量。

3.4 光源

手持式光源采用激光器（或 LED）作为发光器件，具有输出功率大、输出功率和波长稳定性好等优点，如图 4-1-6 所示。同时，其内置的调制功能可以提供不同频率的脉冲光，可根据调试要求提供至少 4 种波长的稳定输出，既可以提供 650nm 可见红外光，也可以向单模光纤测量提供 1310nm 和 1550nm 的双波长激光输出，或者向多模光纤测量提供 850nm 和 1300nm 双波长激光输出，它是智能站调试过程中校准光功率计及配合光功率计进行光衰测试的重要设备。

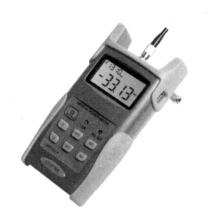 

图 4-1-5 手持光功率计   图 4-1-6 手持式光源

3.5 光衰减器

光衰减器是一种非常重要的纤维光学无源器件，它可按调试的要求将光信号能量进行预期地衰减，常用于吸收或反射掉光功率余量、评估系统的损耗及各种测试中。光衰减器可分为固定型衰减器（图 4-1-7）、分级可调型衰减器、连续可调型衰减器（图 4-1-8）、连续与分级组合型衰减器等。其主要性能参数是衰减量和精度。

图 4-1-7 固定型衰减器   图 4-1-8 连续可调式衰减仪

继电保护调试中，光衰减器可以根据调试标准要求对所有 IED 的光纤端口开展最小接收功率测试，当衰减到 IED 中无法读取报文或显示异常时，即可读出此时的功率值，作为最小接收功率。

3.6 光时域反射仪 OTDR

光时域反射仪（optical time-domain reflectometer，OTDR）是通过对光纤中光信号测量曲线的分析，了解光纤的均匀性、缺陷、断裂、接头耦合等若干性能的仪器，如图 4-1-9 所示。它根据光的后向散射与菲涅耳反向原理制作，利用光在光纤中传播时产生的后向散射光来获取衰减的信息，可用于测量光纤衰减、接头损耗、光纤故障点定位以及了解光纤沿长度的损耗分布情况等，是光缆施工、维护及监测中必不可少的工具。

图 4-1-9 光时域反射仪

OTDR 测试是通过发射光脉冲到光纤内，然后在 OTDR 端口接收返回的信息来进行。当光脉冲在光纤内传输时，会由于光纤本身的性质、连接器、接合点、弯曲或其他类似的事件而产生散射和反射。其中一部分的散射和反射就会返回到 OTDR 中。返回的有用信息由 OTDR 的探测器来测量，它们就作为光纤内不同位置上的时间或曲线片断。从发射信号到返回信号所用的时间，再确定光在玻璃物质中的速度，就可以计算出距离。

3.7 光万用表

光万用表是一种将光功率计和稳定光源组合在一起的仪器，如图 4-1-10 所示，它可用来测量光纤链路的光功率损耗。其功能有：

（1）能精确测量光功率值：在 850nm～1700nm 的波长范围内，以 pw、nw、mw、dBm 的方式显示，分辨率 0.001。

（2）有固定的通信上常用双波长 1310/1550nm 光源输出，光源输出功率≥－8dBm

（3）光纤识别功能：内置 650nm 光源，强功率输出大于 0dBm，测试距离 4～5km，是工程上的得力助手，是 OTDR 盲区的有力补充，在工程上使用率甚至超过光功率计。

（4）相对值测量功能：这是本仪表领先国内外同类仪表的关键。利用高稳定度的光源，与光功率测试相配合，能精确测出光活接头、光纤尾纤或长距离光纤的光衰减值，以判断其通信性能好坏，决定其弃用。

3.8 网络报文分析仪

网络报文分析仪是数字化变电站通信记录分析设备，如图 4-1-11 所示。它可对网络通信状态进行在线监视，并对网络通信故障及隐患进行告警，有利于及时发现故障点并排查故障；同时能够对网络通信信息进行无损失全记录，以便于重现通信过程及故障；具有故障录波分析功能，当系统故障时，对系统的一次电压电流波形以及二次设备的动作行为以 COMTRADE 格式进行记录，便于事后离线分析。

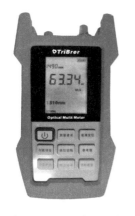

图 4-1-10 光万用表　　　　　图 4-1-11 网络报文分析仪

网络报文分析仪通过对数字化变电站中 IEC 61850 通信协议在线解析，能够以可视化的方式展现"数字式二次回路"的状态，并发现二次设备信号传输异常，还能够对由于通信异常引起的变电站运行故障进行分析。其功能有无损精确记录各类报文，实时监控报文异常离线分析报文、波形记录分析，是智能站必不可少的装备。

3.9　GPS 时间测试仪

GPS 时间同步测试仪是针对电力系统及计量院所在网络设备所需求的时间同步检定装置。时间同步测试仪基于对卫星（北斗、GPS）对时、地面（PTP/NTP/SNTP）网络对时时间精度和稳定度的检定方法的研究，提出高稳定度的频率源（原子钟、恒温晶振）的驯服算法、不同形式信号传递延时的补偿方法，实现高精度对时及时间信号检测与输出，如图 4-1-12 所示。时间同步测试仪可

图 4-1-12　时间同步测试仪

用于现场测试，可存储测试数据，对满负荷测试，能将数据保存在 U 盘里，并对数据进行定期保存。时间同步测试仪在进入同步状态后，能获得极高的时间精度，可以作为高精度的时间基准。

3.10　合并单元（MU）测试仪

合并单元测试仪是智能变电站合并单元性能现场检测的仪器，能够完成 MU 的准确度、时间特性、状态标志、丢包率、谐波分析、信号分析、电流电压相位核对、暂态特性校验等的相关测试，涉及 MU 功能和性能的各个环节，如图 4-1-13 所示。还可以对模拟量输入的传统继电保护装置进行测试调

图 4-1-13　合并单元测试仪

试，也可以对数字量输入的智能变电站保护装置进行测试调试。对异常情况能及时检测并明确告警，不会影响测试系统的运行。测试仪自带工控机，可无须外接电脑完成所有测试工作，结构紧凑、携带运输安全方便。三相电压，三相电流同时测试，同时出三相测试结果。一次接线，中途不用任何改线测试合并单元三相之间的角度差。

4. 变电站调试流程

通常变电站一设备安装后，要经过高压试验才可以投入运行，同样二次设备安装就位、接线完毕后也需进行设备单体调试和系统调试才可以投入运行。常规变电站与智能变电站在二次设备安装调试过程中存在区别，二者的工作流程对比如图 4 - 1 - 14 所示。

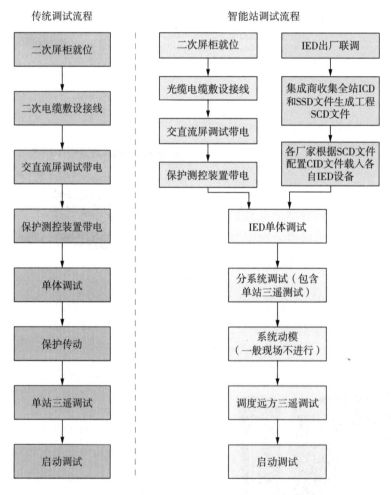

图 4 - 1 - 14　常规变电站与智能变电站的调试对比

第二节　变电站分系统调试

智能变电站分系统调试是指对变电站二次设备、装置开始单体性能测试，从而确认各单体具备独立、安全、可靠的运行能力。主要包括合并单元、智能终端、数字化保护装置、测控装置和监控后台五项。

1. 合并单元测试

合并单元测试应包括发送 SV 报文检验、对时误差测试、失步再同步性能测试、检修状态测试、传输延时、电压切换、并列功能检验。分别如下：

1.1　合并单元 SV 报文检验

合并单元 SV 报文检验内容包括丢帧率、完整性、发生频率测试、间隔离散度检查、品质检查。检测时，继电保护测试仪给合并单元模拟信号，利用网络分析仪或万用表检测合并单元的报文输出并进行分析，如图 4-2-1 所示。

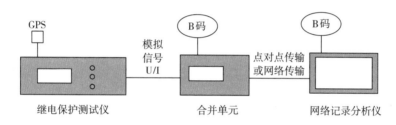

图 4-2-1　合并单元报文测试

合并单元 SV 报文丢帧率应满足 10 分钟内不丢帧，完整性测试则要求 SV 报文序号从连续增加至 50N-1，再到 0。连续帧的报文序号应连续。SV 报文应每一个采样点一帧报文。SV 报文发送间隔离散度应等于理论值，抖动应在 $\pm10\mu S$。在电子互感器正常工作时，SV 报文品位应无置位，异常工作时，SV 报文品质应不附加任何延时正确置位。

1.2　合并单元对时误差测试

对时误差测试的目的是检验合并单元接收对时后的精度是否满足合并单元技术条件的要求。测试时，有秒脉冲输出的合并单元可以用 PPS 信号对比法，如图 4-2-2 所示。无脉冲输出采用插值/同步法的合并单元。

1.3　合并单元失步再同步性能测试

合并单元失步再同步性能测试是检验合并单元时钟同步和失步的情况下，

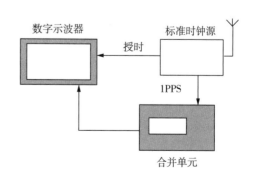

图 4-2-2　PPS 信号比对法时钟误差检测

合并单元能输出带有正确的同步标志的 IEC 61850 - 9 - 2 采样值报文。

测试时，将合并单元的外部对时信号断开，经过 10 分钟后将同步信号接上，对 SV 报文进行记录和分析。SV 报文的抖动应小于 $10\mu S$。

1.4 合并单元检修状态测试

合并单元检修状态测试是测试发送 SV 报文检修品质可以正确反映合并单元装置检修压板的投退。

投退合并单元装置检修，通过报文分析系统分析 TEST 是否正确置位，并通过装置面板观察指示信号。当检修压板投入时，SV 报文中的"TEST"位应置 1，装置面板显示为检修状态；当检修压板退出时，SV 报文中的"TEST"位应置 0。

1.5 合并单元传输延时测试

合并单元传输延时测试的目的是检验在点对点传输模式和网络传输模式下，IEC 61850 - 9 - 2 采样值输出的额定延时是否稳定并满足技术要求。

当点对点的插值法进行传输时，测试仪在规定整秒时刻输出电压电流信号（数字信号或模拟信号）给合并单元，合并单元经转换后将 IEC 61850 - 9 - 2 报文发给分析仪，在分析仪中查看整秒时刻采样值角度与继电保护测试仪整秒时刻输出角度的差值，再换算成时间即为输出额定延时，将其与合并单元标称额定延时比较观测误差。

当采用网络的时钟同步法进行传输，可在合并单元采用外部时钟信号同步的条件下，通过网络分析仪查看采样序号 0 的报文与当地秒脉冲到达时刻的时间差，即为额定延时。时钟同步法方式产生的额定延时应在 2ms 以内。

测试持续 1 小时，检查输出额定延时是否在设定范围内。

1.6 合并单元电压并列、切换功能测试

电压并列的概念是指在两段母线运行时，每段母线一台 PT，当 Ⅰ 段母 PT 因检修等原因需要退出运行，分段开关在合位，Ⅰ 段母线上的保护将继续运行，考虑到保护低压闭锁功能，失去 Ⅰ 段母线电压的保护很可能发生误动。此时需要用 Ⅱ 段母线电压代替 Ⅰ 段母线的保护电压，称为电压并列。

电压切换是指在双母接线时，正副母线分列运行，某条线路运行在哪条母线上，二次就相应使用哪条母线 PT 的电压。当运行人员对一次隔离开关进行切换时，二次电压也要能自动切换。

合并单元电压并列功能测试的主要目的是为测试电压合并单元的电压并列功能是否正常。给电压间隔合并单元接入 2 组母线电压，同时将电压并列把手置于 Ⅰ 母、Ⅱ 母并列状态，观观察液晶面板是否同时显示 2 组母线电压且幅值、相位和频率均一致。

合并单元电压切换功能测试目的是检验合并单元的电压切换功能是否正常。主要包括：

（1）自动电压切换检查方法

将切换把手置于自动状态，给合并单元加上两组母线电压，通过 GOOSE 网给合并单元发送不同的隔离开关位置信号，检查切换功能是否正确。

（2）手动电压切换检查方法

将切换把手置于强制工母电压或强制 Ⅱ 母电压状态，分别在有 GOOSE 隔离开关

位置信号和无 GOOSE 隔离开关位置信号情况下检查切换功能是否正确。

2. 智能终端测试

智能终端能接收保护和测控装置通过 GOOSE 网下发的断路器或隔离开关分、合及闭锁命令，然后转换成相应继电器硬接点输出。对于断路器的操作，需要将其分、合闸输出接点再接入装置本身的操作回路插件，由该插件来实现断路器跳、合闸电流自保持、防跳及压力闭锁等功能。装置能够就地采集断路器、隔离开关及变压器本体等一次设备的开关量状态，并通过 GOOSE 网络上送给保护和测控装置。

智能终端的测试内容包括外观检查、设备工作电源检查、通信接口检查、设备软件和通信报文检查、开入开出虚端子及其信号检查、开入开出动作时间检查、温湿度信号核对、SOE 分辨率测试、检修置位测试。

2.1 外观检查

检查柜内设备规格、型号、参数是否与图纸、说明书相符，屏柜内螺钉是否有松动或机械损伤，是否有烧伤现象，小开关、按钮是否良好，检修硬压板接触和投退是否正常。

检查装置接地，应保证装置背面接地端子可靠接地，检查接地线是否符合要求，屏柜内导线是否符合规程要求。检查屏内的电缆是否排列整齐，是否避免交叉和固定牢固，不应使所接的端子排受到机械应力，标识是否正确齐全。

检查光纤是否连接正确、牢固，光纤有无损坏、弯折现象，光纤接头是否完全旋进或插牢，无虚接现象，检查光纤标号是否正确。检查屏内各独立装置、继电器、切换把手和压板标识正确齐全，且其外观无明显损坏。

2.2 设备工作电源检查

正常工作状态下装置应正常工作。110％额定工作电源下检验装置是否稳定工作，80％额定工作电源下检验装置是否稳定工作。

电源自启动试验：合上直流电源插件上的电源开关，将试验直流电源由零缓慢调至 80％额定电源值，此时装置运行灯应点亮，装装置无异常。

直流电源拉合试验：在 80％直流电源额定电压下拉合三次直流工作电源，逆变电源可靠启动，保护装置不误动，不误发信号。装置断电恢复过程中无异常，通电后工作稳定正常在装置上电掉电瞬间，装置不应发异常数据，继电器不应误动作。

2.3 通信接口检查

检查 GOOSE 通信接口数量是否满足要求，检查光纤端端口发送功率、接收功率、最小接收功率。使用光功率计测试光纤的发送功率，光纤光波长为 1300nm，发送功率范围为 $-20 \sim -14$dBm；光接收灵敏度为 $-31 \sim -14$dBm；光纤光波长为 850nm，发送功率范围为 $-19 \sim -10$dBm，光接收灵敏度：$-24 \sim -10$dBm。

光纤发送功率测试时，将一根尾纤连接发送端口和光功率计接收端口，可测得光纤发送功率，光纤接收功率测试时，将待测设备的尾纤拔下，插入光功率计端口，可测得接收功率。最小接收功率测试时，将继电保护测试仪发送的经过光衰耗计的光信号接入待测设备，从 0 开始逐步增大光信号，直到待测设备可以显示正确报文或通讯指示灯亮，将待测设备的尾纤拔下插入光功率计，此时即为最小接收功率，如图 4 - 2 - 3 所示。

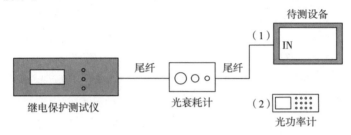

图 4 - 2 - 3　光纤接口最小接收功率测试

2.4　设备软件和通信报文检查

设备的软件版本是其能否投运的关键，通常各省市会发布其认可的软件版本号，不满足要求应及时升级或更换整体装置。检查时，将 CID 文件版本号、生产时间、CRC 校验码与历史文件和设计文件对比，核对无误。

检查设备过程层网络接口 GOOSE 通信源 MAC 地址、目的 MAC 地址、VLAN ID、APPID、优先级是否正确。检查 GOOSE 报文的时间间隔。首次触发日时间宜不大于 2ms，心跳时间宜为 1 到 5 秒，GOOSE 存活时间应为当前心跳时间 2 倍。

可通过现场故障录波器、网络报文监视分析仪的接线和调试完成，也可以通过故障录波器、网络记录分析仪抓取通信报文的方法来检查相关内容。无上述条件时可以用便携电脑调阅相关文件。

2.5　开入开出实、虚端子及其信号检查

根据设计图纸和装置情况，投退各个操作按钮、把手、硬压板，查看各个开入开出量状态，检查开入开出实端子是否正确显示当前状态相符。

通过保护测试仪模拟开出功能使智能终端发出电气开入量信号，抓取相应的 GOOSE 发送报文分析或通过保护测试仪接收相应 GOOSE 开出，以判断 GOOSE 虚端子信号是否能正确发送。通过数字继电保护测试仪发出 GOOSE 开出信号，通过待测智能终端的电气开关量输出来判断 GOOSE 虚端子信号是否能正确接收。

2.6　开入开出动作时间检查

开入动作时间检查：检查智能终端响应 GOOSE 命令的动作时间。使用继电保护测试仪发送一组 GOOSE 跳、合闸命令，智能终端应在 7ms 内可靠动作。接收跳合闸的接点信息，记录报文发送与硬节点输入时间差。

开出动作时间检查：通过数字继电保护测试仪分别输出相应的分、合信号给智能终端，再接收智能终端发出的 GOOSE 报文，解析相应的虚端子位置信号，观察是否与实端子信号一致，并通过继电保护测试仪记录开入时间。

测试原理如图 4 - 2 - 4 所示。

2.7　检修置位测试

当智能终端检修置位时，发送的 GOOSE 报文"TEST"应为 1，应响应"TEST"为 1 的 GOOSE 跳、合闸报文；不响应"TEST"为 0 的 GOOSE 跳、合闸报文。

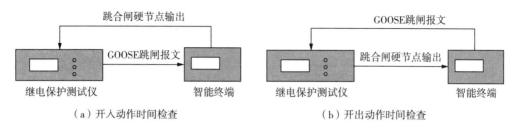

图 4-2-4　合并单元开入开出动作时间测试

检查时，投退智能终端"检修压板"，察看智能终端发送的 GOOSE 报文同时由测试仪分别发送"TEST"为 1 和"TEST"为 0 的 GOOSE 跳、合闸报文。

2.8　SOE 分辨率测试

SOE 分辨率（Sequence Of Event）事件顺序记录功能，主要用于在事故发生时记录多个开关量输入信号变位的准确时间，以便于区分多个变位的先后顺序。

测试时，使用时钟源给智能终端对时，同时将 GPS 输出的分脉冲或秒脉冲接入智能终端的开入，通过 GOOSE 报文观察智能终端发送的 SOE，分辨率应不大于 1ms。

2.9　温湿度信号核对

通过变化温湿度输出相应的温湿度信号给智能终端，再通过测控等装置接收智能终端发出的 GOOSE 报文，解析出相应的温湿度信号，观察是否与所加温湿度信号一致，有试验条件时验证传输温湿度的 GOOSE 变化量阈值。

3. 保护装置调试

3.1　外观检查

外观检查主要检查的是装置的配置型号、参数等是否符合设计要求，设备工艺质量是否良好，压板、按钮可缺失损坏，端子排、装置背板螺丝是否有松动等，确定其具备单体带电的条件。具体检查内容及方法如下（《继电保护和安全自动装置基本试验方法》（GB/T 7261—2016））：

（1）检测被试设备所有零件焊锡处的质量，如是否存在针孔、气泡、裂纹、拉锡、拉尖、桥接及焊点润湿不良等现象。

（2）检查被试设备是否按产品标准规定对有关部位进行漆封。

（3）目测被试设备表面的涂覆层的颜色是否均匀一致，有无明显的色差和眩光，检查涂覆层表面是否有砂粒、趋皱、流痕等缺陷。

（4）检查被试设备连接导线的颜色、线径及连接方式是否符合产品标准的规定。

（5）检查被试设备铭牌标志和端子号是否符合标准的规定。

（6）检查插拔式被试设备的接插件插拔的灵活性和互换性。

（7）检查被试设备包装是否符合有关包装标准的规定。

（8）被试设备的外形尺寸和安装尺寸等可采用钢直尺和钢带卷尺进行检查，必要时可采用精度更高的测量仪器。

（9）被试设备的质量用天平或磅秤进行检查。

（10）检查被试设备内各元器件的安装及装备是否符合图纸和工艺要求。

（11）检查被试设备中电镀零件、喷漆零件、塑料零件的表面质量，例如有无划伤、碰伤和变形现象。

（12）被试设备中是否存在引起电化学腐蚀的不同金属材料或电镀层的直接连接。

3.2 采样测试

目前变电站保护装置一般技术参数如下：

交流电压额定值 U_N：$100/\sqrt{3}$ V，100V；

交流电流额定值 I_N：1A，5A（500kV 变电站常用 1A，220kV 及以下变电站常用 5A）；

系统频率额定值：50Hz。

常规站保护装置采样测试：常规站保护装置采样测试的目的在于检查保护装置模拟—数字变换系统的正确性，包括装置的零漂值，电流电压采样的幅值、角度、频率应符合要求。《继电保护和安装自动装置通用技术条件》（DL/T 478—2010）中规定：

（1）交流电流回路固有精准度。交流电流在 $0.05I_N \sim 20I_N$ 范围内，相对误差不大于 2.5% 或绝对误差不大于 $0.02I_N$，或者在 $0.1I_N \sim 40I_N$ 范围内，相对误差不大于 2.5% 或绝对误差不大于 $0.02I_N$。

（2）交流电压回路固有精准度。当交流电压在 $0.01U_N \sim 1.5U_N$ 范围内，相对误差不大于 2.5% 或绝对误差不大于 $0.002U_N$。

（3）零序电压、电流回路固有精准度有产品标准或制造商产品文件规定。

智能变电站保护装置的采样测试的目的是检查 CID 配置文件（Configured IED Description，配置过的智能电子设备描述文件）对应保护设备下装的正确性，以及 CID 配置文件中 SMV 采样通道配置的正确性，相关软压板的功能也会在采样过程中进行验证。

以 500kV 线路保护为例，采样测试按图 4-2-5 所示步骤进行，具体实施如下：

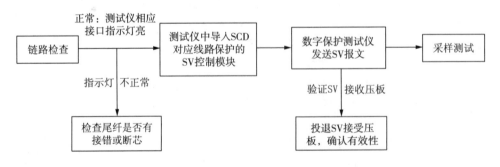

图 4-2-5　智能变电站保护装置的采样测试

（1）将测试仪的 SV 口分别接至线路保护的边断路器电流 SV 接口、中断路器电流 SV 接口、线路电压 SV 接口，相应接口的链路指示灯应正常，即物理链路正确。测试仪从 SCD 文件中导入线路保护相关合并单元的 SV 控制块。

（2）分别验证每个 SV 链路正确性和软压板的可靠性，只有当保护装置中相应采样的软压板投入后，保护装置才有采样显示：

边开关电流压板验证：保护装置中将"边断路器电流 MU"投入，"中断路器电流 MU"和"线路电压 MU"退出，测试仪 1 口发送边断路器电流 SV，检查保护装置上"保护测量"和"启动测量"界面的电流幅值和相位都应正确。

中开关电流压板验证：保护装置中将"中断路器电流 MU"投入，"边断路器电流 MU"和"线路电压 MU"退出，测试仪 2 口发送中断路器电流 SV，检查保护装置上"保护测量"和"启动测量"界面的电流幅值和相位都应正确。

线路电压压板验证：保护装置中将"线路电压 MU"投入，"边断路器电流 MU"和"中断路器电流 MU"退出，测试仪 3 口发送线路电压 SV，检查保护装置上"保护测量"和"启动测量"界面的电压幅值和相位都应正确。

（3）保护装置中将"边断路器电流 MU""中断路器电流 MU"和"线路电压 MU"都投入，测试仪 1～3 口分别发送边断路器电流 SV（1A/0°，正序）、中断路器电流 SV（0.5A/180°，正序）、线路电压 SV（57.7/90°，正序），检查保护装置上"保护测量"和"启动测量"界面的电流、电压幅值和相对的相位都应正确。

3.3　开入检查

（1）常规保护装置开入检查

常规保护装置收到的开入信号一般是硬信号，包括检修压板、打印、对时、复归的开入。

《继电保护和安装自动装置通用技术条件》（DL/T 478—2010）中规定：

① 装置所有开入回路的直流电源应与内部电源隔离（主要是因为内部信号电源大多采用 24 伏弱电，串电容易导致设备损坏和直流接地）。

② 强电开入回路的启动电压值应不到鱼 0.7 倍额定电压值，且不小于 0.55 倍额定电压值。

③ 装置中所有涉及直接跳闸的强电开入回路的启动功率应不低于 5 瓦。

（2）智能化保护装置开入检查

智能化保护装置除了检查以上硬信号外，还需要检查 CID 配置文件中 GOOSE 输入通道的配置是否正确以及 GOOSE 开入软压板功能是否正确。试验方法如下：

① 将数字式保护测试仪的 GOOSE 输出接口分别接至被试保护的 GOOSE 发送接口和组网 GOOSE 接口，相应接口的链路指示灯应正常，即确保物理链路正确。

② 测试仪从 SCD 文件中导入保护相关的智能终端位置 GOOSE 控制块和保护出口 GOOSE 控制块。

③ 被试保护装置分别将 GOOSE 接收软压板投入，GOOSE 开入测试内容包括 GOOSE 接收软压板的验证和保护装置配置文件是否正确，能否正确反映接收到的 GOOSE 报文。GOOSE 开入测试的检测流程图如图 4-2-6 所示。

3.4　保护逻辑校验

（1）常规变电站保护逻辑校验

保护逻辑校验主要检查装置的主保护和后备保护能否按整定值正确动作及发信号，确保装置内所有保护逻辑程序无误。对于常规保护来说，主保护（差动保护、纵联距

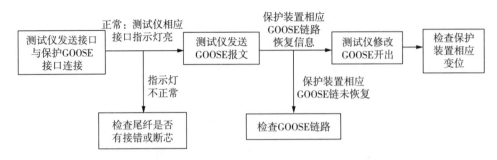

图 4-2-6　GOOSE 开入测试的检测流程图

离保护）和后备保护在校验过程中应注意试验硬压板和软压板的正确性。GB/T 50976—2014 继电保护及二次回路安装及验收规范要求如下：

①装置定制输入、报告打印、与监控后台和继电保护故障信息子站通信等功能应验证正常。

②模拟各种类型的故障，装置动作逻辑功能应正常，保护动作行为应正确。

③依据调试定值对装置各有关元件动作值及动作时间进行试验，其误差应在规定的范围内。

④模拟直流失压、交流回路断线、硬件故障灯各种异常情况，装置应能正确报警。

⑤装置告警记录、动作记录和故障录波功能应正确，装置告警和录波的保存容量应符合装置技术参数要求。

⑥装置对时功能应正确。

常规变电站保护校验（采样）采用的仪器为模拟量输出的单相保护试验仪或三相保护试验仪。常规保护测试仪均带有模拟量（电流/电压）输出通道、物理开关量输出/输入通道、计时通道等，能满足常规变电站保护校验、测控试验的需求。

（2）智能变电站保护逻辑校验

智能变电站的保护一般不配硬压板，所有保护的投入、退出均通过软压板实现，因此保护功能测试除了跟常规站一样需要进行相关验证外，还需要进行保护功能软压板的验证。

3.5　保护出口继电器检查及出口压板正确性检查

（1）常规变电站保护出口检查

保护逻辑校验后应进行保护出口继电器检查，其目的是检查保护出口的正确性，即保护动作出口节点应正确闭合，保护不动出口节点应正确断开；同样，出口压板应正确，即投入对应的出口压板，保护动作才能出口，否则仅发信号不跳断路器。

对于常规变电站来说，保护操作箱一般与保护装置组在同一屏内，因此，要对操作箱内继电器的正确性做检查。

（2）常规变电站保护出口检查

智能变电站以智能终端取代了常规情况下的保护操作箱，保护装置动作出口后，通过 GOOSE 网络向对应 IED 的智能终端发送跳闸信号，由智能终端实现出口跳开关的功能。相关的出口硬压板也转移到了智能终端上。因此，保护出口检查应分别检查保护装置的 GOOSE 跳闸软压板的正确性和现场智能终端对应跳闸硬压板的正确性。

3.6　装置绝缘检测（常规保护装置和智能保护装置相同）

《继电保护和电网安全自动装置检验规程》（DL/T 995—2006）中要求屏柜应进行绝缘试验（仅新安装装置验收检验时进行），绝缘试验前应按装置技术说明书要求拔出插件，断开与其他保护的弱电联系回路，同时要将打印机连接断开，将各回路端子短接，用 500V 兆欧表测量绝缘电阻，要求阻值应大于 20MΩ。测试完毕后各回路要对地放电。

4.　测控装置测试

4.1　调试要求

测控装置调试的目的是验证测控装置的可靠性、正确性，验证内容包括装置软硬件、一般技术要求、功能要求。调试结果通常应满足技术要求并实现装置的各项功能。

测控装置技术要求：装置 GOOSE 信息处理时延时应小于 1ms，在任何网络运行工况流量冲击下，装置均不应死机或重启，不发出错误报文响应正确报文的延时不应大于 1ms。装置的 SOE 分辨率应小于 2ms，操作输出正确率应为 100%，遥控脉冲宽度可调。

测控装置功能要求包括：

（1）测控单元应具有交流采样、测量、防误闭锁、同期检测、就地断路器紧急操作和单接线状态及测量数字显示等功能，对全所运行设备的信息进行采集、转换、处理和传送。其基本功能包括：

① 采集模拟量、接收数字量并发送数字量。

② 应具有本间隔顺序操作功能。宜具有合闸同期检测功能。

③ 应具有选择—返校—执行功能，接收、返校并执行遥控命令；接收执行复归命令、遥调命令。

④ 应具有功能参数的当地或远方设置。

⑤ 遥控回路宜采用两级开放方式抗干扰。

（2）测控单元应支持通过 GOOSE 协议实现间隔层防误闭锁功能。

（3）测控装置的主要动作信号和事件报告，在失去直流工作电源的情况下不能丢失。在电源恢复正常后，应能重新正确显示并输出。

（4）测控装置应能发出装置异常信号、装置电源消失信号、装置出口动作信号，其中装置电源消失信号应能输出相应的报警触点。装置异常及电源消失信号在装置面板上宜直接有 LED 指示灯显示。

（5）测控装置应具有在线自动检测功能，并能输出装置本身的自检信息报文，与自动化系统状态监测接口。

（6）为方便运行和维护，应具备当地信息显示功能，应能实时反映本间隔一次设备的分、合状态，具备该电气单元的实时模拟接线状态图。

（7）测控单元应能设置所测量间隔的检修状态。

（8）测控单元仅保留检修硬压板，在有操作界面的情况下，可取消操作把手。

（9）装置应具备接收 IEC 61588 或 B 码时钟同步信号功能，装置的对时精度误差应不大于±1ms。

4.2 调试方法

现场测控装置的调试步骤按以下进行：

（1）检查装置软件版本、程序校验码、制造厂家等与调试定值单或正式定值单一致。

（2）电源输出稳定，拉合装置电源，装置无异常；正常运行时无异常报警；定值输入和固化功能、失电保护功能、定值区切换功能正常；功能软压板及 GOOSE 出口软连接片投退正常；检修硬连片功能正常；对时功能测试：检查装置的时钟与 GPS 时钟一致。

（3）光功率检查：接收和发送的光功率、光纤链路衰耗值、光灵敏度应满足要求。

（4）与两层网络通信功能检查：

① MMS 网络通信检查：检查站控层各功能主站（包括录波）与该测控装置通信正常，能够正确发送和接收相应的数据；当检查网络断线时，测控装置和操作员站检出通信故障的功能。

② GOOSE 网络通信检查：GOOSE 连接检查装置与 GOOSE 网络通信正常，可以正确发送、接收到相关的 GOOSE 信息；当 GOOSE 网络断线和恢复时，故障报警和复归时间小于 15s。

③ SV 采样网络通信检查：装置与合并单元通信正常，可以正确接收到相关的采样信息

（5）链路状态一致性检查：光纤物理回路断链应与监控后台断链告警内容一致。

（6）软压板检查：软压板命名应规范，并与设计图纸一致；进行软压板唯一性检查。

（7）SV 数据采集精度及采样异常闭锁试验：测控装置的采样零漂、精度及线性度检查；每个采样通道的试验数据均应在允许范围，当 SV 采样值无效位为"1"时，模拟测控动作，应闭锁相关测控。

（8）检修状态检查，如表 4-2-1 所示。

表 4-2-1　测控装置"检修"检查对比表

测试序号	测控装置状态	智能终端/合并单元状态	测控状态	报文显示
1	检修	检修	发送带有检修标志 MMS 报文	GOOSE 报文检修位置"1"
2	检修	非检修	发送带有检修标志 MMS 报文	GOOSE 报文检修位置"0"
3	非检修	检修	发送带有检修标志 MMS 报文	GOOSE 报文检修位置"1"
4	非检修	非检修	发送无检修标志 MMS 报文	GOOSE 报文检修位置"0"

（9）开入、开出量检查：硬接点开入、开出检查，要求与设计图纸一致，功能正常。装置的 GOOSE 虚端子开入、开出应与设计图纸、SCD 文件一致。

（10）遥信开入光耦动作电压检查：进行遥信光耦动作电压测试，动作电压应在额定电压的 55%～70%。

（11）遥测精度检验：从现场测控装置实际通流通压，检查测控装置液晶面板上的遥测值误差（电压电流误差应不超过 0.2%，功率误差应不超过 0.5%，频率误差不超过 0.01Hz）。

（12）同期及定值检查：包括检无压闭锁试验、压差定值试验、频差定值试验、差定值试验。

（13）同期切换模式检查：止检同期和检无压模式自动切换，同期电压回路断线报警和闭锁同期功能。

（14）转换把手标识检查：转换把手标识应规范、完整（双重编号、专用标签带），与图纸一致。

（15）功能联调试验：

① 整组传动及相关 GOOSE 配置检查：动作情况应和测控装置出口要求和设计院的 GOOSE 虚端子连接图（表）一致。

② 检修状态配合检查：进行每一个试验都需检查全站所有间隔的动作情况，无关间隔不应误动或误启动（新建站）。

5. 监控系统测试

5.1 基本检查

（1）设备外部检查：检查计算机监控系统设备数量、型号、额定参数与设计相符合，检查设备接地可靠。

（2）绝缘试验和上电检查均参照 DL/T 995—2006 中规定执行。

（3）工程配置：依据变电站配置描述文件和相关策略文件，分别配置计算机监控系统相关设备运行功能与参数。

5.2 "三遥"功能检查

（1）通信检查：检查与计算机监控系统功能相关的 MMS、GOOSE、SV 通信状态正常，各装置通信状态告警正确。

（2）遥信功能调试：主接线、光字牌等遥信变化情况与实际状态一致，SOE 时间精度满足技术要求，告警窗正确显示。

（3）遥测功能调试：系统电流、电压、潮流数据、曲线等在监控界面显示正确，刷新正常，测量精度和线性度满足技术要求。

（4）遥控功能调试：变电站断路器、隔离开关、主变压器挡位等设备各种控制执行正确，间隔层软压板投退正确。

（5）遥调控制功能调试：检查计算机监控系统遥调控制实现方式与遥调控制策略一致。

5.3 后台监控检查

（1）主窗口功能检查：主画面和分图显示、曲线和棒图显示、通信状态显示、报表浏览、画面及图元编辑功能、人员权限维护。

（2）数据库测试：实时历史数据库的验收，数据库的添加、删除和修改。

（3）告警功能：告警管理、告警一览表、模拟量越限告警。

（4）控制权限切换：与间隔层设备配合进行遥控控制权限的切换，当满足响应逻辑时，控制命令才能由后台或者测控装置下达。

（5）雪崩试验：模拟系统在短时间内接收到大量遥信（超过 8000 条），要求后台能够正确接收所有遥信信号，不出现丢失、重复的情况。

（6）双机切换：模拟当前运行的主监控主机发生故障（掉电、重启、网络中断）而产生切换动作，要求 30s 内能够完成监控后台的主备机切换。

（7）监控后台 CPU 处理能力：在正常运行时，CPU 的负荷率应不大于 35%；在系统故障时，CPU 负荷率应不大于 50%。

5.4　辅助功能检查

（1）全站防误闭锁功能调试：检查计算机监控系统防误操作实现方式与全站防误闭锁策略一致。

（2）顺序控制功能测试：监控系统顺序控制策略与预设顺序控制策略一致。

（3）自动电压无功控制功能调试：检查计算机监控系统自动电压无功控制实现方式与全站自动电压无功控制策略一致。

（4）定值管理功能调试：监控系统对间隔层装置定值召唤、修改正确，定值区切换正确。

（5）主备机切换功能调试：监控系统主备机切换功能满足技术要求，切换时间不宜大于 30s，切换过程不应对系统稳定运行产生扰动。

（6）同期控制功能调试：检查计算机监控系统同期控制实现方式与同期控制策略一致，同期定值与定值单要求一致。

第三节　变电站系统调试

变电站系统调试是在完成设备单体调试并合格后，针对跨间隔的各种联闭锁信息的测试（如启动失灵、闭锁重合闸、闭锁备自投、解除复压闭锁、联跳小电源、主变压器高压侧失灵开入等），由于跨间隔，信息是否有效发送到相关设备，相关设备是否有效接收并进行了处理，一些处理可能需要其他判据才可能动作，因此需要在不同间隔的设备上查看。由于智能变电站各 IED 信息记录全面，对于联闭锁信息变化开入均在 MMS 的遥信或保护动作报文 Dataset 中有记录，因此可通过读取跨间隔的 IED 的 MMS 中联闭锁信息实现跨间隔的回传测试（主要针对母差、失灵、备自投等），实现对跨间隔的虚端子及其物理通道和接口的完善调试。

由于不同间隔 IED 空间位置的不同，需要不同间隔 IED 故障量和 GOOSE 信号同步输出，可通过多个测试仪的同步控制实现多个跨间隔的联合测试，如母差、失灵、备自投等。对于新一代智能变电站，可方便实现站域保护的全面测试。全站系统调试内容包括变电站主间隔调试、线路保护联调、同步对时系统调试、网络状态监测、站控层调试、计算机监控系统调试（前已介绍，不再赘述）。

1. 主间隔调试

1.1　线路间隔调试

（1）SV 采样值整组测试

① 将合并单元的不同准确级绕组输入串接在一起，合并单元至各保护的 SV 光纤连接正确，采用继电保护测试仪给合并单元时间、电流，A 相 $0.2/0°$，B 相 $0.4/-120°$，C 相 $0.6/120°$，检查线路保护、母线保护、测控装置的电流值，同时也能检查监控后台的电流值。

② 线路保护差动通道自环，测试仪时间电流 A 相 $1A/0°$，线路保护差动动作，母线差动保护动作。

③ 合并单元检修硬连接片投入，测试仪时间电流 A 相 $1A/0°$，线路保护、母线保护均不动作，但面板显示值正确，同时应有 SV 检修异常的告警信号。

④ 线路保护和母线保护的检修硬连接片均投入，测试仪时间电流 A 相 1A 线路保护差动动作，母线差动保护动作。

⑤ 合并单元检修硬连接片退出，测试仪时间电流 A 相 $1A/0°$，线路保护、母线保护均不动作，但面板显示值正确，同时应有 SV 检修异常的告警信号。

（2）GOOSE 整组测试

① 智能终端与保护装置之间及各保护装置之间的 GOOSE 连接正确；合上模拟断路器；各保护的出口软连接片退出；智能终端硬连接片退出；线路保护差动通道自环。

② 测试仪施加电流 A 相 $1A/0°$（长时间），线路保护三跳动作，无失灵动作智能终端无跳闸指示灯；模拟断路器未跳开。

③ 线路保护跳闸出口软连接片投入，重复②，智能终端跳闸灯亮，模拟断路器未跳开。

④ 线路保护跳闸出口软连接片退出，失灵出口软连接片投入，重复②，线路保护三跳动作，无失灵动作，智能终端无跳闸指示灯，模拟断路器未跳开。

⑤ 线路保护跳闸出口软连接片投入，失灵出口软连接片投入，母线保护失灵保护投入，重复②，失灵动作，线路保护远跳开入，智能终端跳闸指示灯亮，模拟断路器未跳开。

⑥ 保护所有出口软连接片投入，智能终端硬连接片投入，测试仪施加电流 A 相 1A/O°（0.1s），线路保护 A 跳，重合间动作，智能终端 A 跳和合闸指示灯亮，模拟断路器 A 相跳开后重合。

⑦ 线路保护检修硬连接片投入，合并单元检修硬连接片投入，测试仪施加电流 A 相 1A/O°（长时间），线线路保护动作，母线保护无启动失灵开入，智能终端无跳闸指示灯。

⑧ 智能终端检修硬连接片投入，测试仪施加电流 A 相 1A/O°（长时间），线路保护动作，母线保护无启动失灵开入，智能终端跳闸指示灯亮，模拟断路器跳开。

⑨ 线路保护检修硬连接片退出，合并单元检修硬连接片退出，测试仪施加电流 A 相 1A/O°（长时间），线路保护动作，母线保护远跳且失灵动作，智能终端无跳指示灯，模拟断路器未跳开。

1.2 主变压器间隔测试

（1）间隔三侧的 SV 采样值整组测试，利用平衡电流进行验证。通过合并单元真实的延时验证变压器保护插值同步的正确性，且所有 SV 接收软压板都投入，变压器保护接收 6 个 SV 数据，通过高—中侧验证电流的平衡。

（2）失灵联跳整组测试。主变压器保护和开关保护都置检修，ZH1606 给主变压器高压侧边开关时间电流（电流为 24A 为保护有流值），采用边开关保护开出传动功能开出失灵联跳主变压器各侧 GOOSE 信号，检查主变压器保护的动作情况。

（3）本间隔 GOOSE 整组测试。利用测试仪给主变压器保护施加电流，模拟主变压器保护差动动作，通过投退出口软连接片，分别检查主变压器各侧智能终端的动作情况和开关保护开入情况、中压侧母线保护开入情况。

1.3 母线间隔测试

（1）母线电压并列测试

测试 220kV 母线采用电子式电压互感器，母线电压并列功能的实现方式与传统的不同，传统由独立的电压并列装置实现母线电压并列，通过母联开关、隔离开关位置和母线 TV 隔离开关位置继电器实现母线电压模拟量的真实并列，而现在电压量采用数字量，必须由母线电压合并器通过 GOOSE 信号进行逻辑判断后由软件实现。因此，必须对母线电压合并单元进行并列测试。

通过母线设备智能单元模拟母联开关、隔离开关、母线 TV 隔离开关的位置，然后测量母线 TV 合并单元的输出母线电压，可以通过保护测控装置或网络保护记录仪测量母线电压。

（2）母线电压切换测试

220kV 线路设有三相线路 TV，保护逻辑运算采用线路 TV 的电压，而同期功能需要母线电压与线路电压比较，因此，线路保护测控装置需要采集线路电压和母线电压。由于 220kV 采用双母接线，正常运行时线路通过隔离开关运行于Ⅰ母或Ⅱ母，因此，必须通过随着线路运行母线的变化，需要切换母线电压给相应的保护测控装置。间隔合并单元接收母线 TV 合并单元的双母线电压，然后通过智能单元的隔离开关 GOOSE 信息完成母线电压的切换。正常运行时，间隔合并单元必须选择正确的母线电压；当隔离开关位置都是分位或都处于无效状态时，不能进行电压切换，间隔合并单元输出的母线电压显示为无效；导母过程中，间隔合并单元必须根据据隔离开关情况及时切换母线电压，且要求母线电压进行无缝切换；电压切换过程中，保护测控装置不能感受到电压无效的过程。

测试时，通过给间隔内的线路智能单元置相应的隔离开关位置，间隔合并单元根据智能单元的 GOOSE 应能正确切换母线电压，通过保护测控装置面板查看电压数据就能判断母线电压切换是否正确；导母过程中，通过观察保护测控装置是否报"电压无效"，能判断电压切换过程是否有电压数据无效过程（至少可以判断是否给保护测控装置带来影响）。

2. 线路保护联调

变电站投运前应对各侧纵联保护通道进行联调，确保纵联保护通道的正确性，以及变电站两侧保护配合的正确性，常见的纵联保护通道示意如图 4-3-1 所示。

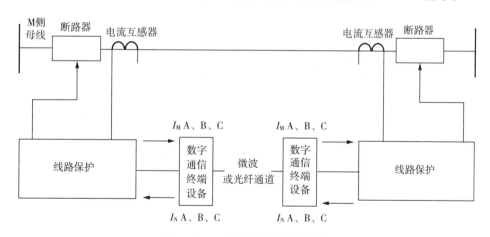

图 4-3-1 纵联保护通道示意图

电力系统中，用作保护通道主要的传输方式有电力线载波通信和 SDH 光纤通信。其中，采用电力线载波通道的纵联保护通道如图 4-3-2 所示。

由于光纤通信的传输频带极宽，通信容量大；衰耗小，传输距离远；信号串扰小，传输质量高，SDH 设备实现了进一步复用特性，利用软件就可使高速信号一次直接分插出低速支路信号，上下载业务容易，数字交叉连接（DXC）大大简化。目前新建线路的保护一般均采用光纤通信。

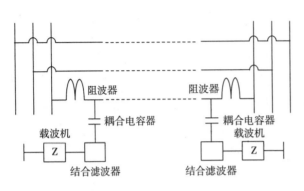

图 4-3-2　载波通道示意图

2.1　纵联保护通道的相关要求

《继电保护及二次回路安装及验收规范》（GB/T 50976—2014）中对纵联保护通道做了详细的要求，在变电站建设过程中，应注意：

（1）光纤通道连接完毕后，不应有数据异常或通道告警信号，通道不正常工作时间、通道误码率、失步次数、丢帧次数、通道延时应符合现行行业标准《光纤通道传输保护信息通用技术条件》（DL/T 364）的规定和装置的技术要求。

（2）保护装置及保护接口装置光信号发射功率和灵敏接受功率应符合规定。保护装置到保护接口装置间光缆的每根纤芯，其传输衰耗不应大于 2.5dB。对于利用专用光纤通道传输保护信息的保护设备，应对其收发信功率和收信灵敏功率进行测试，通道的收信裕度宜大于 10dB，至少不应小于 6dB。

（3）采用复用光纤通道的线路两侧继电保护设备，应采用同型号、同版本的继电保护接口设备。同一条线路的两套保护均采用复用通道时，两套通信设备，包括继电保护接口设备和通信设备，宜安装在不同的屏柜中。

2.2　纵联保护通道联调方法

通道联调前应确认保护通道已调试正确，符合纵联保护通道相关规范的要求，保护通道联调的具体操作方法如下：

（1）模拟线路空冲时故障或空载时发生故障：N 侧开关在分闸位置（注意保护开入量显示有跳闸位置开入，且将主保护压板投入），M 侧开关在合闸位置，在 M 侧模拟各种故障，故障电流大于差动保护定值，M 侧差动保护动作，N 侧不动作。

（2）模拟弱馈功能：N 侧开关在合闸位置，主保护压板投入，加正常的三相电压34V（小于 65% Un 但是大于 TV 断线的告警电压 33V），装置没有"TV 断线"告警信号，M 侧开关在合闸位置，在 M 侧模拟各种故障，故障电流大于差动保护定值，M、N 侧差动保护均动作跳闸。

（3）远方跳闸功能：使 M 侧开关在合闸位置，"远跳受本侧控制"控制字置 0，投入"投远方跳闸"压板，在 N 侧使保护装置有远跳开入，M 侧保护能远方跳闸。在 M 侧将"远跳受本侧控制"控制字置 1，投入"投远方跳闸"压板，在 N 侧使保护装置有远跳开入的同时，在 M 侧使装置起动，M 侧保护能远方跳闸。

3. 同步对时系统调试

全站同步对时系统主要由全站统一时钟源、对时网络和需对时设备构成，实现自动化系统同步对时功能。主要调试内容如下：

（1）对时系统精度调试。检查全站对时系统的接收时钟源精度和对时输出接口的时间精度满足技术要求。

（2）时钟源自守时、自恢复功能调试。检查外部时钟信号异常再恢复时，全站统一时钟源自守时、自恢复功能正常。

（3）时钟源主备切换功能调试。检查全站统一时钟源主备切换功能满足技术要求

（4）需对时设备对时功能调试。检查自动化系统需对时设备、对时功能和精度满足技术要求。

同步时钟源调试时，通过时钟源的显示面板，查看如下信息：

（1）设备上电后工作状态正常，卫星同步状态、时钟显示正确。

（2）时钟源切换功能检查：GPS 北斗自动切换正确，显示状态正确。

（3）自恢复功能检查：当卫星信号异常时，装置具备自守时功能，并且同步信号输出状态正确；当卫星信号恢复后，装置能与卫星自动同步。

4. 网络状态监测系统调试

网络状态监测系统主要由网络报文记录分析系统、网络通信实时状态检测设备构成，实现自动化系统网络信息在线检测功能，主要调试内容如下：

（1）工程配置检查：依据变电站配置描述文件，分别配置网络状态监测系统相关设备的运行功能与参数。

（2）通信检查：检查与网络状态监测系统功能相关的 MMS、GOOSE、SV 通信状态正常。

（3）网络报文记录分析功能调试：检查自动化系统网络报文的实时监视、捕捉、存储、分析和统计功能正确。

（4）网络通信实时状态检测功能调试：检查自动化系统网络通信实时状态的在线检测和状态评估功能正确。

5. 采样值系统调试

采样值系统主要由过程层合并单元及电子式互感器的电子采集模块构成，实现 DL/T 860 中所提及的自动化系统采样值采样和传输功能，调试包括以下内容：

（1）设备外部检查：检查采样值系统设备的数量、型号、额定参数与设计相符合检查设备接地可靠。

（2）绝缘试验和上电检查均参照 DL/T 995—2006 执行。

（3）工程配置：依据变电站配置描述文件，分别配置采样值系统相关设备运行功能与参数。

（4）通信检查：检查与采样值系统功能相关的 SV 通信状态正常。

（5）变比检查：检查采样值系统变比设置与自动化系统定值单要求一致。

（6）角差、比差检查：检查采样值系统角差、比差数据满足技术要求。

（7）极性检查：检查采样值系统极性配置与自动化系统整体极性配置要求相一致。

主要测试对象包括电子式互感器和合并单元，输入为一次模拟量信号，输出为合并单元以太网 IEC 61850 - 9 - 2 采样数据。其他功能测试如采样值报文存储解码测试、采样值同步测试、采样值报文实时监测告警功能测试、GOOSE 报文实时监测告警功能测试、核相。

6. 站控层调试

6.1 站控层网络性能测试

站控层网络性能测试内容为测试站控层网络在不同网络流量下，保护测控设备与后台子站之间的通信性能，包括 MMS 报文延时、丢包及保护测控设备对后台子站的命令响应等性能，同时还要考验后台子站在不同网络流量下的性能。

测试时，采用网络流量发生装置为站控层提供 1％～90％的网络背景流量，背景流量可以是无效报文，可以是广播报文，可以是与保护测控设备或后台子站无关的报文，也可以是保护测控设备或后台子站需要处理的报文，在这些不同背景流量下，测试保护测控设备发送 MMS 信号的丢包率、延时等性能及后台子站接收 MMS 的丢包率和延时；同时还要在后台子站对保护测控设备进行远控操作，测试保护测控设备的响应性能。

6.2 GOOSE 网络性能测试

GOOSE 网络性能测试是测试在不同有效或无效网络背景流量下，保护测控设备、智能组件的跳合性能，还需模拟网络中某一设备出问题，错误地发送 GOOSE 情况下，测试网络中其他设备的响应及性能。

测试时，采用网络流量发生装置为 GOOSE 网络提供 1％～90％的网络背景流量，背景流量可以是无效报文，也可以是广播报文，还可以是与保护测控设备或智能组件无关的报文，更可以是保护测控设备或智能组件需要处理的报文，在这些背景流量下，模拟保护动作或测控遥控命令，验证智能组件出口的正确性、延时性。在这些背景流量下为智能组件提供位置节点，验证保护测控设备位置信息返回的正确性及延时性。模拟保护测控设备发送错误 GOOSE 报文或不停发送同一 GOOSE 报文，验证智能组件是否会误动或拒动。模拟智能组件发送错误 GOOSE 报文，验证保护设备动作行为的正确性或是否会闭锁保护功能。

6.3 SV 网络性能测试

SV 网络性能测试对于采用组网方式传输的 SV 网络，需对其网络性能进行测试，主要测试在不同背景流量下，保护测控设备的采样精度。采用网络流量发生装置为 SV 网络提供不同的背景流量，背景流量可以是 SV 报文，也可以不是 SV 报文，用继电保护测试仪通过 A/D 转换模块提供电流/电压量，测试保护测控设备采样精度及保护的动作行为。

第四节　变电站启动调试

新（扩）建变电站正式投运前，必须进行新设备的冲击试验和继电保护向量测试，开展相关的设备调试、检查，以确保新设备带电试运行后站内一次设备稳定运行、继电保护可靠正确动作，计量、通信、远动设备可正常工作。

1. 启动准备

（1）工程启动、系统调试、运行方案已经批准；启动调试方案已经调度部门批准；工程验收检查组已向启委会汇报，确认工程已具备启动条件。投运前质量监督检查已完成，并网通知书已取得。

（2）生产运行人员已配齐并经过培训持证上岗，启动调试运行方案已对运行人员交底。生产准备已就绪，相关规程、制度、图表、记录表、安全工器具已准备完毕，调度命名编号已核对无误。

（3）投运的建筑工程和生产区域的全部设备、设施、道路、防水工程等均已按设计完成并验收合格。生产区域场地平整，道路畅通，影响安全运行的设施已全部拆除，平台栏杆和沟道改版齐全，脚手架、障碍物、易燃物、建筑垃圾等已清除，带电区域已设明显标志。

（4）电气设备试验已全部完成并合格，记录齐全完整。接地线已全部拆除，二次设备已调试整定合格，调试记录齐全。验收时所发现的缺陷已全部消除，具备投运条件。

（5）站用电源、照明、通信、采暖、通风等设备已按设计要求安装试验完毕，能正常使用。

（6）消防设施齐全并经验收合格，能投入使用。

（7）线路的杆塔号、相位标志和设计规定的防护设施已检查验收合格，影响安全运行的问题已处理完毕。

（8）线路上的障碍物和临时接地线（包括两端变电站）已全部拆除。

（9）已确认线路上无人登杆作业，危及人身安全和运行安全的一切作业已停止。生产部门已向沿线单位、居民发出带电运行通告，已做好启动前检查维护工作。

（10）线路保护（包括保护通道）和自动装置已具备投入条件。

（11）送电线路带电前的试验（线路绝缘电阻、相位核对、线路参数和高频特性测试）已完成。

（12）线路带电期间的巡视人员已上岗，并已做好抢修准备。

（13）线路工程的图纸、资料、试验报告齐全合格。运行所需的规程、制度、档案、记录及工器具、备品备件齐全。

2. 启动调试

2.1 启动调试常用概念

（1）带负荷测向量：带负荷测向量目的是为了验证二次回路极性的正确性，以防止母差保护、线路保护、主变保护，以及其他保护误动、拒动，测量时，利用向量测试表计测量电压与电流及电流与电流间的相位关系来检查、核对各处 TA 极性是否满足接线要求，以保证各类保护、测量功能可靠。测向量时需根据实际系统情况投入一定量的试验负荷。

（2）单相定相试验：单相定相试验是指新建、改建的线路或变电站在投运前，核对三相标志与运行系统是否一致。新投运的 500kV 线路，均要进行核定相别。测量时，对端变电站逐相向新投变电站进行送电，逐相确认相序，标定本侧的变电站相序。

（3）三相充电核相：三相充电核相是指用仪表或其他手段核对两电源或环路相位、相序是否相同，分为"同电源核相"和"不同电源核相"。

① 同电源核相：新上母线或者母线 PT 维修更换时，为了验证母线压变二次回路是否正确，通过与正常母线上压变二次电压量比较是否一致，以确定新上压变二次回路是否接线正确。通过合上母联开关来给新上母线以及压变充电，比较两压变二次量。新上母线空充，电源来自正常母线，所以叫同电源核相。

② 不同电源核相：新上一条线路，为了验证线路一次接线的三相是否正确（线路需要三相换位的，改善互感），线路由对侧充电至本侧母线，本站母联拉开，检查两 PT 电压量，以判断线路是否正确。因为母联分列，两 PT 一次电源来自不同地方，所以叫不同电源核相。

（4）系统合环：两路不同来源的电源通过开关连接，如 500kV 主变中压侧利用母联开关将 220kV 系统与主变、500kV 系统连接合环，或者利用 500kV 串内边开关将 500kV 系统与主变、220kV 系统连接合环。

2.2 新建变电站常规启动流程

启委会在确认工程已具备启动条件后，由启委会下达工程启动带电运行的命令。由试运行指挥组实施启动和系统调试计划，按批准的调度方案和启动调试方案进行系统启动调试直至完成，下面以 500kV 变电站启动过程为例介绍启动的常规流程。

新建 500kV 变电站一般先启动 220kV 设备区，再启动 500kV 及主变设备区，这样可以确保主变合环时电能可以顺利送出，具体启动流程如下：

（1）新建 500kV 变电站对侧变电站先冲击 220kV 线路 3 次，并做好一次核相工作，确保 220kV 线路相位正确，耐受系统运行电压能力正常。

（2）新建 500kV 变电站 220kV 区域母线、电气设备逐步渐进式冲击送电，核相、保护校验。

（3）220kV 合、解环试验，相关保护复校。待 220kV 区启动完毕后再进行 500kV 区和主变区的校验。

（4）新建 500kV 变电站利用已带电的 220kV 侧对主变冲击 5 次，核相并进行相关保护校验，正常后合上 35kV 电抗器（电容器）开关，给 35kV 无功补偿设备充电并利用无功负荷校验主变保护。对站用变进行冲击带电，核相，保护校验。

（5）新建 500kV 变电站对侧变电站冲击 500kV 新建线路，一次核相，正确后对新建 500kV 变电站除主变外所有 500kV 新设备冲击、保护校验，完成本侧、对侧线路保护校验。

（6）新建 500kV 变电站利用已带电的 500kV 侧对主变冲击 5 次并核相，对相关保护进行校验，然后电科院开展主变投切试验。

（7）电科院开展投切 500kV 线路试验。

（8）电科院开展 500kV 合、解环试验，相关保护复校。

（9）拆除启动试验接线，新设备、线路进行 24 小时试运行。

试运行完成后，应对各项设备做一次全面检查，处理发现的缺陷和异常情况。对暂时不具备处理条件而又不影响安全运行的项目，由启委会决定负责处理的单位和缺陷完成时间。

2.3 线路及母线启动调试

线路带电前，应检查线路纵联保护、电流差动保护的载波通道和光纤通道是否正常。线路带电后，核对两侧线路 TV 二次电压指示正常，检查线路避雷器的动作次数和在线状态监测系统的泄漏电流是否越限相关设备的控制回路、保护回路校核。

母线带电后，核对母线 TV 二次电压指示正常；进行线路 TV、所接母线 TV 及该段母线其他受电间隔 TV 二次同源核相，在新线路与系统合环前，在受电侧进行两段母线 TV 二次异源核相，相关设备的控制回路、保护回路校核。

以 500kV 峨溪变 220kV 线路送电为例，介绍线路启动送电过程并进行分析解读，主接线如图 4-4-1 所示，操作顺序见表 4-4-1 所示。

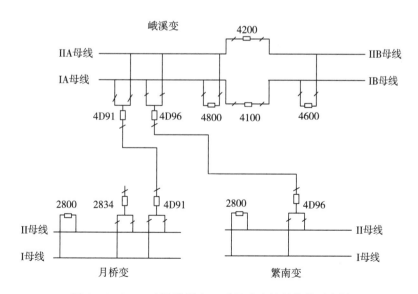

图 4-4-1 500kV 峨溪变 220kV 送电站间接线示意图

表 4 - 4 - 1 500kV 峨溪变 220kV 送电步骤及解读

顺序	操作步骤	操作解读
1	峨溪变、繁南变、月桥变进行新设备启动前保护调整	投入即将投运的线路开关保护后备保护，停用母差保护，投入相应故障录波器
2	峨溪变将 220kV 母联 4800 开关、母联 4600 开关、分段 4100 开关、分段 4200 开关由冷备用转热备用	送电前准备，相应保护投入
3	峨溪变合上 48005、48006、48007、48008 闸刀（220kV ⅠA、ⅠB、ⅡA、ⅡB 母线压变转运行）	母联转运行，母线电压互感器投入，为保护提供电压量
4	繁南变将 220kV Ⅱ 母线上所有开关全部倒至 220kV Ⅰ 母线运行，母联 2800 开关由运行转热备用	将Ⅱ母线倒空后，用Ⅱ母线向线路充电，防止故障造成Ⅱ母线母差动作跳开其他运行线路开关
5	繁南变将 220kV 母联 2800 开关独立过流保护定值按要求整定并投入	启用母联开关过流保护，保护Ⅰ母线
6	繁南变将 220kV 峨繁 4D96 开关由冷备用转热备用于 220kV Ⅱ 母线	4D96 投入Ⅱ母线，为线路充电做准备
7	繁南变合上母联 2800 开关	Ⅱ母线充电
8	繁南变用 220kV 峨繁 4D96 开关对 220kV 峨繁 4D96 线路冲击两次，正常后拉开峨繁 4D96 开关	繁南侧向 4D96 线路充电，确保线路无故障
9	峨溪变将 220kV 峨繁 4D96 开关由冷备用转运行于 220kV ⅠA 母线	为峨溪变侧由 4D96 线路向ⅠA 母线充电做准备
10	繁南变用 220kV 峨繁 4D96 开关对 220kV 峨繁 4D96 线路及峨溪变 220kV ⅠA 母线冲击送电，正常后拉开峨溪变 220kV 峨繁 4D96 开关	分合繁南侧 4D96 开关向峨溪变侧ⅠA 母线充电，确保母线无故障
11	峨溪变合上 220kV 分段 4100 开关	为冲击ⅠB 母线做准备
12	峨溪变合上峨繁 4D96 开关，对 220kV ⅠA、ⅠB 母线冲击送电，正常后拉开峨溪变 220kV 分段 4100 开关	用本侧 4D96 开关向ⅠB 母线充电，确保ⅠB 母线无故障
13	峨溪变合上 220kV 母联 4600 开关	ⅠB 母线与ⅡB 母相连
14	峨溪变合上 220kV 分段 4100 开关对 220kV ⅠB、ⅡB 母线冲击送电，正常后拉开峨溪变母联 4600 开关	用分段开关冲击ⅠB、ⅡB 母线
15	峨溪变合上 220kV 分段 4200 开关	为冲击ⅡA 母线做准备

（续表）

顺序	操作步骤	操作解读
16	峨溪变合上母联 4600 开关对 220kV ⅡA、Ⅱ B 母线冲击送电，正常后不拉开	用Ⅱ母联开关冲击ⅡA 母线
17	峨溪变合上 220kV 母联 4800 开关（母线合环）	母线合环，合环前应相位、压差检测
18	繁南变拉开 220kV 峨繁 4D96 开关	为站内系统定相做准备
19	繁南变合上 220kV 峨繁 4D96 开关 A 相	A 相定相
20	峨溪变核对 220kV ⅠA、ⅠB、ⅡA、ⅡB 母线 A 相相色并正确	相色确定
21	繁南变拉开 220kV 峨繁 4D96 开关 A 相，合上峨繁 4D96 开关 B 相	B 相定相
22	峨溪变核对 220kV ⅠA、ⅠB、ⅡA、ⅡB 母线 B 相相色并正确	相色确定
23	繁南变拉开 220kV 峨繁 4D96 开关 B 相	为三相核相准备
24	繁南变合上 220kV 峨繁 4D96 开关（三相）	三相核相
25	峨溪变在 220kV ⅠA 母线压变二次侧分别与 220kV ⅠB、ⅡA、ⅡB 母线压变二次侧分别核相（同电源）	同源电源核相
26	峨溪变拉开母联 4800 开关并改"非自动"	开关改为死开关，不得动作
27	峨溪变拉开母联 4600 开关	分开 B 段母联，恢复状态
28	峨溪变将 220kV 峨月 4D91 开关由冷备用转运行于 220kV ⅡA 母线	为从峨溪变侧冲击 4D91 线路做准备
29	峨溪变合上 220kV 母联 4600 开关对 220kV 峨月 4D91 线路冲击送电，正常后拉开峨月 4D91 开关	母联冲击线路
30	峨溪变用峨月 4D91 开关对 220kV 峨月 4D91 线路冲击两次，正常后拉开母联 4600 开关并改"非自动"功能	用线路开关冲击线路
31	月桥变将 220kV 月火 2834 开关由 220kV Ⅱ 母线热备用倒至 220kV Ⅰ 母线热备用	220kV 电源接入Ⅰ母线
32	月桥变将 220kV Ⅱ 母线上的所有运行开关全部倒至 220kV Ⅰ 母线运行，母联 2800 开关由运行转热备用	倒空月桥Ⅱ母线
33	月桥变将峨月 4D91 开关由冷备用转热备用于 220kV Ⅱ 母线	4D91 开关接入

（续表）

顺序	操作步骤	操作解读
34	月桥变合上母联 2800 开关	月桥 Ⅱ 母线充电
35	月桥变合上峨月 4D91 开关对 220kV 峨月 4D91 线路及峨溪变 220kV Ⅱ A、Ⅱ B 母线送电	月桥 4D91 开关冲击 4D91 线路，对峨溪 Ⅱ A 母充电
36	峨溪变在 220kV Ⅰ A、Ⅱ A 母线压变二次侧核相（异电源），正确后将母联 4600 开关由"非自动"改"自动"，并用母联 4600 开关合环	Ⅰ A、Ⅱ A 异电源核相，分别来自繁南变和月桥变，正确后方可合环
37	按保护处要求分别进行相关保护向量试验，正确后按保护处要求投运	（1）进行峨溪变峨繁 4D96 开关、峨月 4D91 开关线路保护向量试验 （2）进行峨溪变分段 4100、分段 4200 开关、峨繁 4D96 开关、峨月 4D91 开关接入 220kVA 母第一套母差保护、第二套母差保护向量试验 （3）进行峨溪变母联 4600 开关、分段 4100 开关、分段 4200 开关接入 220kVB 母第一套母差保护、第二套母差保护向量试验 （4）进行繁南变峨繁 4D96 开关线路保护向量试验 （5）进行月桥变峨月 4D91 开关线路保护向量试验及接入 220kV 第一套母差保护、第二套母差保护向量试验

2.4 主变启动调试

主变压器受电后相关二次系统调试项目包括：

（1）主变压器间隔和本体受电后，核对主变压器三侧间隔 TV 二次相序相位正确。

（2）中压侧和低压侧母线受电后，核对中、低压侧各段母线 TV 二次相序相位正确。

（3）中压侧和低压侧母线受电后，进行主变压器三侧间隔 TV 及三侧母线 TV 二次同源核相；在中压侧或低压侧母线合环前，进行本侧两段母线 TV 二次异源核相。对于低压侧母分间隔为新建盘柜的情况，还应在主变压器同源和异源核相正确的情况下，断开主变压器低压侧开关，合上低压侧母分开关，进行低压侧两段母线 TV 二次同源核相后，才可判定母分和主变压器进线间隔一次接线的正确性。

（4）进行主变压器有载分接头调挡操作，校核有载调压控制回路；相关设备控制回路、保护回路校核。

（5）主变压器间隔和本体受电后，应安排相关二次系统带负荷测相量，要求所有二次系统应有 10mA 的二次电流。

下面以 500kV 主变压器送电为例，介绍送电操作顺序并进行解读，如图 4-4-2 和表 4-4-2 所示。

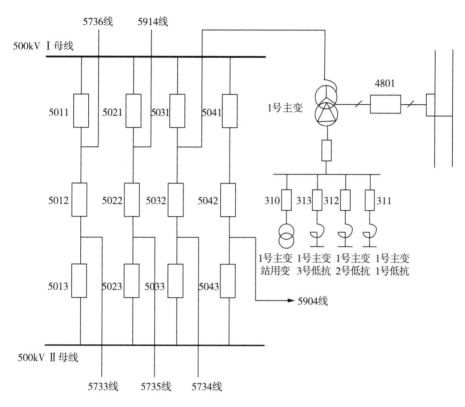

图 4-4-2 500kV 系统启动主接线图

表 4-4-2 主变送电操作步骤及解读

顺序	操作步骤	操作解读
1	峨溪：用上 5011、5012 开关过流保护（执行临时整定单，0.1 秒投跳），合上 50312、50321、50412、50421 闸刀	为 5376 线充电做准备
2	繁昌：5013 开关从热备用改为运行（充电峨昌 5736 线）	5376 线充电
3	峨溪：5011 开关从热备用改为运行（充电 500kV Ⅰ母线），5031 开关从热备用改运行（充电 1 号主变，测录电磁暂态）	充电Ⅰ母线，1 号主变
4	峨昌 5736 线 CVT 与 1 号主变 500KV CVT 同电源核相	同电源核相
5	1 号主变 220KV CVT 与 220kV ⅠA 母 PT 不同电源核相	中压侧 PT 与 220kV 系统不同电源核相

顺序	操作步骤	操作解读
6	峨溪：3510 开关从热备用改为运行，1 号主变 1 号低抗从热备用改运行	给主变带上负荷
7	5031 开关失灵保护带负荷校验	主变高压侧开关带负荷测向量
8	500kV I 母线母差保护带负荷校验（5031CT 回路）	I 母母差带负荷测向量
9	1 号主变保护带负荷校验（5031CT、35kVCT 回路）	主变保护带负荷测向量
10	1 号主变 1 号低抗保护带负荷校验	低抗保护带负荷测向量
11	峨溪：1 号主变 1 号低抗从运行改为热备用（测录电磁暂态）	投切低抗，测电磁暂态
12	许可峨溪进行 1 号主变 1 号低抗 2 次投切试验，最后 1 号主变 1 号低抗为热备用	投切低抗，新设备要求至少 3 次
13	峨溪：1 号主变 2 号低抗从热备用改为运行（测录电磁暂态）	投切低抗，测电磁暂态
14	许可峨溪 1 号主变 2 号低抗保护带负荷校验	低抗保护带负荷测向量
15	峨溪：1 号主变 2 号低抗从运行改为热备用（测录电磁暂态）	
16	许可峨溪进行 1 号主变 2 号低抗 2 次投切试验，最后 1 号主变 2 号低抗为热备用	投切低抗，测电磁暂态
17	峨溪：1 号主变 3 号低抗从热备用改为运行（测录电磁暂态）	投切低抗，测电磁暂态
18	许可峨溪 1 号主变 3 号低抗保护带负荷校验	低抗保护带负荷测向量
19	峨溪：1 号主变 3 号低抗从运行改为热备用（测录电磁暂态）	
20	许可峨溪进行 1 号主变 3 号低抗 2 次投切试验，最后 1 号主变 3 号低抗为热备用（此处现场可以进行 1 号所用变充电试验，充电完毕后，试验暂告结束，现场自行将 1 号所用变改为冷备用）	试验结束
21	峨溪：3510 开关从运行改为热备用，5031 开关从运行改为热备用（测录电磁暂态）	
22	许可峨溪用 5031 开关投切 1 号主变 1 次，最后 5031 开关热备用	1 号主变充电成功后停运

2.5 系统合环

系统合环后相关二次系统调试项目包括：

（1）系统合环后，应安排相关二次系统带负荷测相量，要求所有二次系统应有 10mA 的二次电流。

（2）二次系统带负荷测相量的调试项目为测量所有带负荷间隔的电流量。

（3）测量接入母线差动保护相量应正确。

（4）测量线路保护、开关失灵保护、短引线保护、辅助保护相量应正确。

（5）同期装置和同期回路控制回路校核；相关设备控制回路、保护护回路校核。

参考文献

［1］李家坤，朱华杰．发电厂及变电站电气设备［M］．武汉：武汉理工大学出版社，2010.

［2］中国南方电网超高压输电公司．换流站现场运行技术［M］．北京：中国电力出版社，2013.

［3］国网浙江省电力公司．电力通信设备技术及安装工艺［M］．北京：中国电力出版社，2015.

［4］国家电网公司．智能变电站一体化监控系统建设技术规范（Q/GDW 679—2011）［M］．北京：中国电力出版社，2011.

［5］朱一欣，戚军．电力综合数据网建设分析［J］．电力系统通信，2010，31（217）：27 - 34.

［6］吴京雷，马学智．智能化变电站辅助设施监控方案［J］．农村电气化，2011（7）：40 - 42.

［7］全国一级建造师执业资格考试用书编写委员会．建设工程项目管理［M］．北京：中国建筑工业出版社，2011.

［8］国网甘肃省电力公司．SAP ERP 系统在电网建设中的应用［M］．北京：清华大学出版社，2014.

［9］特高压苏通 GIL 综合管廊工程［J］．电力工程技术，2017（1）.

［10］国家电网公司．智能变电站一体化监控系统建设技术规范（Q/GDW 679—2011）［M］．北京：中国电力出版社，2011.